现代气象业务丛书

航空气象业务

主　编　周建华
副主编　张中锋　庄卫方

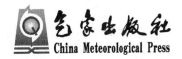
China Meteorological Press

内容简介

　　《航空气象业务》是《现代气象业务丛书》中的一分卷，重点阐述了航空气象的业务知识，以航空气象业务为主线，系统地介绍了航空气象的基本理论、民用航空气象的业务体系以及主要业务平台和业务流程。该分卷既是业务工作的基本指南，也是一本专业教材，是航空气象培训的必备工具。

　　本书适合民航气象人员的岗位培训，也可以作为飞行员、签派员、管制人员的培训教材；本书可以作为管理人员了解航空气象的资料，还可以作为气象同行了解航空气象业务的素材。

图书在版编目(CIP)数据

航空气象业务/周建华主编；吕艳彬等编. —北京：气象出版社，
2011.1(2018.4 重印)

（现代气象业务丛书）

ISBN 978-7-5029-5157-3

Ⅰ.①航…　Ⅱ.①周…②吕…　Ⅲ.①航空学：气象学　Ⅳ.①V321.2

中国版本图书馆 CIP 数据核字(2011)第 008671 号

出版发行　气象出版社

地　　　址：北京市海淀区中关村南大街 46 号		邮政编码：100081	
电　　　话：010-68407112(总编室)　010-68408042(发行部)			
网　　　址：http://www.qxcbs.com		E-mail：qxcbs@cma.gov.cn	
责任编辑：林雨晨		终　审：黄润恒	
封面设计：博雅思企划		责任技编：吴庭芳	
印　　刷：北京中石油彩色印刷有限责任公司		彩　插：4	
开　　本：889 mm×1194 mm　1/16		印　张：14.5	
字　　数：450 千字			
版　　次：2011 年 2 月第 1 版		印　次：2018 年 4 月第 4 次印刷	
定　　价：80.00 元			

本书如存在文字不清、漏印以及缺页、倒页、脱页等，请与本社发行部联系调换

《航空气象业务》分卷编写人员

主　编　　周建华

副主编　　张中锋　庄卫方

撰稿人（按姓氏笔画排列）

吕艳彬　刘广恩　苏丽蓉　李昀英　张洪泰

邵　洁　林彩燕　骈啸川　顾　雷　徐小敏

高传智

前　言

天气对人类的生活与生产活动的影响是大家熟知的,但是在航空领域,除了人类目力可见的天气影响外,还有大气条件和大气环境以人类目视不及的形态与方式影响着飞行的安全、正常与效率,也影响着旅客公众乘机出行的经济成本和舒适快捷。航空气象学是气象学科的分支,属于应用气象学,主要是研究气象条件同飞行活动、气象条件同航空技术之间的关系以及航空气象服务的技术和方法的一门学科。民用航空气象正是直接服务于航空公司、空中交通管理系统和机场,间接服务于旅客公众的航空气象学的应用业务。

航空气象的理论性书籍有许多种,但还没有一本系统的介绍航空气象业务的书。源于使命和职业兴趣,成书的愿望由来已久,惜因时间不充裕,时机也不成熟,始终没有付诸行动。随着航空运输业的不断发展,国际民航组织提出了全球空管一体化概念,中国民航提出了建设民航强国的战略目标,这都对航空气象服务提出了严峻的挑战,同时也带来了发展的大好机遇,民航气象中心应运而生。民航气象中心的成立再一次触动了成书的愿望,因为运行管理、预报服务、科研与培训是中心的基本职责,为全系统不断的提高业务能力提升服务水平提供技术指导是中心的历史使命,因此编写《航空气象业务》成为我们工作的当务之急。一则全面梳理业务流程,使《航空气象业务》成为业务工作的基本指南;二则理论与实际相结合地提炼业务知识,使《航空气象业务》也成为一本专业教材,是航空气象培训的必备工具;而且随着航空气象用户对正确理解和有效使用气象产品的急迫需求,我们也认识到编写《航空气象业务》不仅是为了履行基本职责,同时也是为了更好地为用户提供专业性培训与服务,因而显得更为迫切了。酝酿中,恰好中国气象局组织业务丛书编写,于是,《航空气象业务》在环境的催化下、在同行的鼓励下、在我们履行职责的愿望下成书了。

本书的理论部分(第2章和第8章)由解放军理工大学的高传智教授和李昀英副教授编写,感谢解放军理工大学的大力支持。本书的业务部分是一批长期从事业务工作的技术专家编写的,很多还是工作在业务一线的专家,有充足的业务实践,但是缺乏编写书籍的经验。第1章由民航气象中心周建华与张中锋编写;第3章由民航气象中心徐小敏编写;第4章由民航气象中心张洪泰编写;第5章由民航气象中心刘广恩编写;第6章由民航气象中心骈啸川编写;第7章由民航气象中心吕艳彬和徐小敏编写;第9章由民航气象中心顾雷编写;第10章由民航中南空管局气象中心苏丽蓉编写;第11章由民航气象中心邵洁编写。全书的策划和主编为民航气象中心周建华,副主编为张中锋和庄卫方。民航气象中心林彩燕负责统稿,付出大量心力,其热忱可圈可点。本书封面图片由民航气象中心徐小敏设计。

几十年的风风雨雨,几经变革,民用航空气象的从业者们扎扎实实地走过业务发展与为飞行安全服务的岁月,几代人不辍地探索,不断地积累,才有了今天成书的基础。本书实际上包含了前人的和现在的所有技术专家的大量心血和劳动结晶,在此一并表示感谢。

本书适合民航气象人员的岗位培训,也可以作为飞行员、签派员、管制人员的培训教材;本书可以为管理人员了解航空气象提供参考,还可以作为气象同行了解航空气象业务的资料;或许还是航空爱好者的科普素材。

书中所有有形的错误疏漏,是编者业务水平有限所致,书中所有无形的浅见拙识,皆是编者学养不足使然。祈望读者不吝批评指正。

编者

2010 年 10 月

目录

第 *1* 章
绪 论

　　自从莱特兄弟创造航空飞行 12 s 的历史以来,飞行与大气就结下了不解之缘。因为航空活动是在大气环境中进行的,大气是飞行所必需的承载物,正像鸟儿飞翔一样,人类的航空活动只有依靠大气才能够实现。由于大气的不断运动变化产生了各种天气现象和天气变化,航空活动必然直接或间接地受到气象要素和天气的影响,飞行员及其航空器也一直不得不克服不利天气的影响。今天,虽然与航空有关的各类技术飞速发展,天气仍然是影响航空安全、正常与效率的最重要因素之一。不利的天气会造成航班的延误甚至危及飞行安全;当出现大范围的或者是长时间的不利天气时,往往造成航班大面积的连锁延误,为航空企业和旅客公众带来经济损失,为旅客公众带来诸多不便。因此,如何趋利避害并有效地利用气象要素和天气来提升飞行的安全性、提高空域的运行效率、提高机场的运行标准、减低运行成本、促进节能减排正是航空气象服务的使命所在。

　　斗转星移,岁月荏苒,伴随中国民航(不包括港澳台地区,下同)60 年的发展历程,中国民航气象事业由诞生到成长,随着社会、经济环境的变化,经过几代人不辍耕耘,默默奉献,建立了民用航空气象法规标准体系,建立了从航空气象探测、资料收集与处理、预警预报与产品制作、飞行气象情报的发布与国内国际交换和航空气象服务等一系列业务平台和业务流程,构建起了较为完整的民用航空气象业务运行与服务体系,为飞行安全提供了气象服务保证,为中国民航的快速发展起着非常重要的作用。本卷以航空气象业务为主线,介绍航空气象的基本理论知识、民用航空气象的业务体系以及主要业务系统、业务流程、技术方法和服务内容。

1.1　航空气象对民航运输业的重要性

　　现代航空运输是最高效的交通工具。飞行安全是航空运输业的生命,是每一位航空旅客心中的祈愿,是所有民航从业者的职责和使命。气象要素和天气对飞行安全、正常与效益影响甚大,本书后面的章节将详细描述,本节仅就风、能见度、云和降水四种基本气象要素以及雷暴、闪电、颠簸、积冰、低空风切变、火山灰云、台风等危险天气对飞行活动的影响简要说明。

1.1.1　气象要素对飞行活动的影响概述

　　风、能见度、云底高是机场最低运行标准的主要指标,不同的机场、不同的跑道、不同的机型、不同的机长都有不同的标准,只有在所有标准都符合最低运行标准时,飞机才能起飞或者降落。

　　风:风是对飞行影响最大的气象要素,飞机起降方向的选择、航线的选择、航油携带量、飞机配载都必须考虑风向风速的影响,地面强风不仅影响飞机的起降,还会对停场飞机和地面设施造成破坏,甚至在万里无云的高空,风的变化也会使飞机出现颠簸乃至于强烈颠簸。

　　能见度:能见度是机场最低运行标准的重要指标之一。能见度过低会使飞行员无法看清跑道,从而影响安全着陆;由于浓雾影响,能见度低而造成飞机无法起飞、旅客大量滞留的现象更是屡见不鲜。

云:云和飞行活动密切相关,它常常给飞行造成困难甚至危及安全,如云底高度很低的云层可妨碍飞机的起降;飞机在云中飞行,不但能见度恶劣,还可能遇到危及飞行安全的飞机积冰、颠簸等天气现象。云中明暗不均,有时甚至使飞行员产生错觉。

降水:降水也影响飞行安全,降水可使能见度减小,大雨能使飞机的空气动力减少甚至能使发动机熄火,降雨或降雪也影响跑道的使用,降雪不仅影响飞行安全与正常,还会迫使停场飞机除冰雪,增大运行成本。

1.1.2 各种危险天气对飞行活动的影响概述

对飞行安全造成威胁的天气现象主要是雷暴、闪电、颠簸、积冰、低空风切变、火山灰云、台风等。

雷暴:雷暴是一种发展旺盛的强对流性天气,是飞行所遇到的最恶劣最危险的天气之一。雷暴发生时,闪电会对飞机以及地面的导航和通信设备造成干扰与破坏;云中气流的强烈垂直运动,会带来云中强烈的颠簸以及云下的低空风切变;伴有冰雹出现时,会损坏停场飞机和机场场面设施。因此,雷暴区被称为飞行活动的"禁区"。

闪电:闪电是自然界中强烈的、能量巨大的放电现象,一般在对流旺盛的积雨云中的电荷之间(称云内闪)或云中电荷与地面电荷之间产生,云内闪出现的频率最多。闪电出现时,伴有强烈的闪光和巨大的轰鸣声。闪电的长度最长可达数千米,温度可高达 28000℃,相当于太阳表面温度的 3～5 倍。其超强的电场强度可造成飞机导航和通信设备损坏。飞机在设计之初就考虑到雷击的问题,尽管飞机不能免于雷电的损坏,但雷电不能穿过机体伤害旅客。

颠簸:飞行时的颠簸主要是由于空气不规则的运动(大气湍流),致使飞机出现上升下沉的现象,是一种复杂的非线性过程,它们常以不同尺度出现。一些与大范围的急流运动相联系的季节性颠簸可以在飞行航路上限制数百千米的空域。轻度的颠簸带来的摇晃和震动也许只是让咖啡洒在旅客的衣服上,而严重颠簸则可使机翼受损,发动机脱落。颠簸一般在对流云中产生,但与对流云无关的晴空大气湍流(CAT)所产生的晴空颠簸,出现在 6000 m 以上的高空居多,由于它不伴有可见的天气现象,目前气象观测和预报较为困难,飞行员也难以事先发现,严重威胁飞行安全。由于颠簸的发生存在一定的不确定性,而且伴随飞行全过程,所以乘客最好全程系好安全带,以避免不测。

积冰:飞机飞经温度在 0～−4℃ 左右的云、冻雨和湿雪区时,飞机表面常会发生结冰的现象称为飞机积冰。主要由于飞机在云中或降水中飞行时,过冷却水滴碰撞机身后产生冻结而形成的,也可由水汽直接在飞机外表面上凝华而成。飞机积冰是否产生由三个临界变量决定:液态过冷水含量、温度和水滴的大小。冬季露天停放的飞机也可能形成积冰或表面结霜。积冰会改变飞机的动力性能,严重时会造成起落架收放困难和通信设备失灵等后果。不过,现在的民航飞机一般都安装有除冰装置。

低空风切变:发生在 600 m 高度以下,短距离内风向、风速发生突变的天气现象,对飞行安全威胁极大。由于低空风切变具有变化时间短、范围小、强度大等特点,其探测和预报都比较困难。低空风切变往往造成正在起飞或降落的飞机突然性的空速变化,从而引起升力变化和飞行高度变化。如果在低高度时遇到高度突然下降,飞行员很难采取措施,可能导致飞行事故的发生。

火山灰云:火山爆发时,喷发到高空的火山灰与大气中的水汽结合形成深灰色的云体,机上雷达与地基常规探测仪器都无法辨识,严重影响飞行的安全。火山灰能够对飞机的框架和表面造成磨损,磨损驾驶舱的窗户;火山灰还会污染空气压缩系统、油路系统、液压系统等设备;火山灰还会阻塞飞机的发动机,甚至可使飞机引擎熄火。火山灰还会对处于其下风方向的机场构成威胁,不仅影响能见度,还使机场的跑道、地面设备以及停机坪上的飞机都受到污染。

台风:台风是中心附近最大持续风力 12 级(风速 32.7 m/s)及其以上的热带气旋。台风是热带洋面上的"特产",经常发生在南、北纬度 5°～25° 左右的热带洋面上。台风总是伴有狂风暴雨,降雨中心一天之中可降下 100～300 mm 的大暴雨或特大暴雨,甚至可达 500～800 mm。台风中强烈的对流天气,会产生严重的颠簸、积冰、恶劣的能见度、强烈的阵风以及低空风切变等危险天气,严重威胁飞行安全。

1.1.3　航空气象服务的作用概述

航空气象服务,顾名思义,就是指为航空活动提供的气象服务。民用航空气象工作的基本任务是探测、收集、分析、处理气象资料,制作发布航空气象产品,及时、准确地提供民用航空活动所需的气象信息,为飞行安全、正常和效率服务。航空气象服务的对象主要有航空公司、空中交通管制部门、机场及其他与航空有关的部门。

民航气象部门通过帮助航空公司充分掌握并有效利用气象信息,不但可以减少乃至避免因天气原因影响飞行安全,而且可以为飞行正常和效率作出贡献。为航空公司提供的气象服务包括信息服务和咨询服务,主要有以下两个方面:一是为航空公司的运行控制部门提供气象信息。运行控制部门根据起飞、降落机场当时的天气情况、未来的天气变化以及航路上的天气状况等气象情报,制定或修改飞行计划,并在燃料的携带、飞机的配载等环节充分考虑气象因素,不仅为飞行安全保驾护航,而且为航空公司带来巨大的经济效益。二是在飞机起飞前,为机组人员提供气象服务。飞机起飞前,机组人员必须了解天气情况,携带飞行气象文件。飞行气象文件包括起飞机场、备降机场及目的地机场的天气报告和预报,航路上的重要天气现象以及高空风和高空温度预报等多种航空气象服务产品。

机场是航空气象服务的重要用户之一。气象自动观测系统的使用显著提高了机场的运行能力。当机场受到天气的威胁时,航空气象部门将发布机场警报,便于机场管理部门及时掌握气象信息,采取措施,减少大风、冰雹、雷暴等天气对机场大量的场外设施和停场飞机造成的危害,确保机场的正常运行。在沿海地区,当台风出现时,航空气象部门通过各种探测手段监测其移动和变化,及时向机场管理部门发布台风机场警报。而在北方地区,机场气象部门会及时发布大雪机场警报,使机场管理部门得以合理安排除冰雪设备清除跑道和停场飞机的积雪积冰,以减少航班的延误时间。

对于空中交通管理而言,准确、及时的气象信息可以帮助管制员更加合理地调配航班,更加合理地使用空域资源,最大限度地保证飞行的安全和效益。空中交通管理人员在实施空中交通管制服务时,也必须对当前的天气状况和未来的天气变化有充分的了解。通过在塔台和终端管制区安装自动观测系统及气象雷达显示终端,向其提供机场地区的温度、气压、风向、风速、跑道视程以及云的分布情况;通过网络向塔台、终端管制区、区域管制中心、运行管理中心提供相应范围的以及各自履行职责所需的航空气象信息。

另外,无论是新航线的开辟,还是新机场的选址建设,也都需要航空气象服务。当开辟新航线时,需要充分考虑该航线上盛行风向、对流层顶高度、高空急流等气象因素的影响,充分利用气象资源,选择最经济的飞行高度和航线,不但可以提高飞行安全系数,而且有助于提高航空公司的经济效益。当新建机场时,在机场选址、跑道方向确定和飞行程序设计时,都必须充分考虑当地的气象条件,趋利避害,以最大限度地提高机场的利用率。

1.2　航空气象业务概述

民用航空气象作为我国航空运输系统的重要组成部分,是民航安全、快速、持续和有效发展的重要保障。民航气象业务具有系统相互关联性、资料采集准确性、情报交换及时性、预报技术复杂性、产品精细化程度高等突出、鲜明的专业特点。我国的民航气象业务隶属于中国民用航空总局管理,接受中国气象局的行业管理与业务指导。

1.2.1　业务运行体系

民航气象业务运行由民航气象中心、民航地区气象中心、机场气象台(站)三级气象服务机构承担。三级气象服务机构包括民航气象中心、7 个地区气象中心和 160 多个机场气象台(站),还建立了 9 个国际航空气象监视台(由地区气象中心或机场气象台兼任)。

《中国民用航空气象工作规则》(中国民用航空总局 146 号令)已经明确了民航气象服务机构的职

责。在业务运行体系方面,已基本形成了一体化的资源共享、优势互补、协调高效与分级服务的"民航气象中心—地区气象中心—机场气象台"自上而下的逐级运行管理、业务指导与技术支持的"一体化"运行模式(图1.1)。

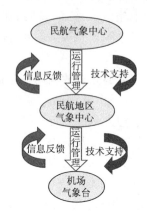

图 1.1　民用航空气象业务体系示意图

1.2.2　业务范围

1.2.2.1　地面观测

民用航空气象地面观测是指对机场及视区范围,尤其是机场跑道和飞机进近着陆地带及起飞爬升区域的气象状况及其变化过程进行系统、连续地观察和测量。其目的是向有关空中交通服务部门、航空营运人和其他有关部门提供机场气象情报,为民用航空飞行安全、正常和效率服务,为航空气象预报、航空气象科学研究提供依据,为机场气候分析积累历史资料。

航空气象地面观测由机场气象观测员借助安装在跑道附近的气象自动观测系统等设备发布。内容包括地面风、能见度、跑道视程、云高、温度、湿度、气压等。气象自动观测系统的使用显著提高了机场的运行能力。航空气象地面观测每一小时(或半小时)发布一次。

1.2.2.2　探测

航空气象探测主要是利用遥感等技术,对影响航空运输的强对流、风、低云、雾、沙尘等强烈天气现象和气象要素进行探测。目前主要依靠卫星、天气雷达、风廓线雷达等。

天气雷达是探测强对流天气的重要工具,对强对流天气预警预报起着重要的作用。中国气象局的天气雷达网可用于对航路上的强对流天气进行探测,民航系统拥有的70多部天气雷达可用于对机场及终端区的强对流天气进行探测。另外目前的商用飞机上大都装备了气象雷达。

风廓线雷达是一种先进的探空设备,可获取高分辨率的大气风温垂直廓线,为预报员分析机场附近的风场及天气过程提供了一种非常实用的手段。民航第一部风廓线雷达安装在上海浦东机场,2005年10月正式投入使用。由于高原天气的复杂性,加上气象探测资料非常稀缺,结合所需导航性能(RNP)飞行程序的需要,在高原机场布设了多套风廓线雷达。截至2008年底,北京、乌鲁木齐等机场的风廓线雷达相继投入使用。

航空气象业务上使用的卫星资料主要包括我国的风云系列卫星产品,另外也接收美国和日本的卫星资料。卫星资料对于长航线飞行的气象服务起到无可替代的作用。

航空器探测是高空气象探测的重要手段。航空器空中报告分数据和话音两种方式。航空器气象资料下传(AMDAR)是近年来航空气象业务上应用的一种重要的探测手段,飞机经过位置报告点时,通过地空数据链自动向地面报告实时风向、风速、温度等气象要素值,是数据形式的航空器空中报告。2003年3月,中国的AMDAR资料正式加入世界气象组织的全球交换系统(GTS)中,填补了中国航空器探测气象资料的空白。话音方式的航空器空中报告是飞行中的飞行员通过话音将所遇到的重要天气如颠簸、积冰、雷暴和风切变等通报给管制员,管制员再通报给有关的航空器和气象部门。航空气象部门可以利用航空器空中报告资料,改进机场天气预报和航路天气预报;所有气象部门均可以利用航空器空中报告资料提高数值预报能力;同时,航空公司也可以利用航空器空中报告资料,调整飞行计划,选择飞行航线。

1.2.2.3 预警预报与产品制作

针对不同的用户及不同的需求,航空天气预报的种类分为:机场预报、着陆预报、起飞预报、航路预报、区域预报、重要气象情报、机场警报和风切变警报等。预报和警报的主要天气和要素包括风、能见度、云、强对流天气、沙尘、颠簸、积冰等,并根据用户的不同需求制作不同的产品。本卷将对航空气象预报的种类、预报方法、所需资料等进行详细的介绍。

1.2.2.4 飞行气象情报发布与国内国际交换

航空气象的信息传递主要依靠民航气象数据库系统,该系统覆盖国内 100 多个机场。民航各地区气象中心根据各自的职责将从国内获取的气象资料经过计算机加工处理转发给民航气象中心,再由民航气象中心向民航地区气象中心和机场气象台(站)进行广播。民航气象中心将我国国际机场的天气报告和天气预报发送到国际民航组织的地区气象情报数据库,由地区气象情报数据库向全球发布。目前,我国有 30 多个机场的天气报告和预报通过航空固定电信网(AFTN)参加国际飞行气象情报交换。

1.2.2.5 航空气象服务

航空气象服务的目的是帮助用户合理利用大气条件、有效使用气象信息,最大限度地趋利避害,为航空飞行的安全、正常和效率作出贡献。根据不同时期用户需求的变化,气象服务技术在不断地发展,服务能力在不断提高,服务模式也在不断创新,不仅提供传统的基本服务——飞行气象文件与天气讲解,还提供运行协调决策机制的气象服务、区域管制中心的气象咨询服务、机场和航空公司运控部门的现场咨询服务。服务方式从面对面提供飞行气象文件与天气讲解,发展到网络信息服务、视频天气讲解、手机短信服务、广播服务和地空数据链服务等。

1.2.3 航空天气预报的特点与方法

航空天气预报的理论与一般天气预报别无二致,但是航空天气预报的内容与要求却与一般天气预报有较大区别。航空天气预报的特点一是精细化,它通常包括云量、云状、云高、能见度、风向风速、天气现象的出现时间和它们随时间的变化,以满足用户定时、定量、定点的要求;二是范围广,地理区域通常包括飞行航路和区域的所有高度层,需要预报的内容包括航空飞行活动可能遭遇的积冰、颠簸、低空风切变等天气现象。所以,除了利用传统的天气学方法之外,航空天气预报还需要运用其他的方法,例如对于强对流天气的临近预报,在天气分析的基础上,则主要依靠天气雷达结合数值预报来完成。本卷中将对航空天气预报理论与方法进行详细的论述,包括各种航空重要天气的形成机理与预报方法,包括传统的天气学方法、指数法、数值预报产品解释应用方法等。

1.2.4 法规标准体系

根据民航气象业务发展的需要、民航体制改革后行业管理的需要、与国际标准接轨的需要以及规范航空气象服务的需要,民航气象系统制定了法规标准体系,由规章和行业标准两个系列组成,逐步实现了民航气象业务工作的系统化、标准化、规范化。

民用航空气象涉及行政管理、业务管理、运行管理、工作程序等动态环节的内容在规章系列中体现。涉及纯粹的业务技术内容、格式或规格要求、技术指标、性能要求等静态的内容在行业标准系列中体现,规范民航气象服务的具体技术工作。

系统化的规章、标准体系分为三级。

第一级:民航气象的部门规章

《中国民用航空气象工作规则》是民用航空气象的核心规章,其他民用航空气象规章和规范性文件是对《中国民用航空气象工作规则》中的某一方面进行的细化和扩展。

第二级:民航气象的行业标准

民航气象的行业标准系非等效采用国际标准,将国际民航组织公约《附件三》和世界气象组织(WMO)相关文件中的标准国产化,考虑我国实际情况,在个别问题上与国际标准有差异。随着国际民航组织公约《附件三》和世界气象组织(WMO)相关文件的修订而修订,保持与国际标准的同步。民航气象的行业标准经部门规章《中国民用航空气象工作规则》引用,具有与规章同等的法律效力。

第三级:民航气象的规范性文件

经民航局局长授权由有关部门领导如空管局局长签署下发约束系统内部的规范性管理文件,从事民航气象工作的其他部门可参照执行。

1.3　展望

随着全球经济一体化,航空运输对经济的发展将起到越来越重要的作用。为了积极应对航空运输业未来发展所面临的机遇和挑战,美国、欧洲先后提出了面向航空运输业快速发展的"下一代航空运输系统(NextGen)"综合计划和"单一天空计划(SESAR)",并在 21 世纪初陆续开始研究与实施。

近年来,中国民航全行业持续快速发展,民航大国的规模已经形成。2009 年中国民航提出了建设民航强国的目标:到 2020 年,满足旅客运输量约 7 亿人次的市场需求,民航开始成为大众化的出行方式,基本建立空中客运快线系统;到 2030 年,满足旅客运输量约 15 亿人次的市场需求。这个目标对航空运输系统提出了更高的要求,需要构建更先进的航空运输系统,从根本上解决航空运输各个环节的服务保障能力与快速增长的需求之间的矛盾。民航强国战略的实施将采用先进的理念、模式和技术,改造、优化和提升现有民用航空运输体系,一是显著提高航空运输系统的容量、能力和效率,使流量、天气等因素对飞行运行的影响大大减少,以满足未来航空运输需求增长和运行方式变化的需要;二是显著提高航空运输系统的安全性,使航空安全保障能力达到世界航空发达国家水平;三是显著提高航空运输服务能力和竞争力,使中外旅客享受到更为便捷、安全、舒适的航空旅行,并赢得更为广阔的市场。

1.3.1　民航运输业的发展对航空气象服务的新需求

发达国家的经验告诉我们,当航空运输业发展到一定的水平时,天气将成为影响其发展的重要因素。根据美国的统计,目前美国 70％以上的延误是由于天气原因造成的。随着我国民航运输业持续快速发展,空中交通管理部门、航空公司、机场等航空气象用户无论从飞行安全,还是从社会效益和经济效益等角度,都对民航气象情报分发的及时性、预警预报的准确率、信息资源的集约化、气象产品的精细化、气象服务的决策辅助能力和集中统一程度等方面提出了日益增长的需求,这是民航气象系统现有业务格局所不能满足的。

1.3.1.1　增进航空安全

据美国运输安全委员会(NTSB)的事故报告,许多航空事故都与天气有关。NTSB 所报告的民用航空事故的 40％都与天气有关。天气或是事故的直接原因或是其中的影响因素。遗漏的、不及时的、费解的和错误的气象情报有可能导致机组、签派、空管人员对天气状况的错误认识,在气象情报及时准确时,如果机组、签派、空管人员对气象知识的掌握程度不足和气象产品的使用能力不够也会对天气状况产生错误的理解,这些错觉导致了与天气有关的错误决策,从而引发航空事故。因此,危险天气的准确观测和预警预报、信息的及时可靠传送和直观易懂的显示对空管人员,签派人员和最先进入危险区域的机组至关重要。如果飞行机组、签派和空管人员对天气状况有更高的警觉、有共同的天气情景意识和更好的理解的话,必然能消除许多民用航空事故的潜在因素。

1.3.1.2　提高运行效率

随着中国民航运输业的飞速发展,不断增加的航班量使得在计划的时间和空域中实施航班计划有越来越多的困难,与天气有关的改航和地面延误决策势必随之增加,航班计划的更改将会愈来愈频繁。

为了提高运行效率,航空公司、空管部门、机场必须更精确地了解空域容量的紧张将出现在何时何地,同时也不得不更准确地预测与天气有关的改航决策在何时何地最可能出现,以便高效地使用空域,灵活地计划航班,以适应时间和空域分配上的不足。如果协同决策的所有部门都能同步警觉并正确理解天气状况或可能的变化的话,与天气有关的改航和地面延误决策无疑更易于相互理解、更快捷、更安全,这将极大地提高飞行动态计划、航路计划及航班机动的能力,以保证航班飞行正常性的不断改善。

1.3.2　航空气象总体技术目标

根据航空运输业发展,运行协调决策机制、流量管理、航空公司集中运行控制、通用航空(低空运行)对航空气象服务提出了严峻挑战。民航的运行与管理,是一个多部门协同合作的复杂过程,需要各航空公司、空管部门、机场部门建立共同的情景意识,其中共同的天气情景意识是重要的基础,但是,目前有关各部门具有共同的天气情景意识存在许多限制。因此,航空气象未来总体技术目标是:唯一权威气象信息资料源、气象参与飞行全过程决策、气象信息与决策工具高度融合。

1.3.2.1　唯一权威气象信息资料源

目前航空用户使用的气象信息来自各种渠道。有时,航空运行决策接收到来自不同渠道的气象信息,用户很难判断哪个更准确,或者不同用户在对同一事件进行处理时由于使用不同的气象信息而得出不同的结论。为了保证提供给用户的气象信息的一致性和连续性,使用户具有共同的天气情景意识,民航气象系统提供的气象信息将收集、融合、处理成唯一的权威信息资料源,并由统一的气象信息共享网络来分发气象信息。唯一权威信息源是政府和用户共同决策过程中使用的主要信息。目前气象信息源的点对点连接的复杂的构架将被一个所有用户都能访问的唯一路径替代。

1.3.2.2　气象参与飞行全过程决策

气象参与飞行全过程决策是指气象服务贯穿于飞行决策的始终,满足不同的决策系统的需要。如气候资料用于机场选址、跑道方向的选择;气象信息从飞行前数周甚至数月开始用于编制和分析所有飞行计划,供飞行员和签派员选择基于天气和有关联的约束条件的飞行计划;所需预报时段涵盖飞行前的天、星期、月甚至年,预报种类包括临近预报、短时预报、短期预报、中长期预报、气候预测;满足飞行过程中,空中交通管制不同阶段的需要:提供天气报告、警报、临近预报、短时预报等;对系统能力有重大影响的天气预报可以用概率预报,用以评估风险。

为满足用户的需求和适应飞行的不同阶段,需要制作不同类型的气象产品。除了为制作飞行计划和空中交通管理决策信息提供帮助外,气象信息还支持机场的正常运行。如严重阻碍起降、造成机场临时关闭的天气出现的时间和位置的更精确预报;提供快速更新的气象预报(如地面风、对流性天气),为重新配置空域和机场容量提供服务;为机场的停机坪运行、跑道除雪、航空器除冰提供气象信息;为支持目视运行、通用航空飞行和超密度运行提供实时的危险天气报告。

未来,航空器也将成为气象信息的收集和传播的积极参与者。航空器探测危险天气的能力受其装备和机组受到的培训的影响而有较大的差异。飞机上的气象信息使得机组能更好地避开危及安全的天气区域。航空器探测到的信息传输到地基系统,与其他气象信息源整合在一起,根据需要再传输给其他航空器。航空器在信息存取网络上可完全充当一个节点。

1.3.2.3　气象信息与决策工具高度融合

由于目前的气象信息没有很好地与自动决策支持工具整合在一起,需要用户解释和人工整合。未来气象信息将同化和整合到人工决策程序与自动化决策工具中支持其运行,无需用户对气象信息进行更多的分析和解释,比如当与运行有关的天气状况参数超标时,能自动产生气象信息并传送给相关部门。随着自动化程度和气象信息与决策工具融合技术的日益成熟,一些以人为主的决策将变成自动化支持或完全自动化。

气象信息与决策工具的融合给航空气象服务提出了巨大的挑战。以气象变量形式出现的观测或预报的气象信息(如风暴强度、回波高度)必须转换成与用户和服务提供者直接相关的信息,如偏航的可能性、空域穿透能力和容量。对系统能力有重大影响的天气现象的不确定性要通过概率预报来解决。这些预报以定量格式、覆盖范围(三维空间)、时间、强度和所有可能出现的结果的可能性发布,每份预报都附有其出现的概率,这样才能最大限度地将气象信息融合到决策支持中去。

1.3.3 新一代航空气象系统建设

为配合中国民航强国战略的实施,更充分发挥航空气象的作用,民航气象部门将通过充分了解研究中国民航强国战略对气象服务的需求,广泛地与国内外气象科研、业务部门合作,在充分分析、研究和借鉴欧美发达国家的理念与经验的基础上,配合中国民航新一代空中交通管理系统一体化、高效率、无缝隙的建设理念,根据中国国情,按照民航强国战略规划架构与建设中国民航新一代航空气象系统。新一代航空气象系统运行概念的基本原则与目前运行原则有着巨大的区别,主要表现在适应航空运输业发展的新需求,达成航空气象的总体技术目标:即唯一权威气象信息资料源,气象参与飞行全过程决策以及气象信息与决策支持工具的高度融合。

我国新一代航空气象系统是一项庞大的综合工程。建设新一代航空气象系统,并不是抛弃现有系统建立全新的系统,而是在现有基础上发展。在系统顶层设计的过程中,可以同步加快基础设施的建设,从现在开始的建设过程,每一步都是对终极目标的铺陈与累积。

1.3.3.1 加快业务体系建设,筑牢服务基础

新一代航空气象系统的业务系统建设大致可分为四个方面:探测系统、预报业务系统、气象信息综合平台和决策支持辅助系统。在未来几个“五年计划”规划期,以民航气象中心建设为龙头,全面推动气象业务体系建设,完善民航气象中心、民航地区气象中心、机场气象台(站)三级运行服务体系,加快气象基础设施建设,与国家气象部门实现气象资源的共享,全面提高气象探测、预报和服务能力。

探测系统:加强机场终端区立体监测网的建设,努力提高探测资料的时空分辨率。要充分利用现有民航系统的台站网,依托全国气象部门的台站网,加强机场终端区及航路立体监测系统的建设,实现资源共享;加大对自动相关监视广播(ADS—B)中的气象数据的收集和应用研究;充分利用地空数据链资源,加大对飞行中的航空器的气象服务内容。

预报业务系统:加强客观天气预报业务系统建设,建设航空数值天气预报模式、航空重要天气预报预警系统,通过合作建设等方式,进一步提高从机场终端区到航路飞行的航空气象预警预报水平。

气象资料综合平台:加强部门间的合作与资源共享,建立航空气象资料综合平台。同时,提高航空气象信息的准确率和传输的及时性,加强并加速天气信息的整合与分发,建立四维天气资料库,供用户协同决策使用。

决策支持辅助系统:根据用户需求,开发流量管理工具、尾流预测工具等不同形式的决策支持辅助系统,实现运行决策系统与气象资料的高度融合,提供给决策者清晰的判断依据,为科学决策、飞行安全、提高容量与效率作贡献。

1.3.3.2 完善配套技术支持,促进持续发展

航空气象具有“了解需求—开发研究—验证—业务化运行—服务—反馈”的专业特点,是一个闭环。业务能力的提升能够为服务水平提供基础,优质服务能够将现有资源的价值最大化,科研创新能够为业务能力和服务水平的提升注入持续的血液。因此,新一代航空气象系统的建设,还需要大量的配套支持,要加速人才培养,加大技术创新力度。

要进一步研究管理体制和运行机制,进一步研究气象政策和规章,并根据发展持续地进行修订。要加强航空气象理论研究和技术的开发应用,重点开展区域预报预警、机场临近预报、飞机尾流的探测和预报、高原机场预报服务等技术研究与成果转化。

要加强用户需求的研究。按照用户的近期、中期和长期需求,分阶段、有步骤地加强运行协调决策机制、流量管理、航空公司集中运行控制、特殊交通工具运行以及可共享的情景获知服务等新需求的服务技术研究。重点研究方向是:

气象信息的管理:研究确定天气产品形式、图形产品向飞行中航空器的传输手段、气象信息系统性能和未来气象信息系统计划。包括航空气象信息的整合,信息传播的新方法,如何提高航空气象信息传输的及时性、可靠性和信息内容完整性,向所有用户分发一致的天气信息,研究构筑信息存取的流线性构架,为政府和用户减少运行和维护成本等。

探测与预报手段的改进:研究灾害性天气监测新技术,重点是终端区立体空间天气探测,包括探测资料特征(如,空间和时间的分辨率、资料的滞后时间、更新速率);加强数值天气预报技术的研究,提供改进的方法,迅速将新预警技术和新预报手段开发应用到实际业务运行中。

服务产品的改进:研究气象资料与运行决策系统高度融合,开发决策辅助工具,实现决策辅助,在决策风险认定方面提供帮助;开发新的运行产品有助于地面和在驾驶舱做出相同的决策;为空中交通管理系统开发以概率预报为基础的气象服务产品。

需求调查与评估:加强用户需求调查(近期、中期和长期的决策支持系统所需气象服务);鉴别政策、程序、产品和培训目标是否需要重新评估和改变。

建设中国民航新一代航空气象系统,应满足航空运输业的发展需求,适应中国民航运输业的快速发展,解决航空气象服务与航空运输量快速增长不相适应的矛盾,最大限度地减少天气对航空运行安全与效率造成的危害,向航空气象用户提供高质量、高水平的航空气象服务,帮助其提升安全系数与经济效益;还应与国家气象事业的发展保持同步,遵循"公共气象、安全气象、资源气象"的发展理念,借助国家气象的整体资源共同发展;还应具有国际专业领域的影响力,提升我国在航空气象领域的国际地位,为维护国家安全和国家利益作贡献。在各方面的支持下,建设一个满足航空运输系统性能需求的新一代航空气象系统,使中国民用航空运输系统以更为有效的方式安全高效运行,为中国民航从民航大国迈向民航强国的跨越式发展作出积极的贡献。

第 **2** 章
大气环境对航空飞行的影响

本章主要介绍气温、风、云等大气特性参数及其变化对航空飞行的影响。由于大气特性参数之间是紧密相连的,所以要完全割裂地分析各气象要素对飞行的影响是很困难的,本章重点介绍对航空飞行活动影响比较大的影响过程和影响原理。

2.1 主要气象要素和天气对飞行的影响

2.1.1 气温和密度对飞行的影响

气温对飞机的飞行性能和航空经济效益的影响是多方面的,气温的差异导致密度差异,从而影响飞机的气动性能,其影响主要体现在以下几方面。

2.1.1.1 气温对巡航速度和最大飞行速度的影响

(1)气温对巡航速度的影响

对确定的机型,在一定的维修质量控制下,相应于确定的飞行重量和气象条件下,具有耗油量最低的飞行高度和飞行速度,定义为巡航高度和巡航速度,亦即巡航状态相应于经济效益最好的飞行高度和飞行速度。

在巡航时,作用在飞机上的重力 G 和升力 Y 保持平衡,由升力公式

$$Y = C_y S \rho \frac{V^2}{2} \tag{2.1}$$

式中 C_y 为巡航时的升力系数,S 为机翼面积,ρ 为空气密度,V 为空速。可得巡航速度为

$$V_n = \sqrt{\frac{2G}{C_y S \rho}} \tag{2.2}$$

当按气压高度表保持固定高度飞行时,气压不变,ρ 的变化只同温度有关。利用气体状态方程可将(2.2)式改写为

$$V_n = \sqrt{\frac{2GRT}{C_y S p}} \tag{2.3}$$

由此可见,V_n 是随 T 的升高而增加的。为了估算 T 对 V_n 的影响,将(2.3)式取对数,求微分,再写成差分形式

$$\Delta V_n = \frac{1}{2} V_n \frac{\Delta T}{T} \tag{2.4}$$

气温的空间和时间变率都很大。在 200 hPa 高度上气温日变化可超过 20℃。在远程飞行中,气温变化更大。按气压高度表在固定高度飞行时,由于气温变化的影响,波音 747、三叉戟及图 154

等飞机的 V_n，在某些情况下可变化 40 km/h 以上。

（2）气温对最大速度的影响

飞机在发动机最大功率或最大推力工作时能达到或允许达到的速度称最大速度，以 V_m 表示。以 V_m 飞行时，飞机受的阻力 X 等于飞机的最大推力 P_m，考虑阻力公式

$$X = C_x S \rho \frac{V^2}{2} \tag{2.5}$$

式中 C_x 为阻力系数，则

$$V_m = \sqrt{\frac{2 P_m}{C_x S \rho}} \tag{2.6}$$

说明 V_m 决定于 P_m、ρ、C_x，它们都随高度而变化。在发动机转数不变条件下，喷气发动机推力随空气密度和温度的近似变化关系为

$$P_m = \frac{\rho}{\rho_0} \frac{T_0}{T} P_{m,0} \tag{2.7}$$

下标 0 表示海平面高度的各参数，把（2.6）式代入（2.7）式，并取 $T_0 = 288$ K，则

$$V_m = V_{m,0} \sqrt{\frac{288}{T}} \tag{2.8}$$

由此可见，V_m 与绝对温度的平方根成反比。当温度降低 5℃时，V_m 约增大 1%。标准大气中 11 km 高度上的 V_m 比 $V_{m,0}$ 增大 15%。

在等温层尤其是在逆温层中，空气密度随高度的增加而减小较快，因而推力随高度减小也快，故当飞机爬高越过对流层顶时，推力有明显下降；反之当飞机下降，由平流层进入对流层时，推力明显增大。当飞机穿越锋区时，推力也会有显著变化，有时短时间内可能减小（进入暖气团）或增大（进入冷气团）5%～10%。

2.1.1.2　气温对燃料消耗、载荷和升限的影响

（1）气温对燃料消耗的影响

飞机飞行小时发动机所消耗的燃料量，称为小时燃料消耗量 C_h。小时燃料消耗量与气温和气压的关系为

$$C_h = C_{h,s} \frac{p}{p_s} \sqrt{\frac{T}{T_s}} \tag{2.9}$$

带下标 s 的为标准大气的相应量，当按等压面飞行时，$p = p_s$，则

$$C_h = C_{h,s} \sqrt{\frac{T}{T_s}} \tag{2.10}$$

说明小时燃料消耗量随气温和气压降低而减小。故巡航的续航时间将随气温降低而增长。计算表明，若气温变化 30℃（例如，一年中不同季节），小时燃料消耗量变化 5%～6%。

千米燃料消耗量与 C_{km} 与 C_h 之间有下列简单关系

$$C_{km} = \frac{C_h}{V_n} \tag{2.11}$$

由（2.3）式和（2.10）式可知，气温的变化对千米燃料消耗量不产生影响。为了达到最大航程，宜选择在最大允许高度上巡航，这时 C_{km} 最小，对远程航行甚为重要。当然在确定最佳航线的飞行剖面时，除了考虑大气温、压场外，还应考虑诸如风状况、有无危险天气现象、爬高和降低高度的条件（气温明显影响飞机爬升的时间）、航程等一系列因子。

（2）气温对飞机载荷的影响

飞机的载重量受气温变化的影响很大。当气温高于标准大气温度时，空气密度变小，产生的升力也小，因而载重量减小，反之低于标准大气温度时，载重量增加。假定起飞滑跑距离为常数，摩擦力与推力相比很小时，在标准状况下温度为 T_0 时飞机总重量为 ω_0，实际温度为 T 时的总重量为 ω，则对于喷气式飞机有

$$\omega = \omega_0 \left(\frac{T_0}{T} \right)^{\frac{5}{4}} \tag{2.12}$$

可以算出,对 120 t 重的喷气式飞机,在气温 30℃时必须比 15℃时减少 7 t 载重量,在 0℃时则可增加 8 t 载重量。

(3)气温对飞机升限的影响

飞机依靠本身动力上升所能达到的最大飞行高度称为升限,分为静升限和动升限。静升限指以固定速度进行水平飞行的最大高度,动升限指由在保证飞机不失去操纵性、安定性条件下,飞机从稍低于静升限的某高度,用最大速度进入跃升所能达到的最大飞行高度。我们这里主要讨论静升限。在升限附近飞行,因为燃料消耗量随高度减小,因而航程增大。但飞行高度越高,迎角越大,飞机的稳定性和操纵性变坏。正确地确定飞机升限和了解气象条件对升限的影响,对于更好地使用飞机的飞行技术数据、提高空运的经济效益以及保障飞行安全,都是很重要的。

当飞行速度不超过 $1000 \sim 1200 \text{ km/h}$ 的情况下(这时发动机推力与飞行速度的关系不大),推力 P 与气压 p、气温 T、发动机转数 n 的关系为

$$P_2 = P_1 \frac{p_2}{p_1} \left(\frac{T_1}{T_2} \right)^{\frac{3}{2}} \left(\frac{n_1}{n_2} \right)^3 \tag{2.13}$$

下标 1、2 分别表示起始高度和新高度,P_1 和 P_2 为起始高度和新高度上的推力。

设涡轮喷气式飞机在 11 km 高度上进行水平飞行,$T_1 = 216.5$ K。此时,推力和空气阻力相互平衡。如果飞机进入高温区(如 $T_2 = 241.5$ K),那么推力减小,飞机开始掉高度。假设气压不变,则

$$\frac{P_2}{P_1} = \left(\frac{T_1}{T_2} \right)^{\frac{3}{2}} = 0.85 \tag{2.14}$$

也就是说,推力减小 15%。飞行员为了恢复飞行状态,必须增大发动机转数。本例中,需增大 5.5%。但是,转数并非总是能增加到所需程度的。为此,飞行员不得不降低飞行高度。使推力重新等于空气阻力。如设气温不变,则

$$\frac{P_2}{P_1} = 0.85 \frac{p_2}{p_1} \tag{2.15}$$

即推力与气压成比例地增大。当气温随高度降低而升高时,推力虽然也增大,但要缓慢得多。在某一高度上,推力等于阻力,恢复了平飞状态。为了确定这一新的高度(升限),根据推力不变的条件,设空速表示度不变。则

$$\frac{P_2}{P_1} = \frac{p_2}{p_1} \left(\frac{T_1}{T_2} \right)^{\frac{3}{2}} \left(\frac{n_1}{n_2} \right)^3 = 1 \tag{2.16}$$

如果发动机转数不变,有

$$\frac{P_2}{P_1} = 1.177 \tag{2.17}$$

如果在 9 km 高度上飞行,气压 $p_1 = 230$ mmHg(约 306.64 hPa),则新高度上的气压 $p_2 = 270$ mmHg(约 359.97 hPa)。这相当于高度变化大约 1 km。简言之,当在接近升限高度上飞行时,气温升高 10℃,如飞行速度不变,飞机要掉高约 500 m。这样大的温度变化,在航程超过 $2000 \sim 3000$ km,特别是南北向飞行时,是不难遇到的。

如果飞行高度比升限低得多,当剩余推力足够时,飞行员可以改变发动机转数来保持规定的飞行高度。

由于气温会使飞机升限发生显著变化,故为了保障飞行安全,应根据具体的飞行条件确定飞行的安全高度。此时,首先必须考虑实际气温与标准气温的偏差,因此,在供高空飞行用的天气预报中,必须指明气温的正偏差。

2.1.1.3　气温和空气密度对飞机起飞着陆的影响

气温对飞机起飞着陆的影响,主要表现为滑跑距离的长度。无论从飞行安全或机场建设需求考虑,

都希望飞机的滑跑距离越短越好。

飞机在离开跑道的瞬间,升力等于重力,即

$$Y = C_y S \rho \frac{V_0^2}{2} = G \tag{2.18}$$

所以离地速度 V_0 为

$$V_0 = \sqrt{\frac{2G}{C_y S \rho}} = \sqrt{\frac{2G R_d T}{C_y S p}} \tag{2.19}$$

但是飞机以最小速度离地并不安全,因为此时飞机可能会失去稳定性和操纵性。为此涡轮喷气式飞机的规定离地速度,比最小速度大 $10\% \sim 15\%$。

以 L 表示起飞滑跑距离,由飞机起飞滑跑的运动方程积分可得

$$L = \frac{G^2}{C_y S \rho g (\bar{p} - fG)} \tag{2.20}$$

式中 $\bar{p}$ 为滑跑中发动机的平均推力,f 为跑道的滚动摩擦系数。

由上两式可看出,若气温升高,机场拔海高度增高,即气压减小,其离地速度和滑跑距离均增大。因为空气密度减小,要获得同样的升力必须增大空速,同时空气密度减小,发动机功率减小,飞机增速减缓,因而使起飞滑跑距离增长。对大多数喷气式飞机,在发动机转数不变的条件下,气温每升高 $10℃$,起飞滑跑距离增加 13%,而气温每降低 $10℃$,起飞滑跑距离减少 10%。

实验发现空气密度对起飞滑跑距离的影响可采用下列近似公式

$$L = L_s \left(\frac{\rho_s}{\rho} \right)^3 \tag{2.21}$$

按上式,若仅考虑气温的变化引起的空气密度变化时,气温增加 $10℃$,滑跑距离增长 11%,气温减低 $10℃$,滑跑距离减少 10%,与上述数据基本一致。同时气温偏差 10%,离地速度变化 1.75%,气压变化 $10 \text{ mmHg}(13.3 \text{ hPa})$ 离地速度变化 0.65%。它们遵从 $V_T = V_I / \sqrt{\rho_h / \rho_0}$ 的变化关系,V_T 为真空速,V_I 为指示空速,ρ_0 为海平面标准大气 $(T = 288.15 \text{ K})$ 时的空气密度,ρ_h 为拔海高度 h 时机场跑道气温下的空气密度。

类似地可求得着陆滑跑距离 L',与起飞滑跑不同在于此时飞机发动机的推力基本上为零,而且升力稍小于重力

$$L' = \frac{1.8G}{C_y S \rho g \left(\frac{C_x}{C_y} + fG \right)} \tag{2.22}$$

接地速度 V_L 为

$$V_L = 0.95 \sqrt{\frac{2G}{C_y S \rho}} \tag{2.23}$$

可见空气密度减小时,着陆滑跑距离和接地速度均增大。这就是高原机场的跑道比一般机场跑道长的原因。例如在拔海 1000 m 的机场,喷气式飞机的起飞滑跑距离比平均海平面高度的起飞滑跑距离增大 33%。

气温对着陆滑跑距离的影响可用下列经验公式表示

$$L' = L'_s (a + b\Delta T) \tag{2.24}$$

式中 ΔT 为气温偏差,a、b 为经验常数。L' 一般小于 L'_s,其中着陆后期可使用刹车也是其原因之一。据实验,在海平面附近温度偏差 $\pm 10℃$,着陆滑跑距离约变化 $\pm 5\%$,低于起飞滑跑距离的相应变化。

高原机场在高温条件下,飞机着陆时考虑进场真空速大,飞机减速性能差,应自然接地,尽早柔和地放下前轮,争取及早使用刹车和反推力减速,因接地速度大,要正确使用减速装置。

由于气温对飞机的载荷和滑跑距离影响很大,ICAO 建议在起飞前 2 h,对发动机进气口高度的气温预报,要精确到 $\pm 2℃$,远程飞行的飞机,要根据预报气温计算燃料和载荷,并在起飞前 30 min,用实况进行校准。

2.1.1.4 气温对气压高度表和空速表示值的影响

气压高度表(Altimeter)实际上是一个灵敏的空盒气压表,其高度标度是按照标准大气的气压高度公式来确定的,因此高度表示值与实际气象条件有关。为了获得准确的飞行高度,需对高度表示值进行修正,修正值决定于场面气压对标准大气相应高度气压的偏差,和飞行高度以下的气温分布对标准大气相应层次中温度分布的偏差。气层平均温度的修正公式为

$$H = H_p \frac{T_m}{T_{m,s}} \tag{2.25}$$

式中 H 为在 p 等压面上飞行的真高,H_p 为气压为 p 时的表高,T_m 为地面至飞行高度之间气层的平均温度,$T_{m,s}$ 为地面至飞行高度的气层中标准大气温度分布的平均温度。飞行员可输入机载温度记录通过导航计算机或与无线电测高表示值的比较以确定真高。

空速表(Airspeed Meter)的感应部分同高度表一样也是对压强敏感的空盒,在空盒内感受的是全压,空盒之外感受的是静压,全压与静压之差为动压。在静压和气温一定的条件下,动压的大小完全决定于空速的大小。通常空速表是按海平面标准密度 ρ_0 标度的。在飞行高度上 ρ_h 与 ρ_0 偏差可以很大,仪表的示值与空速不一致。为确定真空速 V_T 必须进行实际空气密度与标准空气密度偏差的修正,即 $V_T = V_I \sqrt{\frac{\rho_0}{\rho_h}}$,由于空气密度随高度递减较快,故随着飞行高度的增加,表速 V_I 必然会越来越小于真空速,在 8~10 km 高度上,这种偏差可达 50％~70％或更大。

为了克服空速与表速太大的偏差,目前飞机上安装有双指针组合型空速表,有宽、细两个指针。宽指针指示的空速是按标准空气密度标度的,且未经仪器误差、安装误差和压缩性误差的修正,指示的空速就是表速。细指针指示近似的空速,它加装一辅助的空盒,考虑了标准大气条件下空气密度随高度递减的影响。但在实际飞行中,飞行高度上的气温与标准大气的温度常有偏差,由此引起的误差仍可达 10％~15％。对以亚音速飞行的飞机来说,可对细指针的表速,按下式进行修正

$$V_T = V_{细I} \sqrt{\frac{T}{T_s}} \tag{2.26}$$

式中 $V_{细I}$ 为细指针的表速,T、T_s 分别为飞行高度上的实际气温和标准大气气温。

2.1.2 风对飞行的影响

风与飞行关系密切,飞机的起飞着陆、确定巡航高度和偏流角以及计算飞机的活动半径、选择最佳航线和确定燃料装载量等都必须考虑风的影响。风对飞行的影响也比较复杂,包括不同时段的平均风速和瞬时风速,相对于飞行方向有顺风、逆风和侧风等不同情况和特征。

2.1.2.1 风对飞机起飞和着陆的影响

飞机的起飞和着陆,通常要求在逆风条件下进行。因为逆风可使离地和着陆的速度减小,能缩短滑跑距离。逆风起飞由于产生附加进气量,可增大飞机运动开始时的方向稳定性和操纵性。逆风着陆增大了飞机迎面阻力,使飞机减速加快,也减小了接地速度。着陆时既要考虑跑道上的风,也要考虑进场区域的风,它们都是摩擦层中的风,受地表面特征的影响很大。

逆风可增加升力,故在逆风条件下,据逆风分量的大小,可相应增加飞机载重量。在起飞前制订飞行计划时,应根据机场的温度和风的预报值进行载重量计算。

按最简单的起飞模式:假设起飞滑跑时,飞机以初速为零的等加速运动(平均加速度为 a);离地时刻飞机相对于地面的速度等于$(V_{离地} - V')$,V' 为逆风风速。根据等加速运动公式

$$L_{起飞滑跑} = \frac{(V_{离地} - V')^2}{2a} \tag{2.27}$$

而在无风条件下,起飞滑跑距离为

$$L_{起飞滑跑,0} = \frac{V_{离地}^2}{2a} \tag{2.28}$$

此时逆风条件下起飞滑跑距离的相对变化为

$$\frac{L_{起飞滑跑}}{L_{起飞滑跑,0}} = \left(1 - \frac{V'}{V_{离地}}\right)^2 \tag{2.29}$$

若飞机离地速度 $V_{离地}=240$ km/h,当逆风风速为 10 m/s(36 km/h)时,根据(2.28)式计算其起飞滑跑距离比无风时将缩短 28%。

在有侧风(风向与跑道方向有交角)尤其是侧风分量(指风沿垂直于跑道方向的分量)较大时,飞机的起飞和着陆的操纵会变得比较复杂。在侧风中滑跑时,飞机两翼所受的风的动力作用不同,如图 2.1 所示。迎侧风分量的机翼升力增加($Y+\Delta Y$),背侧风分量的机翼升力减小($Y-\Delta Y$),于是产生一倾斜力矩;同时由于侧风分量的压力中心与飞机重心不重合,还产生一使飞机向逆风方向旋转的转弯力矩 z。当侧风分量偏大,与转弯力矩作用相反的跑道道面对机轮的反作用力,不足以使飞机保持平衡时,机头便向侧风方向偏转。所以飞机在侧风中滑跑时,都应向侧风方向压杆,以消除倾斜力矩,向侧风的反方向蹬舵以消除转弯力矩。

飞机在侧风中着陆,比起飞时困难更大。此时必须恰当地修正偏流,否则易造成在飞机场外接地。在强侧风下接地,甚至可能发生轮胎破裂、起落架折断等事故。

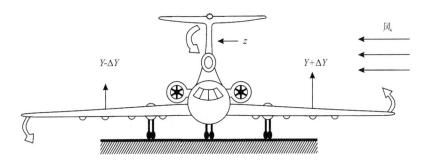

图 2.1　侧风分量对飞机滑跑的影响

影响起飞着陆安全的侧风分量的最大值,称为最大侧风分量。其值决定于飞机构造特征和翼载荷。翼载荷越大,允许的最大侧风分量越大。三角形机翼的超音速机型,翼载荷很大,能在强侧风中起飞着陆。对于波音 737—300,在干燥跑道上起飞和着陆,正侧风最大容许风速为 17 m/s,而轻型运输机的正侧风最大容许风速一般不超过 8~10 m/s。在大侧风下,飞行数据应留出一定的安全余量。下滑线宁高勿低,接地姿态宁小勿大。

2.1.2.2　风对飞行航程的影响

航程指飞机从起飞至着陆在空中飞行的水平距离。风对航程有影响,航程 L、地速 W 和续航时间 t 之间的关系为

$$L = Wt \tag{2.30}$$

无风时地速等于空速 V,航程为 L_0

$$L_0 = Vt \tag{2.31}$$

顺风时,$W=V+V_{风}$,$V_{风}$ 为风速,航程 L_{ta} 为

$$L_{ta} = (V+V_{风})t = L_0\left(1 + \frac{V_{风}}{V}\right) \tag{2.32}$$

逆风时,$W=V-V_{风}$,航程 L_{he} 为

$$L_{he} = (V-u)t = L_0\left(1 - \frac{u}{V}\right) \tag{2.33}$$

正侧风时,$W = \sqrt{V^2-u^2}$,航程 L_p 为

$$L_p = (V^2-u^2)^{\frac{1}{2}}t = L_0\left(1 - \frac{u^2}{V^2}\right) \tag{2.34}$$

上式按二项式展开,取前两项,得

$$L_p = L_0\left(1 - \frac{1}{2}\frac{u^2}{V^2}\right) \tag{2.35}$$

比较无风、顺风、逆风和正侧风四种情况,则有

$$L_{ta} > L_0 > L_p > L_{he} \tag{2.36}$$

因此只要条件允许,机组应选择在顺风或顺侧风高度上飞行,以增大航程或节省燃料和飞行时间。

飞机航向受风的影响,常通过由空速、地速和风三个矢量构成的航行速度三角形来讨论,如图 2.2 所示。由于风的时空变化较大,直接影响了航行速度三角形的相互关系。空速矢量和地速矢量之间的夹角 α,称为偏流角。当由航向到航迹为顺时针旋转时,$\alpha > 0$,称为右偏流或正偏流,反之为左偏流或负偏流。

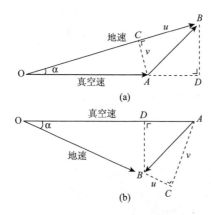

图 2.2　航行速度三角形

航行风向(指风的去向)与航迹间的夹角 ε,称为风向角或风角,领航学上主要考虑风向角。由正弦定理,得

$$\frac{u}{\sin\alpha} = \frac{v}{\sin\varepsilon} \tag{2.37}$$

即

$$\sin\alpha = \frac{u}{v}\sin\varepsilon \tag{2.38}$$

由此可见,偏流角的大小,取决于风速和空速的比值和风向角的正弦。顺风($\varepsilon = 0$)或逆风($\varepsilon = 180°$)偏流角等于零,正侧风($\varepsilon = 90°$)时,偏流角最大。现代喷气式飞机常在风速很大的对流层上部或平流层中飞行,风速与空速之比有时可达 0.2 以上,最大偏流角可超过 10°。因此随时掌握风的变化,计算偏流角的变化并随时保持正确的航线具有重要意义。在大侧风下,应留有充分的裕度,速度宁大勿小,宁偏上风不偏下风,均应经过计算,不走极端。

飞机的活动半径指飞机一次加满油,扣除备份油量后能作往返飞行的最大水平距离。由航程的表达式(2.30)—(2.35)式可知,只要有风,其活动半径总比无风时小,而且当风向与航线平行时,飞机的活动半径最小,因为飞机飞过同样路径时,顺风飞行时间短,而逆风飞行时间长,在顺风飞行中节省的燃料,不足以弥补逆风飞行时多消耗的燃料。当风向角和空速不变时,风速增大,飞机活动半径减小;反之,风速减小,活动半径增大。当风向角和风速不变时,空速增大,活动半径增大,而且风速对不同空速的飞机的影响是不同的,高速飞行时受风的影响相对较小。

在实际飞行中,为了增大活动半径,节省燃料,在往返途中应尽量选择有顺风或顺侧风的高度飞行,这对低速飞机尤为重要。

2.1.2.3　最短时间航线的选择

在远程飞行,尤其是越洋航线飞行中,为了缩短飞行时间,节省燃料,要求选择最佳航线,即选择飞行时间最短的航线。

在飞行速度一定的情况下,要把两点间的飞行时间缩短至最小,唯一的途径,是充分利用风的有利影响,增大地速。选择最佳航线的方法就是考虑风对航行的影响而求取应飞的航线。

这里介绍在航图上先画等时线,再根据等时线逐段确定最短时间航线。等时线是飞机从某一点出发后,在一定时段内可能飞到的最远各点连线。

假设 P 点为起飞点(如图 2.3 所示),无风时,由 P 点飞往各个方向的飞机在一小时后的位置分别在同一圆弧上的 A、B、C。由于实际大气中有风,飞机在一小时后的位置偏离至 A'、B'、C',则 AA'、BB'、CC' 分别代表 PA、PB、PC 间的平均风速。因此,连接 A'、B'、C' 的曲线可表示 1 h 后的飞机位置。若 PA、PB、PC 等取适当间隔和适当个数,则飞机的位置可以相当准确地确定下来。将上述作图反复进行,3 h 后可求得通过目的地(D 点)上空的等时线。若目的地不在 1 h 的终点位置时,可用内插法求得。然后从目的地 D 点开始,进行与上述相反的操作来确定飞行航线。即从 D 点沿风向的相反方向,画出 1 h 的风速矢量线 DD',然后以 D' 为中心,仍以空速大小为半径作一与曲线 $A'B'C'$ 相切的圆,求出切点 D''。以后重复相同的方法,求出到起点 P 的飞行航线。图中的最短时间飞行航线为 $PD'''D''D$。

沿最短时间航线可以节省的时间与飞行速度有关。空速小,时间节省得多一些。据计算,两点之间大圆(通过地球球心的圆)上的距离为 6000 km 的情况下以 370 km/h 沿最短时间航线飞行的平均续航时间是 17 小时 48 分,而沿大圆上的航线飞行的平均续航时间是 22 小时 20 分,前者比后者约缩短 2 小时 30 分,占沿大圆上的航线飞行时间的 12% 左右。对大速度飞机(800～1000 km/h)来说,可节省的飞行时间较少,一般仅占沿大圆航线飞行时间的 3%～5%。根据具体气象条件选择最佳航线,能节省燃料,缩短续航时间和更好地利用飞机飞行技术数据。

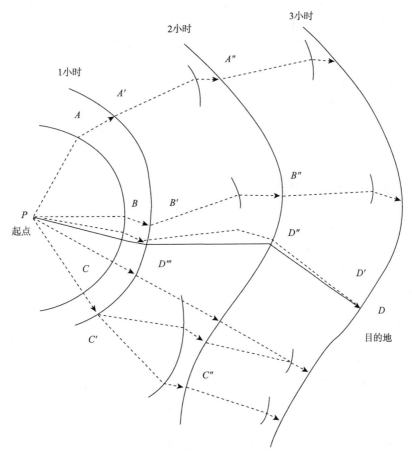

图 2.3　选择最短时间航线的示意图

2.1.3　云对飞行的影响

云对飞行的影响与云的种类、高度、厚度、结构特点等有密切关系。在有些云中飞行时,若气象条件恶化,可产生颠簸、积冰等现象;而飞越锋面云系或遭遇雷暴、误入积雨云等,对飞机飞行影响更加严重,这些内容将在下面几节中详述。本节主要介绍云对飞行员视觉的影响以及低碎云对飞行的影响。

2.1.3.1 云中飞行影响飞行员的判断

云中飞行时看不到地面和天地线,能见度又很差,造成飞行困难,对于没有穿云经验的新飞行员来说,在云中飞行时,在生理上和心理上容易产生一些错觉。飞机在云中飞行时,由于太阳位置的不同,或各方向云厚的不同,使得各方向明暗不均匀,飞行员会把较亮的方向当作天顶,将较暗的方向当作地面,而错误地使飞机倾斜地飞行,甚至把地面当作天顶,出现倒飞。又如,云顶通常是平整的,飞机平飞穿过不平整的云顶时往往碰到忽明忽略的情况,飞行员会以为飞机在忽而上爬,忽而俯冲,于是操纵飞机急剧向下或向上,如果拉杆过猛,机翼的迎角骤增,有可能造成失速而陷入螺旋的危险。再如,在贴着层积云或高积云飞行时,飞行员往往感到速度加大和易于疲劳,一旦高出云顶很多时,则又会有速度减慢的错觉。

飞行员产生飞行错觉后,精神紧张,如果处置不当,还可能造成飞行事故。克服错觉的办法是头脑清醒,坚定地相信仪表,切忌只凭主观感觉来操纵飞机。

2.1.3.2 低碎云对飞行的影响

低碎云对飞行安全的影响不仅是因为云的高度低,而且还因为云底结构复杂,云形变化大,移速快,给飞行安全带来很大危害。

(1)低碎云会造成飞行员注意力分配不当

在目视高度与用仪表检查高度之间,飞行员注意力的分配取决于飞行高度。有数据表明,在300～600 m高度上飞行员用于目视高度与看高度表的注意力是接近相等的,在100～200 m高度上飞行时约有80%的时间用于目视高度,而在小于100 m高度上飞行员按仪表检查高度的时间极短。因此,在低碎云天气条件下,飞行员容易将更多的注意力转向对云状、云量、云底高的观察和寻找地标上,容易忽视对仪表的观察,丢失飞机状态。

(2)低碎云会影响飞机着陆的准确性

目前,虽然着陆系统日趋完善,有的飞机已具备盲降条件,但在着陆最重要的接地阶段,仍是通过飞行员目视和手工实施的。在低碎云天气条件下着陆,由于出云后可供飞行员修正着陆偏差的时间短,增加了飞行员操纵难度。

(3)低碎云会影响飞行员对地标的识别

低碎云往往与低能见度紧密相伴。这是因为云中能见度一般较差,而云下通常有轻雾层,云底高越低,轻雾层离地面越近,从而影响目视飞行。飞行员在低碎云和低能见度的条件下飞行,不易及时发现和识别地标,容易造成偏离预定航线或者迷航。低空或超低空飞行时,由于山顶或高大建筑物常隐蔽在云中,容易发生与障碍物相撞的危险。

此外,由于低碎云的云形变化大,移动快,飞机忽而入云,忽而出云很容易产生错觉。

2.1.4 强降水对飞行的影响

2.1.4.1 强降水会使能见度变差

在大雨、暴雨、大暴雨等强降水中飞行时空中能见度只有几十米,这是因为飞行速度愈大,单位时间所经历的雨水体积愈大,使能见度恶化,同时雨水打在座舱玻璃上形成的水膜折射光线,又使能见度大大降低。夜间在强降水中飞行会产生光屏,使能见度变得更差。

由于降雪使地面上所有物体的亮度和色彩的对比显著减小,所以,在降雪区中飞行。能见度要比在雨区中差很多。

强降水和大雪会影响飞行员的视线和向外观察的能见距离。飞机在雨雪中着陆时飞行员往往看不清跑道,无法目视准确判断飞机离跑道的距离,使飞机容易偏离跑道或过早、过迟接地,严重时可造成事故。

2.1.4.2 强降水会使发动机停车

在雨中飞行时喷气式飞机的飞行速度会增大。这是因为在发动机转速不变的情况下,雨滴进入涡轮压缩机后,由于雨滴蒸发吸收热量降低燃烧温度,使增压比变大,增加了发动机的推力,相应使飞行速度有所增大。但如果雨量过大,发动机吸入雨水过多,点燃不及时可造成发动机停车,特别是飞机处于着陆低速阶段,更要提高警惕。

2.1.4.3　强降水会恶化飞机的空气功力性能

强降水在机翼表面会形成薄薄的一层水膜,雨滴撞击的陷坑和水膜的表面波使翼面变得不平滑.造成飞机阻力增加、升力降低。强降水条件下的风洞试验表明,机翼升力最大可降低 17%,阻力最大增加约 71%、而且此时飞机会过早失速。

阵雨中的倾盆大雨造成的空气动力性能降低最为严重。这种倾盆大雨的范围很小,而且持续时间短。在飞行中遇到过倾盆大雨的飞行员都惊叹:"大雨可以使飞机在没有任何警报的情况下迅速丧失升力。"

2.1.5　能见度及视程障碍对飞行的影响

2.1.5.1　能见度及视程障碍

能见度通常用目标能见的最大距离来表示。能见度反映飞行员的视程大小,决定着飞机能否正常起飞和着陆,它是保障飞行安全的主要气象要素之一。尽管现代化机场和大型喷气式运输机配备有先进的导航、着陆设备,但能见度对飞行活动的限制仍不可低估,因为恶劣能见度导致机场关闭的事情时常发生。

影响能见度观测的因子很多,如目标物的大小,观测者眼睛的对比感阈、观测地点、观测方向、观测手段等。所以能见度有许多不同的定义。通常所说的能见度是指水平气象能见度,其定义为:白天,正常人的视力在地平线附近的天空背景下,能见到合适的黑色目标物的最大水平距离。

飞行中从飞机上观测到的能见度称为空中能见度。由于观测方向不同,空中能见度又分为空中水平能见度、空中垂直能见度和空中倾斜能见度(包括着陆能见度)。着陆能见度是飞机下滑着陆时,飞行员能看清跑道近端的最大距离,它对飞机安全着陆非常重要。空中能见度决定于大气透射性质、驾驶舱的视野和观测条件。其中飞行速度、座舱玻璃对目标物的辨认均有影响,因此能见度偏小。同时背景情况比较复杂,尤其是观测地面目标时,背景常为不同颜色、不同亮度的地表面,使能见距离随背景不同有很大差异。

由于飞机高速运动,观测者相对于云、雾、霾等视程障碍现象的位置多变,而且不同方向的视线所穿过的大气层的透射特征变化也较大,使实际观测的能见距离时大时小。

大气透明度是引起能见度变化的最主要因素。大气中存在着固体和液体杂质.它们在一定条件下聚积起来形成各种大气现象,影响大气透明度,使能见度转差。这种天气现象统称视程障碍。形成低能见度的天气现象有云、雾、烟、霾、降水和沙尘等。

2.1.5.2　能见度对飞行的影响

(1)对飞机起飞的影响

在低能见度条件下飞机起飞时,由于目视障碍,飞行员起飞滑跑保持方向困难,因为远方的参照物看不见,只能用目视跑道中心线、边界线和跑道附近标志(如灯光)来定向和判断高度。随着飞机速度的迅速增大,可供飞行员修正方向偏差的时间将更短。如果目视稍有误差或操纵动作粗猛,就容易发生偏离跑道或小速度离陆等危及飞行安全的问题。

在低能见度条件下遇特殊情况需要中断起飞时,则更加大了飞行员处置的难度。

(2)对飞机着陆的影响

飞机在低能见度天气条件下着陆时,由于飞行员看不清跑道,易产生心理上的压力和紧张情绪。指挥员不能在远距离上看见下滑着陆的飞机,易造成指挥不及时、不准确的现象。虽然着陆系统能够帮助飞行员在低能见度条件下着陆,但使飞机进入下滑轨道和保持下滑方向及判断飞机距地面的高度方面还不十分准确。因此,着陆过程中最重要的接地阶段仍是通过飞行员"手工"和目视实施的。在低能见度条件下着陆时,飞行员不能在较远的距离上看见跑道而及时修正下滑方向、速度和高度,只能利用机载着陆系统、仪表、地面导航设备和指挥员的提示综合判断是否对正跑道,以及按照通过远、近距导航台的高度和规定的下降率来保持下滑高度及下滑速度。在着陆装置全放的状态下飞机的机动性能变差,修正偏差时飞机反应迟缓。如果飞机偏离跑道延长线或者下降率过快、过慢,都将会给着陆增加困难。

国内外飞行实践证明,在低能见度条件下着陆是非常危险的,特别在下滑着陆过程中,飞行员必须从仪表飞行转入目视飞行,此时能见度差,不仅给飞行着陆造成困难,而且给飞行员处置特殊情况的时间和空间极其有限。国外的统计表明,全部飞行事故中,发生在进场着陆阶段的约占50%。

(3)对低空飞行的影响

飞机在低空飞行时,影响最大的是低能见度和低云。由于飞行高度低,飞行员发现地标的时间和距离短,尤其在低能见度条件下,领航和对目标物的搜索观察及识别变得复杂化。所以,它不仅使驾驶和导航发生困难,而且也影响飞行任务的执行和飞行安全。

2.2 主要天气现象对飞行的影响

2.2.1 雷暴天气及其对飞行的影响

雷暴指由对流旺盛的积雨云组成的,伴有闪电、雷鸣、阵雨、大风,有时还出现冰雹、龙卷的中小尺度对流天气系统。它是飞机航行所遇到的最恶劣最危险的天气。因此,了解雷暴的形成和结构以及可能遇到的危险天气,有助于飞行员掌握有关气象信息,采取有效的飞行操纵措施,以便避开或飞越雷暴天气区,确保飞行安全。

2.2.1.1 雷暴的形成和发展

通常把仅伴有阵雨的雷暴称为一般雷暴,而把伴有暴雨、大风、冰雹、龙卷等严重灾害性天气的雷暴称为强雷暴。一般雷暴的强度较弱,维持时间较短,但出现频率高;强雷暴的强度大、维持时间长,但出现频率很低。

通常雷暴形成的有利条件包括:大气层结为条件性不稳定或对流性不稳定;低层为潮湿空气层;存在一些动力的或热力的触发机制。

雷暴常由一个或几个雷暴单体组成。雷暴单体就是一个对流单元,其生命史可分为发展、成熟和消散三个阶段。雷暴的发展阶段即积云阶段,从淡积云初生至发展成浓积云,其主要特征是上升气流贯穿于整个云体,上升气流速度的垂直分布呈抛物线状,中间偏上为最大升速,一般不超过15 m/s;成熟阶段以云顶冰晶化并开始出现降水为标志,即积雨云阶段,由于降水物拖曳作用引发下曳气流,对移动的雷暴单体,沿移动方向来看,云内垂直气流呈不对称分布,云体前部和上部为上升区,后部为下沉区,总体仍以上升气流为主;消散阶段的特征是下曳气流占据了云体的主要部分,其中低空出流从底部切断了上升的暖湿空气的来源。

强雷暴的发展,要求对流系统中的垂直气流的强度更大,且具有明显的垂直切变,后者是积雨云对流组织化结构的环境风场条件。强雷暴又称强风暴,可分为超级单体风暴、多单体风暴和飑线。

超级单体风暴是具有单一特大垂直环流的巨大强风暴云。单体相对于环境风场明显地向右前方移动,在移动中云体自身新陈代谢。上升气流由右侧进入倾斜上升,随高度增大速度增强,在中上部达极大值后再向上减小,在高层随高空风形成云砧。来自云后的冷空气与降水拖曳形成下曳气流。下曳气流在近地层扩散,部分突入上升气流区下方,促进上升气流进一步发展,使其生命维持较长时间。

多单体风暴由数个较小的各处于不同发展阶段的雷暴单体组成,具有统一的垂直环流系统,其前部有一支上升气流,在雷暴复合体前右侧连续出现新单体,后部有一支下曳气流,在雷暴复合体的后左侧却不断有老单体消亡,从而使风暴的有效传播方向指向对流层中层风的右侧。

飑线常出现在气团内部,冷锋前,由许多雷暴单体侧向排列成带状,可看成是一"线状雷暴"。飑线一般长约数十至几百千米,宽约几十千米至200 km。飑线上的单体常彼此不相干扰。飑线上的对流云不断新陈代谢,但作为整体,可持续几小时至十几小时。

强风暴中的垂直气流相当大,曾探测到上升气流速度达 63 m/s,下曳气流速度达 41 m/s 造成地面狂风暴雨,出现在微下击暴流中测得的最大风速为 67 m/s。

2.2.1.2　雷暴对飞行的危害

在雷暴活动区中飞行,除了云中飞行的一般困难外,还会遇到强烈的颠簸、积冰、电击、阵雨和恶劣能见度,有时还会遇到冰雹、下击暴流、低空风切变和龙卷。停放在地面的飞机也会遭到大风和冰雹的袭击。颠簸、积冰、下击暴流和低空风切变等将在有关章节中作介绍,下面就雷暴对飞行的危害再作简要说明。

(1)颠簸

雷暴云中强烈湍流引起的飞机颠簸,是危及飞行安全的一个重要危险天气。雷暴云中的升降气流速度很大,且带有很强的阵性,分布也不均匀,有很强的风切变。因此,湍流特别强烈。飞机进入雷暴云,会使飞机操纵失灵、仪表示度失真,在几秒钟内飞行高度变化几十米至几百米,甚至出现超过飞机极限容许值的过载,造成飞机毁坏。根据国外进行的专门研究飞行表明,雷暴云中强烈的不规则运动,使飞机过载达到 ±2%。再加上机动过载,就可超过极限容许值。飞机进入雷暴云上部的强湍流区,由于已接近飞机升限附近,容许过载很小,因此,有强颠簸发生后,飞机会进入超临界迎角,可能造成发动机停车,飞机操纵失灵。

(2)积冰

在雷暴云发展阶段,由于云体已伸至 0℃层高度之上,云中水滴呈过冷状态,含水量和水滴半径又较大,所以在其上部飞行常常发生较强的积冰。在雷暴云的成熟阶段,云中含水量和过冷水滴达到最大,强烈的上升气流把过冷水滴带至高空,甚至在砧状云顶中也有少量过冷水滴存在。所以,在云中 0℃ 等温线以上的区域飞行都会发生积冰,在云的中部常常遇到强积冰,在云顶飞行有弱积冰。在消散阶段,由于经过强烈的降水,云中含水量和过冷水滴都大为减少,积冰强度不大。

如果飞机穿越一个雷暴单体,因为时间很短,即使发生积冰,不一定是个很大的问题。但是,如果在积冰的气象条件下穿越一个雷暴群,飞机将产生严重积冰。

(3)雹击

飞机遭雹击的机会并不多见,据国外资料介绍,在穿越积雨云的飞行中,遭到雹击的概率不到 10%。但因一旦遭到雹击,会使飞机受到损害,因而应特别警惕。

通常,在成熟阶段的雷暴云中,飞行高度为 3000～9000 m 时,遭遇冰雹的可能性最大,10000 m 以上遭遇大冰雹的次数很少,在云中心的上风方向一侧,遭雹击的可能性也是比较小的。另外,在雷暴云中观测到降雹的次数比在地面上观测到的多。这是因为那些不大的冰雹在下落过程中有的又被上升气流带向高空,等再落到地面前已经融化了的缘故。所以应当注意,在地面没有降雹的情况下,空中飞机仍有遭受雹击的可能性。飞行时遇到冰雹,由于相对速度很大,飞机常被击伤。大的冰雹可以打坏座舱玻璃、雷达天线罩、照相枪、机翼和水平安定面、进气道口等部件,使飞机遭受严重损伤。

(4)电击

据统计,一次雷电的电流强度平均为几万安培,最强可达到 20 万 A,电压 10 亿 V。如放电时间以千分之一秒计算,则释放的电能可达到 2×10^{10} kW,相当于一个大型发电站的功率。雷电通过处的空气温度可高达 20000℃。其中心温度比太阳表面温度高 5 倍,它能在瞬间熔穿很厚的钢板。

飞机在闪电的路径上,被雷电击中的现象简称为雷击。雷击对飞行的危害可分为两类:一类由强大闪电电流引起的温度剧增,强电磁力、冲击波造成的直接危害;另一类是因瞬间电磁场迅速变化,从孔隙进人或经蒙皮渗透与机内电路耦合,感应几百或几千伏毁坏性瞬间电压造成的间接危害。

如果飞机在雷暴云中或靠近雷暴云飞行,靠近雷暴云的机翼就带有一种电荷,而另一机翼带有相反的电荷。此时,云间和云地之间放电,使云中的电荷在瞬间达到平衡,从而迫使飞机上的电荷也迅速达到平衡,顷刻间导致机身上产生强大的电流。这样强大的电流如果在飞机身上穿过,机体会剧烈地升温,严重时会引起飞机着火。特别值得注意的是一些大型运输机的机翼用作油箱,雷击会引起油箱爆炸。

受雷电强大电场的影响,飞机仪表、通讯和导航设备及着陆系统易受干扰或中断。如雷暴电场可使无线电罗盘指针左右摇摆或旋转,使磁罗盘产生误差,强烈时指针会指向雷暴方向,导致飞行员失向而飞错航向造成偏航。

当飞机在雷暴云旁边飞行时,由于电荷在飞机表面分布不均匀,飞机的尖锐或凸出的部分,如机翼、机头、机舱和天线等部位电荷密度大,与周围空气间的电位梯度就特别大,这就形成了飞机遭雷击的有利条件。所以,飞机不仅在穿过雷暴云时会被雷击,而且在云外也常常会遭到雷击,甚至飞机距离雷暴云体外三四十千米处也能被雷电击中。

2.2.2 急流及其对飞行的影响

急流指一股强而窄的高空强风带。航空上,在顺风条件下可以利用,以缩短航时,节约燃料;而在逆风条件下,应尽量避开。急流附近常伴有强烈的风切变、湍流和斜压性。为了趋利避害,必须对急流的结构和性质有所了解。

2.2.2.1 急流的定义和分类

世界气象组织(WMO)高空气象委员会定义的急流是指出现在对流层上部或平流层下部、对流层顶附近的,轴线基本水平的高速狭窄气流,宽 300~400 km,厚 2~4 km,长 1000~12000 km,中心最大风力 $\geqslant$ 30 m/s,其水平方向的风速切变为 5(m/s)/100 km,垂直方向的风速切变为 5~10(m/s)/ km。沿急流带的轴线可出现一个或多个风速极大值中心,大多数轴线呈东西向。当急流伴随强烈发展的大型扰动时,急流轴局部可转为南北向,有时可出现分支,也发现两支急流汇合,还可在某些地区中断(即中心最大风速小于 30 m/s)。

一般采用在等压面图上,分析等风速线的方法来表示急流的位置和强度。为了了解急流的空间结构,可分析经向垂直剖面图,见图 2.4。

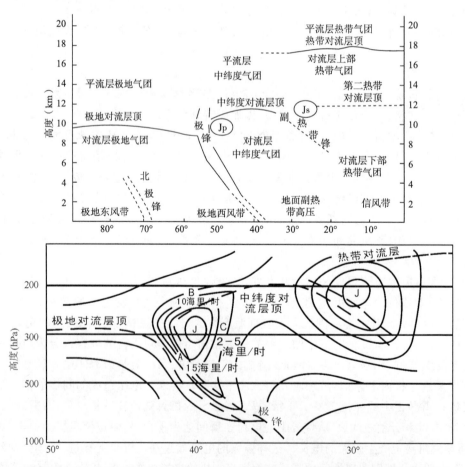

图 2.4 北半球冬季急流出现的纬度和高度(上图)和我国称之为北支急流和南支急流(下图)

急流可分为锋面急流和无锋面急流两类。锋面急流包括北极锋急流(arctic front jet)和极锋急流(polar front jet);无锋急流包括极夜急流(polar night jet)、副热带西风急流(subtropical westerly jet)和热带东风急流(tropical easterly jet)。图 2.4 表示冬季上述急流出现的纬区和高度。下面讲述影响我国的三种急流:

极锋急流:急流中心下方,为水平温度梯度很大的锋区。急流中心附近上方,对流层断裂。根据热成风原理,急流区风速的垂直分布为在急流轴的下方锋区中,地转风随高度增加增强最快。急流轴上方由于温度水平梯度与下方相反,地转风随高度增加而减小,故最大地转风出现在对流层顶断裂附近、极锋锋区斜压性最强处的上空。

极锋急流随极锋位置而南北向移动很大。冬季平均位置在 $40° \sim 60°N$,相应于我国新疆北部、内蒙古北部和东北地区 $7 \sim 10$ km 高度。夏季位于北极圈附近,急流高度平均约在 300 hPa 等压面上,中心最大风速曾达 105 m/s,冬季较强,夏季较弱。

副热带西风急流:最大风速中心,出现在对流层上部哈得来环流和费雷尔环流汇合的中纬度对流层顶(约 250 hPa 等压面)与热带对流层顶(约 100 hPa)之间的断裂处附近。由于费雷尔环流很弱,而且这两个环流圈汇合下沉产生水平辐散,所以副热带锋区特征在对流层中、下部几乎看不到。因而副热带西风急流的风速垂直切变在对流层上部最大。在 500 hPa 等压面上副热带西风急流强度就大大减弱。

副热带西风急流的风向和地理位置比极锋急流稳定得多。整个北半球冬季副热带急流位于 $20° \sim 30°N$,相应于我国长江以南地区。近乎定常的事实与哈得来环流位置和强度相当稳定有关。夏季位置向北移动 $10 \sim 15$ 个纬距,其轴线基本上呈东西向,相应于我国黄河以北地区,高度 $12 \sim 14$ km。中心最大风速,冬季一般为 $50 \sim 60$ m/s,夏季风速几乎减弱一半。

位于我国东部和日本上空的副热带急流最强,风速平均可达 $60 \sim 80$ m/s。冬季当其波峰与极锋急流的波谷两者汇合成一支急流时,使日本上空急流中心风速有时可达 $100 \sim 150$ m/s 甚至个别高达 200 m/s。

我国气象工作者习惯上称位于东亚的副热带急流为南支急流,而称极锋急流为北支急流。

热带东风急流:夏季出现在热带对流层中,一般位于副热带高压南缘,在 $15° \sim 20°N$ 之间,平均高度 $14 \sim 16$ km,最大风速为 $30 \sim 40$ m/s。亚洲地区在海陆对比和青藏高原热源的共同作用下,其东风急流是全球最强且最稳定的。我国大部分地区受其影响较小,主要是华南沿海和南海上空表现明显。

2.2.2.2　急流对飞行的影响

急流区有两个显著特点:一是风速大;二是风切变强。由于急流区风速大,顺急流飞行时,使地速增大,可节省燃料,缩短航时或增加航程,但应避开其风切变强的不利因素。逆急流飞行时则相反,故应避开急流区,选择最小风速区域飞行。横穿急流时,会产生很大的偏流,对领航计算和保持航线有较大影响,也应尽量避免,实在回避不了,必须注意修正。

(1)急流与颠簸

急流中经常发生颠簸的区域,主要位于急流轴下 $1 \sim 3$ km 靠低压(冷空气)一侧,因为在急流轴的冷空气一侧,风的水平切变和垂直切变均比暖空气(高压)一侧为大,同时考虑与颠簸直接有关的空气密度通量,位置较低处比较高处大,所以颠簸频率和强度的最大值位于对流层顶倾斜最陡或断裂的下方靠北侧,见图 2.5(上),可作为事先计划航迹如何避开晴空颠簸的依据,见图 2.5(下)。

据飞机报告:当风的垂直切变超过 3(m/s)/100 m,水平切变超过 6(m/s)/100 km 时,即可产生颠簸。当风的垂直切变大于 10(m/s)/300 m,或水平风速超过 60 m/s,急流轴发生较大的纬向位移时,都会产生强颠簸。

急流强颠簸区一般长约 $80 \sim 170$ km,宽约 $40 \sim 50$ km,厚约 $200 \sim 300$ m,常为无云的晴空颠簸。通常呈孤立分散状,所以在急流中飞行,并不一定每次都会遇到强颠簸。应用天气图可按图 2.5(下)所示路径飞行。

(2)急流中飞行的对策

顺急流飞行,飞行高度不要选在飞机升限高度上,因为在此高度上飞机的操纵性能和空气动力学性能都不甚好。顺势进入急流轴飞行时,不能从急流轴下方进入,应从急流轴侧保持平飞状态进入,且进入角应小于30°,以免偏流过大。沿急流轴飞行一般比较平稳,只要急流轴线平直、稳定并与航向一致,可以充分利用高顺风风速的有利条件。此时还可以分析机载温度表读数,横切急流时的温度变化,随急流飞行时温度定常。一般在冷空气一侧,气温降1℃,风速减小15 m/s,在暖空气一侧,气温升1℃,风速减小30 m/s,气流最强的风带位于同极锋冷空气相邻的暖空气一侧。

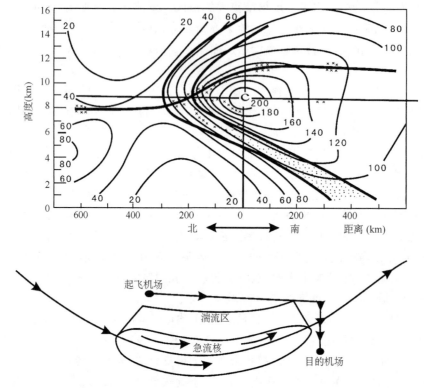

图2.5 急流与飞机颠簸。急流与北侧飞机颠簸区(上),(细实线——等风速线,单位 km/h;粗实线——对流层顶;锋区——密点区;颠簸区——带×包围圈(c为急流轴)。在急流与湍流区避开晴空颠簸的飞行路径(下)。

在急流中飞行,若遇到颠簸越来越强,应采用改变高度、航线的方法脱离颠簸区。通常改变高度300~400 km,偏离航线50~70 km即可。在改变高度300~400 m和航向时,要考虑飞行高度,地形标高,飞机性能和飞航任务诸因素,操纵时动作柔和适量,保持规定速度,时时关注飞行仪表。

飞行员在应用有关急流位置和强度的预报的同时,还应对急流的实际位置强度作出具体判断。常可利用急流区的高云形态:连绵数百千米的高云常与强风带一致,出现在急流轴的高压一侧下方,并呈辐辏状、波脊状沿风向伸展,也可出现多层荚状卷积云或高积云。当空气干燥时,可根据呈带状、条状分布的烟尘,从侧面看比较浓密。

在急流中飞行如发现云的外形不断变化,而且水平云带散乱,则表示云区湍流较强,往往可产生强颠簸,应尽量避免在这种云区飞行。

2.2.3 飞机颠簸的形成及其对飞行的影响

飞机飞行中突然出现的忽上忽下,左右摇晃及机身振颤等现象,称为颠簸。飞机颠簸是由大气湍流引起的。下面首先介绍大气湍流。

2.2.3.1 引起飞机颠簸的大气湍流

按照不稳定的成因,可以将引起飞机颠簸的大气湍流可分成四类。

(1)动力湍流

这种湍流是地表面附近流动的空气遇到建筑物或起伏的地形等障碍物时产生的。动力湍流的强度取决于地形起伏度、风速和大气的稳定度。地形起伏度和风速越大,气层越不稳定,动力湍流就越强。

动力湍流对飞机(尤其是轻型飞机)的起飞降落有较大影响。如果靠近跑道有许多大的机库或建筑物,就应警惕它的影响。如果风不大,湍流涡旋就比较弱,而且只出现在建筑物附近,一般对飞行没有影响;如果风速大,在下风方向较远处也会有强的湍流涡旋,有时甚至扩展到跑道上空,会影响飞机的起落。

当强风横越丘陵或山地时,往往有较强的湍流发生,飞机横穿山脉必须十分小心。因为在背风坡常常会遇到强烈的下沉气流,使飞机突然猛掉高度。飞行员应使飞机上升到更高的高度,才能横越山脉。高度低时飞机不仅可能遭受更多更强的湍流,还可能碰上地形造成的突发性侧向阵风,如果飞机一定要穿过谷地,比较安全的路径是在迎风坡一侧,这里可以获得一个附加的升力。

(2)热力湍流

由空气热力原因形成的湍流,称热力湍流。通常根据积状云的演变,可以较好地估计出热力湍流的变化。热力湍流是引起飞机颠簸最常见的原因。

热力湍流与大气稳定度有关,大气越不稳定,它发展得越强。当低空气温直减率达 $0.7℃/100\ m$ 以上时,会有中度以上的湍流。当冷空气流到暖的地表面后,由于不稳定度增大,湍流将发展增强。当地面为冰雪覆盖时,气层稳定,没有或仅有很弱的热力湍流。

(3)风切变引起的湍流

风切变能产生许多大小不一的湍流涡旋。风切变越大,湍流越强。例如,大气中的晴空湍流就是当风速足够大并有切变时,层流发生不稳定,导致小尺度波状起伏所致。在急流附近,湍流的发生率高于其他区域。特别是在极地对流层顶与副热带对流层顶断开的地方发生率较高。通常,在垂直风切变每 $100\ m$ 达到 $1\sim2\ m/s$,水平风切变每 $100\ km$ 达到 $5\sim6\ m/s$ 的区域,常有晴空湍流发生。

(4)尾涡湍流

飞机飞行时,在它后面都会产生尾流。尾流也是一种湍流。当后机进入前机的尾流区时,会出现飞机抖动、下沉、变状态、发动机停车甚至翻转等现象。小型飞机尾随大型飞机起飞或着陆时,若进入前机尾流中,处置不当还会发生事故。尾流由滑流、索流和尾涡三部分组成。下面主要讨论尾涡,因为尾涡对尾随大型飞机起飞着陆的小型飞机影响最大。

飞机飞行时都会产生一对绕着翼尖的方向相反的闭合涡旋,这就是尾涡(图 2.6)。它们在飞机后面一个狭长的尾流区里造成极强的湍流。在两条尾涡之间,是向下的气流,在两条尾涡的外侧,是向上的气流。尾涡流场的宽度约为两个翼展,厚度约为一个翼展。

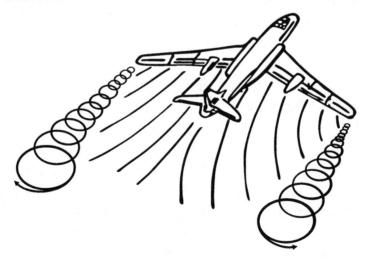

图 2.6　尾涡

尾涡的强度由产生尾涡的飞机的重量、飞行速度和机翼形状所决定,其中最主要的是飞机的重量。尾涡强度随飞机重量和载荷因数的增加和飞行速度的减小而增大,曾测得最大的湍流切线速度达67 m/s。

通常尾涡在飞机起飞前轮抬起时产生,在着陆时前轮接地即结束。在空中,尾涡大约以120~150 m/min的速率下降(最大可达240~270 m/min),在飞行高度以下约250 m处趋于水平,不再下降(图2.7)。所以,后机应该在不低于前机的飞行高度上飞行,方可免受尾涡的危害。后机从后方进入前机的一个尾涡中心时,一个机翼遇到上升气流,另一个机翼遇到下降气流,飞机会因承受很大的滚转力矩而急剧滚转。滚转速率主要取决于后机翼展的长度,翼展短的小型飞机滚转速率大。如果滚转力矩超过飞机的控制能力,飞机就会失控翻转。日本在1982年和1983年各有一架小型飞机在进近着陆时,进入前面大型喷气客机的尾涡中心,飞机失控,陷入横滚而坠毁。

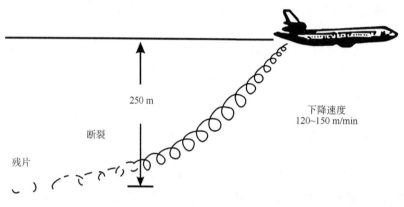

图 2.7 尾涡下降和变平

因为尾涡是看不见的,所以小型飞机的飞行员应时刻警惕,注意避开尾涡,不要在大型飞机的后下方航行。跟在大型飞机之后着陆时,应在大型飞机接地点之前接地;跟在大型飞机之后起飞时,应在大型飞机前轮抬起点之后离地。

2.2.3.2 飞机颠簸的形成

观测事实和理论研究都指出,大气湍流具有湍流谱的特征,即在湍流气流中存在着尺度不同的各种涡旋。能够使飞机产生明显颠簸的湍流涡旋,其尺度大致与飞机的尺度相当,或脉动周期与飞机的自然振动周期相近。

对于较飞机尺度过小的湍流涡旋,不论其强度如何,只要是均匀的,则可以认为有许许多多个湍流涡旋在飞机的各部分同时作用,作用的结果大致相互抵消。但当这种尺度的湍流是不均匀的,作用的结果,则将引起飞机不同程度的颠簸,有时甚至很强烈。

至于较飞机尺度过大,例如几千米以上的涡旋或波动,对于马赫数小于1的亚音速或近音速飞机,除了在进出涡旋边缘时刻发生振动,而在进入涡旋之后,便与空气的运动相适应,随之上下,作平滑的升降运动,飞机并不承受任何过载荷。即飞机进出大范围的上升气流(大尺度的涡旋)时,因上升气流的出现和消失,使迎角发生改变并伴随有颠簸及轨迹变化。而在进入上升气流后,飞机随气流上升,并无颠簸现象。

至于与飞机尺度大小或与飞机振动周期相当的湍流涡旋则不然。飞机在受到这种涡旋作用时,在飞机前进的过程中,几乎是陆续地由一个涡旋的作用进入另一个涡旋的作用。当一次振动后飞机尚未恢复常态前,另一次振动又开始,这才使飞机的运动不断发生不规则的加速度变化,而当飞机的自然振动周期与湍流的脉动周期相当,则将使飞机愈颠愈甚。一般说来,飞机的飞行速度愈大,引起飞机颠簸的涡旋尺度的范围也愈大。对于现代飞机来说,其尺度可由十几米到几千米。

下面将进一步分析飞机是怎样发生颠簸的,先讨论垂直阵风的作用。如图2.8,当飞机在平飞中突然遇到速度为W的向上的垂直气流,这时相对气流由原来的V_0改变为V,飞机的迎角也由原来的α增大为$(\alpha+\Delta\alpha)$,于是飞机的升力立即增大和急剧地上升;当突然遇到向下的垂直气流时,飞机将急剧下降。垂直气流中升降气流起伏无定,速度也多变,所以,飞机在其中飞行时,因升力不断地急剧变化而呈现忽升忽降的颠簸状态,如果作用在左右机翼上的气流方向或速率不一致,则飞机将产生摇晃现象。再如,当垂直气流冲击飞机的时间短促且频繁时,还能引起飞机局部部位发生抖动现象。

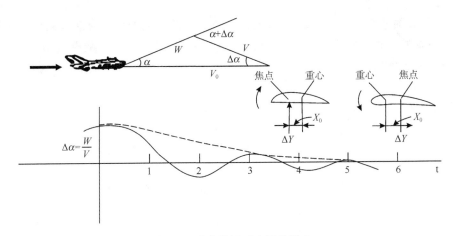

图 2.8 垂直阵风对飞行的影响

在垂直气流的作用下,如果机翼的焦点(即附加升力的作用中心)与飞机的重心一致,这时飞机的上升运动比较简单,一般表现为简单的跃升;如果焦点与重心不重合,则附加升力在飞机跃升的同时,对飞机的重心还要产生一转动力矩,即

$$M_x = \Delta Y \cdot X_0$$

式中 M_x 为转动力矩;ΔY 为升力增量;X_0 为重心与焦点的距离。

当飞机的焦点位于重心的前面(见图 2.8 正上方)时,这种附加力矩将使飞机发生上仰运动,亦即这时的飞机在继发生增大迎角的变化之后,由于发生上仰,迎角还要继续增大,升力亦将继续增加,这就是飞机对于载荷为不稳定的情况。在这种情况下,飞行中如不及时正确处置,迎角继续增大直至超过临界迎角和使飞机进入失速,就可能发生事故。

对于焦点在重心后面的飞机(见图 2.8 右上方),附加升力在使飞机作跃升运动的时刻,同时使机头向下转动,于是迎角减小,附加升力消失,故机头复又上仰。如此,周而复始,机头在垂直面上作俯仰运动,迎角随时何的变化如图 2.8 下方实线所示,振幅呈周期性衰减,这是飞机对于载荷为稳定的情况。现代设计的飞机,一般都属于这种情况,也就是在载荷方面是稳定的。至于更好的设计则可能使飞机在经历了第一次俯仰之后,其迎角即呈非周期性衰减,倾向于恢复正常状态的飞行(图 2.8 中虚线)。这是飞机在大尺度涡旋(或波动)作用下,或遇较大规模的垂直气流作用下所有的情况。

再看看水平阵风又是怎样引起飞机颠簸的。当飞机遇到水平阵风时,其相对速度随之时大时小,使升力也不断地发生不规则的改变,于是同样造成了飞机颠簸。如果阵风是从正面(或背面)来的,一般只引起飞机上下抛掷;如果阵风是从侧面来的,则还可能引起飞机发生摇晃、摆头等现象。

虽然水平阵风与垂直阵风都能引起飞机升力的不规则变化,从而造成颠簸,然而它们所起的作用是不一样的:由于风速的水平变化比飞机的速度要小得多,故对升力的影响较小;而垂直阵风因能使迎角发生较大的变化,故对升力的影响就大多了。例如,当某型飞机以空速 120 m/s、迎角 2.2°平飞时,如果迎面风速突增 10 m/s,飞机升力将增加 17%;但如突然遇到 10 m/s 的上升气流,则由于迎角的改变,升力将突增两倍有余。因此,在一般情况下,水平阵风对飞机颠簸的作用可以忽略。但如飞机正在起飞、着陆或在急流区中飞行,则因在前一种情况下飞机的速度较小,在后一种情况下风速的变化往往很大,就不能忽视水平阵风的影响。

不但阵风可引起飞机颠簸,小尺度湍流的不均匀性也可引起飞机颠簸。由于小尺度湍流的不均匀性引起的机翼升力变化为

$$\Delta Y = \frac{\partial C_y}{\partial K}\rho V^2 S \Delta K \tag{2.39}$$

式中 ΔK 为湍流扩散系数变化量,其他符号同前。

由(2.39)式可见,即使在没有垂直气流的情况下,由于小尺度湍流的不均匀也会引起升力的变化。因此,当飞机穿过不均匀的小尺度湍流区时,就会出现由飞机向上、向下的加速度的交替所形成的颠簸。

这可解释图 2.9 的观测事实。随着积云量的增加,大气中出现于云中的湍流区越来越多,强度也越来越大,当积云量所占据的面积大约等于无云面积时,湍流的不均匀程度最大,颠簸也最强。当积云量继续增多布满天空时,积云发展的整个气层中充满了强烈的、但性质几乎均匀的湍流。随着湍流不均匀性的消失,颠簸强度减小。

湍流扩散系数变化量与垂直阵风的关系可由下式给出

$$W = \frac{\partial C_y / \partial K}{\partial C_y / \partial \alpha} V \cdot \Delta K \qquad (2.40)$$

于是,在知道飞行速度和由风洞实验得出 C_y 的函数形式后,可将 ΔK 换算为 W 或 W 换算为 ΔK。由上可见,飞机在不均匀小尺度湍流区受到的作用与垂直气流对飞机的作用相同。

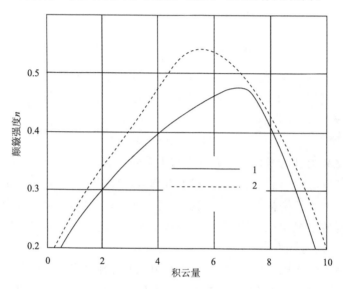

图 2.9 颠簸强度与积云量的关系

2.2.3.3 飞机颠簸的强度及其影响因子

(1)颠簸强度等级与载荷因数变量

飞机颠簸的强度,既可按飞行状态的变化程度来区分,也可按飞机所承受的载荷因数的变化量来区分。在日常飞行中,飞机颠簸强度的判断,通常是由机组在飞行中按飞行状态的变化程度来确定的。

表 2.1 是根据飞机因湍流而引起飞行状态的变化程度及机舱中反应的大小,将颠簸强度分为弱、中、强和极强四个等级。表中最后一栏为美国宇航局(NASA)推算的阵风强度。此表可供大型喷气式运输机飞行人员通过感觉和目测判断颠簸强度。

用感觉和目测来判断颠簸强度,难免带有一定的主观性。比较客观的方法是根据飞机所承受的载荷因数变量来划分颠簸强度等级。飞机颠簸时,飞行状态的变化固然多种多样,但通常主要是依据垂直方向上抛掷的剧烈程度来估计颠簸强度。因此,颠簸强度可依据垂直方向上飞机承受的载荷因数的变化,亦即飞机受到的垂直加速度的变化来划分。这种变化常用加速表或红外线探测仪来测量。飞机承受的载荷因数变化有两种,一种是由于飞行员作各种机动飞行时产生的;另一种是由垂直气流造成的。在这里只讨论后者。

在飞机空气动力计算中,人们取飞机的升力与重力之比来表示飞机承受外力的相对大小,称为载荷因数(亦称过载),即

$$n = Y/G \qquad (2.41)$$

式中 n 为载荷因数,Y 为飞机的升力,G 为飞机的重力。在较短的时间内,G 可以认为是不变的,则 n 的变化就取决于 Y 的变化。显然,载荷因数变化大时,反映了升力变化大,颠簸也一定比较强,反之,则颠簸较弱。

表 2.1 飞机颠簸强度等级

强度	飞机状态变化	机舱中的反应	阵风风速(m/s)
弱	飞机姿态短暂变动,轻微抛掷,航向稍有摆动。或者飞机没有显著高度变化或偏航情况下有轻微的脉动。	乘员感到或肩带稍稍拉紧,未固定物品仍保持不动,饮食照常,步行无困难。	1.5~6.1 (5~20 ft/s)
中	与弱颠簸类似,但强度增强,飞行姿态、飞行高度及航向均有变化,但飞机保持无反向操纵;或飞机在有显著高度变化、滚转及偏航情况下,出现急剧抛掷或冲击。	乘员感到或肩带绷紧,未固定物品发生移动,进食和步行困难。	6.1~10.7 (20~35 ft/s)
强	飞机姿态、飞行高度及航向均有变化,引起的指示空速变化大,短时内飞机失去操纵。	乘员被迫系紧和一再抓住安全带或肩带,未固定物品颤动不已,进食和步行已无法进行。	10.7~15.2 (35~50 ft/s)
极强	飞机被急剧地上抛下掷,事实上已无法操纵,可能造成飞机结构的损坏。		>15.2 (>50 ft/s)

注:1 ft=0.3048 m,下同。

在平飞时,$Y=G$,则 $n=1$。如果 $Y>G$,则 $n>1$,或 $Y<G$,则 $n<1$,飞机将出现向上或向下的加速运动。将(2.41)式取差分,得到

$$\Delta n = \frac{\Delta Y}{G} = \frac{ma}{mg} = \frac{a}{g} \tag{2.42}$$

式中 Δn 为载荷因数变量,a 为飞机的垂直加速度,m 为飞机的质量,g 为重力加速度。如果 $\Delta n=2$,表示飞机的垂直加速度为 0.2 g,约为 2 m/s²。

下面讨论 Δn 与垂直气流的关系。

飞机一旦遇到垂直气流(W),迎角将随之改变 $\Delta \alpha$,它们与飞行速度(V)有如下近似关系(参看图 2.8)

$$\Delta \alpha \approx \frac{W}{V}$$

这时升力系数也产生增量,即

$$\Delta C_Y = \frac{\partial C_Y}{\partial \alpha} \Delta \alpha = \frac{\partial C_Y}{\partial \alpha} \cdot \frac{W}{Y} \tag{2.43}$$

式中 $\frac{\partial C_Y}{\partial \alpha}$ 为升力系数斜率。由升力公式 $Y = \frac{1}{2}\rho V^2 S C_Y$ 可知,只考虑垂直阵风时的 Y 即 ΔY

$$Y = \frac{1}{2}\rho V^2 S C_Y = \frac{1}{2}\rho V^2 S \frac{\partial C_Y}{\partial \alpha} \frac{W}{Y} \tag{2.44}$$

将(2.44)式代入(2.42)式可得

$$\Delta n = \frac{\rho V \frac{\partial C_Y}{\partial \alpha}}{2G/S} \cdot W \tag{2.45}$$

式中 S 为机翼面积,G/S 为飞机的翼载荷。(2.45)式为垂直阵风对飞机载荷因数影响的关系式。对某架飞机而言,G/S 为给定值,在迎角小于临界角的情况下,$\frac{\partial C_Y}{\partial \alpha}$ 可视为常数,当飞行速度和高度保持不变时,V 和 ρ 均为定值。这时 Δn 的大小就反映了 W 的大小。

根据理论分析和飞行实验,Δn 越大,飞机颠簸越强。按 Δn 的大小划分的飞机颠簸强度等级表 2.2。

表 2.2 Δn 与飞机颠簸强度等

Δn	≤0.2	0.21~0.5	0.51~1.0	>1.0
颠簸强度	弱	中	强	极强

（2）影响颠簸强度的因子

从（2.40）和（2.45）式可以看出，影响颠簸强度的因子主要有：

湍流强度及其不均匀性

湍流强弱主要取决于两个因子：垂直阵风风速 W 和空气密度 ρ。W 和 ρ 越大，它所引起的飞机升力的变化就越大，颠簸越强。反之，颠簸越弱。当作用在飞机上的垂直阵风（上升和下沉）交替周期与机体振动周期一致时，飞机颠簸会显著加强，即出现共振现象。在波状气流中，气流的升降交替往往是比较有节奏的，所以飞机在波状气流中飞行要特别注意防止出现共振现象。小尺度湍流的不均匀性与颠簸强度的关系可由下述经验关系表示

$$I = c_n \left| \frac{\partial E}{\partial n} \right| + c_z \left| \frac{\partial E}{\partial z} \right| \tag{2.46}$$

式中 c_n 和 c_z 为经验系数，$\left| \dfrac{\partial E}{\partial n} \right|$ 和 $\left| \dfrac{\partial E}{\partial z} \right|$ 分别为湍流能的水平和垂直梯度。显然，湍流越不均匀，$\left| \dfrac{\partial E}{\partial n} \right|$ 和 $\left| \dfrac{\partial E}{\partial z} \right|$ 则越大，颠簸也越强。

在定常情况下，并且假定湍流动量交换系数与热量交换系数相等，则

$$E = \frac{1}{\beta} \left\{ \left[\left(\frac{\partial u}{\partial z} \right)^2 + \frac{g}{L} \left(\frac{\Delta T_v}{T} \right)^2 \right] - \frac{g}{T} (\gamma_d - \gamma) \right\} \tag{2.47}$$

代入（2.46）式有

$$I = \frac{c_n}{\beta} \left| \frac{\partial}{\partial n} \left[\left(\frac{\partial u}{\partial z} \right)^2 + \frac{g}{L} \left(\frac{\Delta T_v}{T} \right)^2 \right] + \frac{g}{T} \frac{\partial \gamma}{\partial n} \right| + \frac{c_z}{\beta} \left| \left(\frac{\partial u}{\partial z} \right)^2 + \frac{g}{L} \left(\frac{\Delta T_v}{T} \right)^2 + \frac{g}{T} \frac{\partial \gamma}{\partial z} \right| \tag{2.48}$$

式中 β 为比例系数，u 为风速，L 为运动气块的水平尺度，ΔT_v 为虚温偏差量。从（2.48）式可见，强颠簸出现在风速和风切变大及大气温度层结曲线转折点附近。

飞机速度

飞行速度越大，飞机受到垂直气流的冲击越强，载荷因数变化就越大，颠簸则越强。图 2.10 是某型飞机遇到湍流时平飞速度与载荷因数变量的关系。由图可见，载荷因数变量随平飞速度增大而增大。此外，飞行速度越大，飞机在单位时间里受垂直气流冲击的次数就愈多，颠簸也就越频繁，但颠簸的振幅会减小。因此，高速飞机颠簸时，常常感觉到的是飞机抖动，飞行高度变化较少。

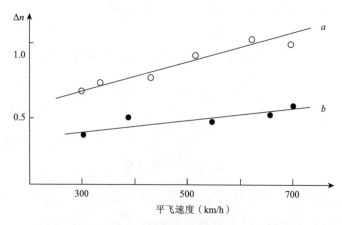

图 2.10 平飞速度与载荷因数变量的关系

翼载荷

翼载荷大的飞机，单位机翼面积上承受的飞机重量大，受到垂直气流冲击后产生的加速度较小，所

以颠簸较弱;反之,翼载荷小的飞机,颠簸就比较强。对同类型飞机而言,颠簸强度则与载重量大小有关,载重大时颠簸弱,载重小时颠簸强。但是,不能由此而认为飞机重量越大越好。因为随着飞机重量的增加,机翼的坚固性相应减小,而且这种不利作用往往超过减轻颠簸的有利作用。

此外,颠簸强度还与 $\frac{\partial C_Y}{\partial \alpha}$ 有关。对某型飞机而言,$\frac{\partial C_Y}{\partial \alpha}$ 是确定的。通常,对于平飞的飞机来说,除垂直气流风速 W 外,其他均可看成常数,因而颠簸强度只取决于 W。

2.2.3.4 颠簸对飞行的影响

飞机产生颠簸,特别是产生强颠簸时,对于飞机结构、操纵飞机、仪表指示、旅客安全都有很大的影响。

(1)对飞机结构的影响

飞行中产生颠簸时,飞机的各部分都经受着忽大忽小的载荷,颠簸越强,载荷变化就越大,如果飞机长时间受到强烈载荷变化的作用,或受到超过飞机所能承受的最大载荷,飞机的某些部分(如机翼)就可能变形甚至折毁。图 2.11 是一次实验飞行中发生强烈颠簸时载荷因数以及右机翼挠度变化的记录。从图上曲线可以看出,此次颠簸中的飞机的载荷因数曾达到 2 左右;同时,伴随着载荷因数的变化,机翼挠度也剧烈变动着。

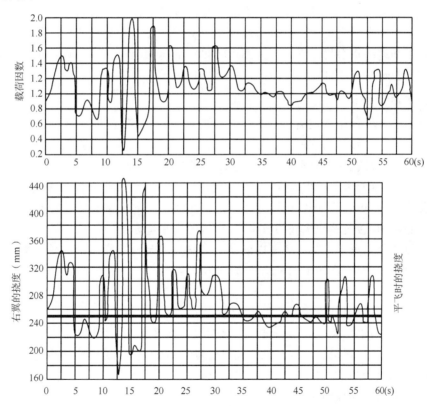

图 2.11 在一次实验飞行中发生强烈颠簸时载荷因数以及右机翼挠度随时间的变化图

通常,单纯由扰动气流引起的载荷因数变量值不超过 1,在雷雨云中及山地附近也可能达到 2～3 或其以上。这对于歼击机来说,一般是不会造成结构上的损坏的,但对运输机来说,就不可忽视。因为歼击机能承受较大的载荷,而运输机所能承受的载荷则较小。如某型运输机的最大使用载荷因数为 3.5,设计载荷因数为 5.25。所以,运输机更应竭力避免陷入强烈颠簸区中。

(2)对操纵飞机的影响

飞机发生颠簸时,飞行高度、速度以及飞行的姿态都会经常不断地发生不规则的变化。颠簸强烈时,飞机忽上忽下的高度变化常可达几十米以至几百米,这样就会给操纵飞机带来很大的困难。

由于飞行状态时时变动,飞行员往往不得不费更多的精力来及时保持飞机处于正常状态,因而体力消耗较大,易于疲劳。

（3）对仪表指示的影响

飞机颠簸时,仪表受到不规则的震动,指示常会发生一些误差,特别是在颠簸幅度变动较大、飞机忽上忽下变动频繁的时候,升降速度表、高度表、空速表和罗盘等飞行仪表就会产生比较明显的误差,不能十分准确地反映出瞬间的飞行状态,如果完全据之以修正飞行状态,就可能带来一些不良后果。此外,颠簸还使进入发动机的空气量显著减少而自动停车。这种现象在高空飞行时最可能遇到。因为在那里发动机对空气流量的变化特别敏感。

颠簸还会使旅客感到不适,增加旅途疲劳甚至呕吐,强颠簸时,甚至可能造成旅客的人体伤害。

2.2.4　飞机积冰的形成及其对飞行的影响

飞机积冰是指飞机机身表面一些部位产生冰层聚积的现象。主要由飞机在云中或降水中飞行时,过冷却云滴或雨滴碰撞机身后产生冻结而形成,也可由水汽直接在飞机外表面上凝华而形成。冬季露天停放的飞机也能形成积冰或表面结霜。

飞机积冰会使其空气动力学性能恶化,表现为升力减小,阻力增大,影响飞机的安定性和操纵性。飞机积冰是一种航空危险天气。

近年来随着航空技术的飞速发展,飞行速度和飞行高度已明显提高,以及机身防冰、除冰设备的日趋完善,飞机积冰的危害在一定程度上已有所减少。但由于航运交通量的日益扩大,放飞的气象条件限制的放宽,飞机遭遇积冰的机会仍有不少。大型运输机在低速的起飞、着陆阶段,或穿越高空的浓密云层,仍有可能发生严重积冰,现有的防冰、除冰设备难以排除严重积冰。

2.2.4.1　飞机积冰的形成

云体伸展到一定高度,云中存在着温度低于 0℃的过冷却水滴,这种液水处于一种热力不稳定状态,只要受到一些震动,水滴就会立即产生冻结。当飞机在云中飞行时,只要机身表面的温度低于 0℃,机身碰撞过冷却水滴,水滴就会在机身表面冻结并积聚成冰层,形成飞机积冰。

飞机积冰对飞行安全的威胁与积冰强度有关。积冰强度(I)常以单位时间内机身表面聚积的冰层厚度来表示,单位为 mm/min。下面以机翼为例讨论积冰强度的影响因子及其表述公式。

假设机翼在负温下在含过冷却水滴的云中飞行,云的含水量为 $W(g/m^3)$,空速为 V,若不计机翼前缘的流线型弯曲,则流经机翼最大截面范围内的所有云滴均应与机翼相碰撞。单位时间内在与气流垂直的最大机翼截面的单位距离内积聚的云水质量 m 为

$$m = W d_{max} V$$

式中 d_{max} 表示最大机翼截面的厚度。

实际上空气的流线与水滴轨迹并不一致。气流在机翼前缘会产生绕流,而由于水滴的运动惯性,气流不可能携带全部水滴一起运动。水滴在机翼前缘运动轨迹的曲率,受气流速度、空气黏性的影响,也决定于水滴的尺度、速度和运动惯性,还与机翼的形状有关。一般仅在机翼前缘前方,厚度为 d 的范围内的水滴,才能与机翼前缘表面相碰撞(见图 2.12)。

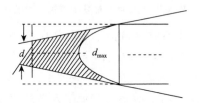

图 2.12　机翼附近水滴运动路径和机翼迎风面对水滴的捕获系数

而实际积聚的水滴质量为 $m = W d V$,为此我们定义捕获系数 $E = d/d_{max}$,表示实际积聚的水滴质量与最大可能积聚的水滴质量之比。

假设积聚的水全部冻结,则单位长度机翼截面上形成的积冰质量与积聚的水滴质量相等

$$\rho_i d_{\max} I = W d V \tag{2.49}$$

式中 ρ_i 为冰的密度,它随积冰类型而异。故

$$I = \frac{WVE}{\rho_i} \tag{2.50}$$

由(2.49)式可以看出,积冰强度与飞行速度,云中含水量,捕获系数成正比,与冰层密度成反比。其中捕获系数决定于机翼的形状和大小,机身不同部位,E 值也不同,主要表现为随表面的曲率而变化。以机翼积冰为例,若机翼前缘曲率半径 R 大时,在离机翼前缘较远的地方,气流就开始分离绕流,这样水滴就容易随气流起绕过机翼,与机翼碰撞的水滴就少(见图 2.13(a));机翼前缘的曲率半径小时,在离机翼前缘较近的地方,气流才开始分离,虽有一些水滴仍随气流绕过机翼,但与机翼碰撞的水滴较多(见图 2.13(b))。所以曲率小的机翼,比曲率大的机翼其积冰强度小些。由此可以说明空速管、天线等部位容易出现积冰,翼尖积冰较快,翼根部积冰较慢。粗糙的表面比光滑的表面积冰快,机身表面的铆钉、接合处最易先积冰。

E 值还与空速、水滴大小有关,可以将机翼对水滴的捕获系数以半经验公式表示

$$E = \frac{1}{1 + 1.3 \times 10^{-4} \dfrac{R}{Va^2}} \tag{2.51}$$

式中 a 为水滴的半径,单位为 cm;曲率半径 R 的单位为 cm;空速 V 的单位为 cm/s。

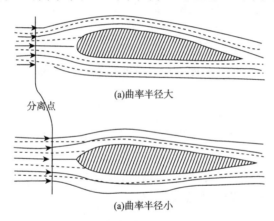

图 2.13　不同曲率半径机翼前缘水滴的轨迹和分离点

云中含水量、云滴温度以及飞机表面动力增温效应对飞机积冰影响很大。实际积聚在机翼表面的水量不会全部产生冻结,可因碰撞破碎流失、气流吹拂、蒸发以及冻结潜热释放效应,使部分水量在冻结前或冻结中丧失。为此在估算飞机积冰强度,应乘以冻结系数 β,它表示冻结的水滴质量与捕获的水滴质量之比。含水量愈小,温度愈低,β 值愈趋近于 1。相反,含水量愈大,空速愈大,β 值变得愈小。相应的(2.49)式写成

$$I = \frac{WVE\beta}{\rho_i} \tag{2.52}$$

飞机在空气中以高速飞行时,由于空气压缩增温以及机身表面与空气间的摩擦生热,统称为动力增温主要与空速有关。飞机的动力增温可表示成

$$\Delta T = 3.87 \times 10^{-5} V^2 \tag{2.53}$$

式中 V 为空速,单位为 km/h。不同情况下的动力增温值如表 2.3 所示。在晴空中,空速 900 km/h 时,机翼前缘的动力增温平均约 28℃。但在云和降水中,由于蒸发和传导失热,升温只有前述数值的一半左右。风洞实验表明,空速 750 km/h,在云和降水中飞行时,动力加热和蒸发、传导冷却基本趋于平衡。只要云和降水中的过冷却水滴的温度较低,仍可产生飞机积冰。

表 2.3 不同空速下的动力增温

飞行速度(km/h)		100	200	300	400	500	600	700	800	900	1000	1100	1200
动力增温(℃)	驻点 晴空	0.4	1.5	3.5	6.2	9.6	13.9	18.9	24.7	31.3	38.6	46.7	55.5
	驻点 云中	0.2	0.9	2.1	3.7	5.8	8.3	11.3	14.8	18.8	23.2	28.0	33.3
	非驻点云中	0.2	0.7	1.7	3.0	4.6	6.7	9.1	11.8	15.0	18.5	22.4	26.7

2.2.4.2 飞机积冰的类型

飞机积冰按其结构、形状及对飞行的影响程度分为明冰、淞冰、毛冰和霜 4 种。

(1)明冰(clear ice)

明冰是光滑、透明、坚实的冰层。通常在冻雨中,或在由大水滴组成的温度为 0~−10℃的云中飞行时形成。由于水滴较大,温度相对较高,过冷却水滴碰撞机身表面后,并不全在碰撞处冻结,部分顺气流向后流动,融合成水层再冻结。由于此时冰中夹杂的空气很少,所以冰层积得牢固、光滑、透明。虽有除冰设备,一般不易使其脱落。

(2)淞冰(rime ice)

淞冰是由大量粒状冰晶组成的粗糙不透明冰层。当飞机在温度为−20℃的冰、水混合云中飞行时,由于温度较低,过冷却水滴小,碰撞机身表面后迅速冻结,几乎保持原来的圆形颗粒状。在积聚过程中,各冰粒间留有空隙,故冰层不透明。淞冰结构松脆,除冰装置易使其脱落。

(3)毛冰(clime)

毛冰是明冰和淞冰的混合体,表面粗糙,不透明,但冻结得比较牢固。色泽像白瓷,俗称瓷冰。

毛冰多为飞机在温度−5~−20℃的过冷却云或混合云中飞行时形成。云中往往大、小水滴同时存在,还可夹杂冰晶一起冻结。

(4)霜(frost)

霜是飞机在晴空中飞行时,出现在飞机表面的结霜。由水汽直接在低温的机身表面凝华形成,类似于地面结霜。一旦机身表面增温后,其所附的霜即可消失。

积冰的形状决定于积冰的类型、飞行速度和气流绕过飞机不同部位的特征。积冰的形状一般分为楔形平滑状、槽形粗糙状和无定形起伏状(图 2.14)。

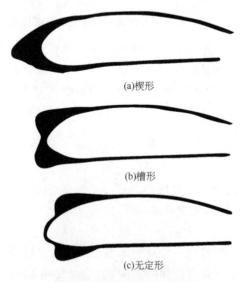

(a)楔形

(b)槽形

(c)无定形

图 2.14 飞机积冰的主要形状

楔形平滑状积冰,往往是透明冰,一般表现为沿气流方向的积冰。空气动力学特性受损最小。

槽形粗糙状积冰,是水滴在机翼正面部分未立刻冻结,水滴被气流吹离机翼前缘某一距离,在较冷段冻结而成。机翼前缘槽的产生,是因为空速大,由于动力增温使驻点的温度偏高,甚至为正温,随着离开驻点,温度又变成负值的缘故。这种形状的积冰,一般出现在气温由 $-5\sim-7℃$ 条件下。它对飞机的空气动力学特性的损害最厉害。

无定形起伏状积冰,多为在混合云中飞行时造成,积冰牢固,在长途飞行中有危险,它对飞机空气动力学特性的损害比槽形稍轻些。

2.2.4.3　飞机积冰强度

积冰对飞行影响的程度,除了与积冰类型有关外,主要取决于积冰强度。

积冰强度按单位时间内的积冰厚度为标准分为轻微、中度、强烈和极强 4 个等级,如表 2.4 所示。该表的数据取自前苏联 1950 年代的资料确定的分级标准,与目前的飞行实践不完全对应。1980 年代初,前苏联又把飞机积冰强度等级修改并简化为 3 级,具体强度分级数值见表 2.4 中的最后一行。

表 2.4　飞机积冰强度等级

强度等级	轻微	中度	强烈	极强
强度(mm/min)	<0.6	0.6~1.0	1.1~2.0	>2.0
简化强度(mm/min)	<0.5	0.5~1.0	>1.0	

上述划分积冰强度的方法,只有用专门的积冰探测装置才能准确地测定,在日常飞行中,一般是根据积冰对飞行影响的程度来判定。美国空军按照积冰对活塞式发动机、平直翼运输机(C-54、C-118)影响的大小,将积冰强度分为四级:

微量积冰:积冰可以觉察到。冰层聚积的速度比凝华速度稍快。即使不使用防冰、除冰装置,也不会有危险(除非持续积冰在 1 h 以上)。

轻度积冰:在这种积冰条件下较长时间飞行,可能会有危险。但如使用防冰、除冰装置,可以防止和清除积冰而不会发生危险。

中度积冰:冰层聚积速度较快,即使短时间飞行也可能有危险,因此必需使用防冰、除冰装置,或改变航线。

强积冰:冰层聚积速度很快,防冰、除冰装置失去作用,必须改变航线。

飞机积冰后,飞行状态必然会有所反应,根据这种反应也可判断飞机积冰强度的等级(表 2.5)。这种方法比较实用,在飞机形成积冰的过程中就可判断出来。

表 2.5　根据飞行状态的变化判断飞机积冰强度等级

积冰强度等级	飞行状态的变化
弱	轨迹和高度无大变化,未引起空速损失。
中	航向和(或)高度有较显著变化。冰层在不断聚集,除长时间在积冰区中飞行外,对飞行尚无显著影响;空速有所损失。
强和极强	航向和高度有显著变化,冰层聚积很快、很厚,严重影响飞机的飞行性能和操作性,空速损失明显。

2.2.4.4　积冰对飞行的影响

(1)不同类型积冰对飞行的影响

在有降水的过冷却云中飞行时,明冰积聚速度很快,冰层厚而坚实,虽有除冰设备,也不易使其脱落,对飞行危害较大。除改变飞机的空气动力学特性外,还可使飞机重心改变,产生俯仰力矩,使飞机的安定性恶化。明冰破碎时的残片,有时还会被吸入而损坏发动机。

淞冰对飞行的危害较小,但若积聚较厚,也会使飞机的空气动力学特性改变。风挡积有淞冰,使目视飞行困难。若飞机无除冰设备或设备故障,在云中飞行时间较长时,也会危及飞行安全。

毛冰对飞机空气动力学特性的改变比明冰大,对飞行的危害不亚于明冰。

除在风挡上出现结霜影响目视飞行外,霜对飞行几乎没有什么影响。但起飞前机身表面结霜,起飞时一定要清除干净,以维持飞机的"净形"状态。否则若进入云中,就会迅速引起严重积冰,造成事故隐患。

（2）飞机不同部位积冰对飞行的影响

机翼和尾翼积冰

机翼和尾翼的前缘最易出现积冰。积冰使翼形变形，破坏了空气的平滑绕流，使升力减小，阻力增大，并使飞机的爬高速度减小，升限和最大飞行速度降低，燃料消耗增加，失速空速增大，机动性能和着陆性能恶化。积冰较厚时，机身重心位置改变，产生俯仰力矩，安定性变差。实验表明，在机翼前端有1.3 cm的冰层时，可使升力减小50%，阻力增加50%，失速速度激增，而积冰厚度有时仅1～2 min内即可达1 cm。若机翼上较厚冰层部分脱落，易形成冰瘤，产生附加力，引起机翼或尾翼的外翼振动，使飞机操纵复杂化，严重时甚至使飞机结构受损。

活塞式飞机的机翼积冰，除影响空气动力学性能外，还影响航向的保持，为了保持航向，飞行员需长时间蹬舵。

螺旋桨积冰

活塞式飞机和涡轮螺旋桨飞机在其桨叶上可形成不均匀积冰，且叶尖多于叶根，使流过桨叶的气流变得紊乱，拉力减小。同时螺旋桨的重量与空气动力的平衡遭到破坏，引起发动机抖动。从桨叶上脱落的冰块，还可能损坏机身的部件。

天线积冰

天线因其曲率大最易产生积冰，天线积冰易使天线折断，另一方面会改变天线的电容和电阻，影响发射和接收效率，甚至使无线电通信中断，还可能使无线电罗盘失效，这对在复杂气象条件下的飞行来说，危险性很大。

空速管和静压孔积冰

空速管和静压孔积冰，将使空速表、气压高度表、升降速率表等仪表示值失真，甚至失效（见图2.15）

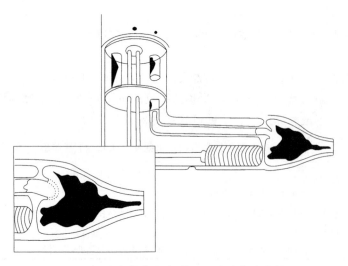

图2.15　皮托管内积冰，使空速表失真或失效

风挡积冰

风挡积冰影响目视飞行，特别是在起飞、着陆阶段妨碍视线，使起飞、着陆操纵困难。

发动机积冰

喷气式发动机积冰，常出现在进气口边缘、前壳体支柱、压缩机整流罩和导流叶片等部位。由于积冰使进气截面减小，发动机进气量和推力均减小。进气口边缘的积冰破裂后，脱落的冰块会随气流进入发动机，打坏内部机件，甚至熄火。

飞行中由于进气口处的动力增温比机翼等部位小得多，故在其他部位尚未积冰时，喷气发动机进气口有时已产生积冰。若发动机在涡轮机大转速下工作，而飞行速度又不大，则空气不是被压缩而是被吸入，使空气绝热膨胀，使温度下降好几度。因此当云中温度在0℃以上且接近于0℃时，喷气发动机进气口就可能会出现积冰。

汽化器积冰

螺旋桨发动机汽化器积冰,由于它发生在发动机内部,往往在无征兆的情况下造成发动机失效。它不仅在 0℃ 以下会积冰,而且在 0℃ 以上相当大的温差范围内也会积冰,甚至会阻塞空气进入汽化器。原因是汽油汽化冷却和空气吸入绝热膨胀冷却的作用(如图 2.16 所示)。

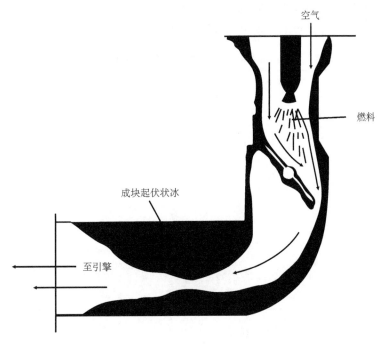

图 2.16　汽化器积冰

2.2.5　低空风切变的形成及其对飞行的影响

目前,国际航空和气象界均已公认低空风切变是飞机起飞和着陆阶段的一个危险因素,它严重危害航空活动安全。由此可见,低空风切变是一个极重要的航空气象问题。同时也都承认,危及飞行安全的低空风切变现象具有时间短,尺度小,强度大的特点,这随之带来了探测难、预报难、航管难、飞行难等一系列困难,是一个不易解决的航空气象难题。有人预计,在这个问题没有彻底解决之前,随着空运量的不断增加,问题可能还会日趋严重,它对飞行安全的威胁将始终存在。

低空风切变真正受到人们重视并开始对其研究,是在 1970 年代中期美国航班飞机在起落飞行中发生三起严重飞行事故之后才开始的。近一二十年来,许多国家都成立了专门的研究机构,对低空风切变作了广泛的研究,取得了不少成果。自 1976 年国际民航组织正式发出通报要求把低空风切变作为重要研究课题以来,美国、苏联、日本等国和我国的香港天文台即开始了对低空风切变的探测和研究工作,目前已经取得了较好的进展。我国大陆对低空风切变的研究起步较晚,1980 年代中期开始利用气象铁塔资料,对低空风切变进行了分析研究。但综观目前的技术水平来看,尚有许多问题没有很好解决,还需要经过长期的不懈努力,才能解决低空风切变对航空的危害。

2.2.5.1　低空风切变的形成

风切变是指空间两点之间的风的矢量差,是风空间变化率的一个特性。风切变是向量值,它反映了所研究两点之间风速和风向的变化。航空气象学中,低空风切变通常是指近地面 600 m 高度以下的风切变。

低空风切变是在一定天气背景和环境条件下形成的,一般有几种天气情况易产生低空风切变:

一种是雷暴、积雨云、龙卷等强对流天气。强对流天气中有很强的上升和下降气流,能形成很强烈的垂直气流切变。强的下击暴流到达地面后向四周扩散,可传到离雷暴体 20 km 处,阵风风速可达 20 m/s,形成强烈的水平风切变。

另一种是锋面。锋面两侧气象要素差异大,容易产生较强的风切变。一般情况下,在锋两侧温差≥5℃及移速较快时,都会产生对飞行有影响的风切变。特别是在强冷锋及强冷锋后的大风区内往往存在严重的低空风切变。此外,低空急流、山地地形波、逆温附近也容易产生风切变,在夏季午后山区的背风面特别容易产生风切变。

不同情况下产生的低空风切变强度不同,时空尺度也不同。其空间水平尺度最大可达几百千米,最小的只有几百米。其时间尺度最短的只有几分钟,最长的达几小时(见表2.6)。

表2.6 风切变时空尺度及对飞行的危害

类型	水平尺度(km)	时间尺度(h)	对飞行危害程度
微下击暴流	$0.04 \sim 4.0$	$0.1 \sim 0.3$	大
下击暴流	$4 \sim 10$	$0.3 \sim 0.7$	大
雷暴阵风锋	10^1	10^0	中
冷锋	10^2	10^1	中
暖锋	10^2	10^1	中
逆温层附近急流	$10^{-1} \sim 10^0$	10^0	中
地形风切变	$10^{-1} \sim 10^0$	10^0	小
水陆界面风切变	$10^{-1} \sim 10^0$	10^0	小

2.2.5.2 低空风切变的分类

低空风切变的类型按其出发点不同可有不同的分类。

(1)按风的切变类型分

风的垂直切变:指在垂直方向上两点之间风速和(或)风向的改变。

风的水平切变:指在水平方向上两点之间风速和(或)风向的改变。

垂直气流的切变:指上升或下沉气流在水平方向(或航迹方向)上的改变。

(2)按航迹方向分

顺风切变:沿航迹(顺飞机飞行方向)顺风增大或逆风减小,以及飞机从逆风进入无风或顺风区。顺风切变使飞机空速减小,升力下降,飞机下沉,是比较危险的一种低空风切变(图2.17)。

逆风切变:沿航迹逆风增大或顺风减小,以及飞机从顺风区进入无风或逆风区。逆风切变使飞机空速增加,升力增大,飞机上升,它对飞行的危害较顺风切变来说要轻些(图2.18)。

侧风切变:飞机从一种侧风或无侧风区进入到另一种明显不同的侧风区。侧风有左侧风、右侧风之分。侧风切变可使飞机发生侧滑、滚转或偏航(图2.19)。

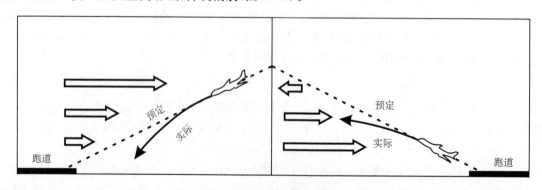

图2.17 顺风切变

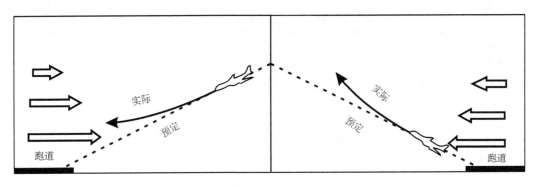

图 2.18　逆风切变

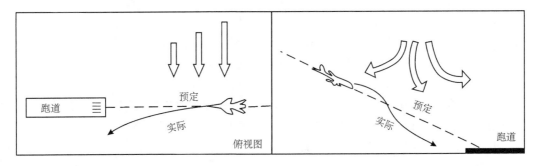

图 2.19　侧风及垂直气流切变

2.2.5.3　低空风切变的强度

低空风切变的强度标准划分涉及因素较多,包括风切变的不同类型、气象条件和飞机性能,至今尚未统一,也很难划一。下面主要根据风切变的不同类型、气象条件进行分类。

(1)风的垂直切变强度标准

ICAO 建议采用的强度标准,如表 2.7 所示。一般切变层厚度,取 30 m 作为标准参数,用于计算的风速为 2 min 的平均风速。当风速切变值大于 0.1/s 时,将对喷气式运输机造成威胁。

表 2.7　风的垂直切变强度标准

等级	风切变值		对飞行的影响
	(m/s)/30 m	s^{-1}	
轻	0~2	0~0.07	飞机航迹和空速稍有变化
中度	2.1~4.0	0.08~0.13	对飞机的操纵有较大困难
强烈	4.1~6.0	0.14~0.20	对飞机的操纵有很大困难
严重	>6.0	>0.20	对飞机失去操纵,会造成严重危害

(2)风的水平切变强度标准

目前尚未建立统一的标准。美国生产的装置在机场的低空风切变报警系统可作为参考。该系统在机场平面内设 6 个测风站,即中央站和 5 个分站。各分站距中央站平均为 3 km。系统设定任一分站与中央站之间的风向、风速矢量差达 7.7 m/s 以上时,即发出报警信号。此时风的水平切变为 2.6(m/s)/km,此值相当于风的水平切变为 0.07(m/s)/30 m,或 2.567×10^{-3} s^{-1}。

(3)垂直气流切变强度标准

据藤田和拜尔斯在 1978 年的建议,当雷暴的下曳气流速度大于等于喷气式飞机离地 300 ft(91 m)的近似起飞爬升率和着陆下降率时,应改称为下击暴流(downburst)。表 2.8 为下曳气流和下击暴流的标准。其后又将下击暴流分为微下击暴流(尺度小于 4 km)和(宏)下击暴流,而微下击暴流(microburst)因雷暴降水荷载诱发和蒸发冷却下沉,其强度更为猛烈。

表 2.8 下曳气流和下击暴流的强度标准

速度和辐射值	下曳气流	下击暴流
300 ft 高度的下降速度	<3.6 m/s(12 ft/s)	≥3.6 m/s
0.5 mile 直径内的辐射值	<0.04 s^{-1}	≥0.04 s^{-1}

注:1 mile=1.609344 km,下同。

2.2.5.4 低空风切变对飞机起飞和着陆的影响

低空风切变对现代运输机起飞和着陆的影响很大。这是因为一方面飞机的质量很大(50~200 t),具有很大的惯性,另一方面现代喷气式飞机发动机对推油门的反应比活塞式飞机慢得多,发动机增速所需的时间较长。当遇到低空风切变时,往往来不及增加空速以补偿由风切变造成的升力损失。因此,当飞机起飞和着陆进入强风切变区时,就会受到影响,严重时甚至可能发生事故。

飞机进入风切变区时所受影响的程度,取决于风切变的强度和飞机的高度。下面按顺风切变、逆风切变、侧风切变三种情况来讨论低空风切变对飞机着陆的影响。

(1)顺风切变对着陆的影响

飞机着陆下滑进入顺风切变区时(例如从强的逆风突然转为弱逆风,或从逆风突然转为无风或顺风),指示空速就会迅速降低,升力(假定迎角不变)就会明显减小,从而使飞机不能保持高度而向下掉。这时,因风切变所在高度不同,有以下几种情形(见图 2.20):

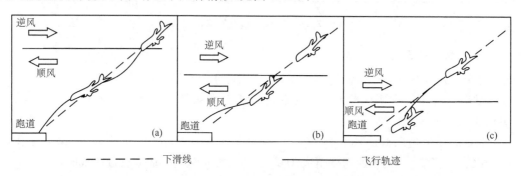

图 2.20 不同高度顺风切变对着陆的影响

如果风切变层相对于跑道的高度较高(图 2.20(a)),当飞机下滑进入风切变层后,飞行员及时加油门增大空速,并带杆减小下滑角,可以接近正常的下滑线。若飞机超过了正常下滑线,可再松杆增大下滑角,并收小油门,减少多余的空速,沿正常下滑线下滑,完成着陆。

如果风切变层相对于跑道的高度较低(图 2.20(b)),飞行员只能完成上述修正动作的前一半,而来不及作增大下滑角、减小空速等修正动作。这时飞机就会以较大的地速接地,导致滑跑距离增长,甚至冲出跑道。

如果风切变层相对于跑道的高度更低(图 2.20(c)),飞机来不及作修正动作,未到跑道飞机就可能触地造成事故。

(2)逆风切变对着陆的影响

飞机着陆下滑进入逆风切变区时(例如从强的顺风突然转为弱顺风,或从顺风突然转为无风或逆风),指示空速迅速增大,升力明显增加,飞机被抬升,脱离正常下滑线,飞行员面临的问题是怎样消耗掉飞机过剩的能量或过大的空速。因风切变所在高度不同也有三种情形(见图 2.21):

如果风切变层相对于跑道的高度较高(图 2.21(a)),飞行员可及早收回油门,利用侧滑或蹬碎舵方法来增大阻力,使飞机空速迅速递降,并推杆回到预定下滑线之下,然后再带杆和补些油门,回到正常下滑线下滑,完成着陆。

如果风切变层相对于跑道的高度较低(图 2.21(b)),飞行员修正过头,使飞机下降到下滑线的下面,由于此时离地很近,再作修正动作已来不及,飞机未到跑道头可能就触地了。

如果风切变层相对于跑道的高度更低(图 2.21(c)),飞行员往往来不及作修正动作,飞机已接近跑道,由于着陆速度过大,滑跑距离增加,飞机可能冲出跑道。

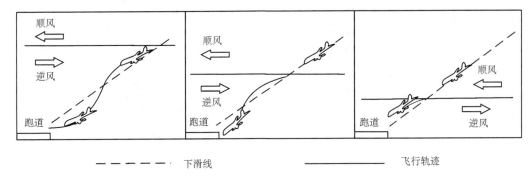

图 2.21　不同高度逆风切变对着陆的影响

（3）侧风切变对着陆的影响

飞机当着陆下滑时遇到侧风切变,会产生侧滑、带坡度,使飞机偏离预定下滑着陆方向,飞行员要及时修正。如果侧风切变层的高度较低,飞行员来不及修正时,飞机会带坡度和偏流接地,影响着陆滑跑方向。

上面讨论的是几种低空风切变对飞机着陆的影响,低空风切变对起飞的影响与此相类似,读者可自行分析。

从上可见,飞机起飞或着陆如果遇到较强的风切变,当时飞机所在的高度是影响飞行安全的重要因素。如果风切变的强度大,或再伴以侧风切变,则会面临更加复杂的情况,使得修正或改出更加困难。

2.2.6　下击暴流的形成及其对飞行的影响

在地面及其附近引起灾害性风的向外暴流的强下沉气流统称为下击暴流。下击暴流的概念最早是由藤田（Fujita）提出的,他在调查许多起严重的风切变事故中,发现了在大气低层有一种严重危害飞行安全的强烈下沉气流,它到达地面后会引起强的辐散风。为引起人们的重视并区别于一般的下沉气流,将这种现象命名为"下击暴流"。下击暴流是低空风切变中影响飞机起落安全最严重的一种。飞机起落过程中,一旦遇到下击暴流,将严重危及飞机安全,因而受到了国内外航空和气象界的高度重视。

2.2.6.1　下击暴流的基本特征

（1）雷达回波特征

大多数下击暴流常伴随着两种类型的雷达回波,即"钩状回波"和"弓状回波",如图 2.22 所示。对于钩状回波,下击暴流的位置经常出现在钩内或钩的周围。对于弓状回波,下击暴流常出现在回波的前侧。

弓状回波常嵌在 Nolen 所称的线状回波波动型内。Hamilton(1970)曾指出,在线状回波波动型内的一个凸形或凹形回波,是与地面灾害性风密切相联的。他又指出,凸出部分的回波较其两边附近的回波移动得快,结果形成弧状结构。弓状回波就是 Hamilton 指出的那种凸出部分,当它离雷达位置还相当远时,人们即可从平面位置显示器上识别出来并进行跟踪。弓状回波的生命期如图 2.23 所示。它从最初大的、强的、高的回波逐渐转变为弓形,最后变为逗点状回波。下击暴流最初出现在大的、强的、高的回波内部（图 2.23 中 A）,而后随着弓状回波的发展而加强。当弓状回波出现明显的凸出部分时,下击暴流达到最大强度（图 2.23 中 C）,这时的弓状回波看起来像断裂的弓或矛头。下击暴流减弱期间,回波呈逗点状（图 2.23 中 E）。逗点状回波的尾部伸展很长,像一条飓风雨带,呈气旋性摆动。逗点的尾端,由于摆动很快,常在老回波的前边形成新的尾部。最后,老的尾部留在后面,且随着新尾部的出现而逐渐变得模糊。

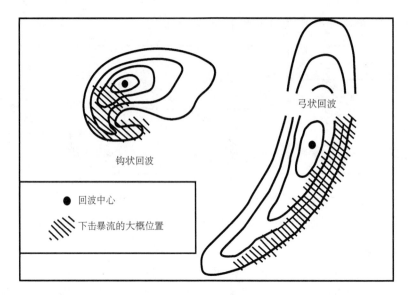

图 2.22　下击暴流的"钩状回波"和"弓状回波"

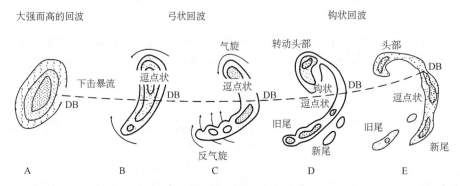

图 2.23　强下击暴流雷达回波形态（DB 为下击暴流）

　　钩状回波是在雷暴旋转上升气流中形成的,随着仰角的增加反射率中心移向旋转中心,旋转中心的顶部是一高回波圆盖。相对于高层 PPI 回波,下击暴流通常产生在反射率中心的右侧。

　　下击暴流发生前,弓状回波和钩状回波都偏在平均回波移向的右边。但弓状回波移动得比平均回波快,而钩状回波则比平均回波移动得慢。回波右偏提前的时间,可根据各种偏向角的实际情况求出。据 157 个下击暴流的统计结果,右偏提前时间的范围和平均值如表 2.9 所示(表中还给出了陆龙卷的右偏提前时间,以进行比较)。右偏提前时间对下击暴流的预报有着重要意义。

表 2.9　下击暴流和陆龙卷回波右偏提前的时间

风暴	右偏 15°	右偏 20°	右偏 25°
下击暴流	68～176 min 平均 122 min	48～156 min 平均 102 min	31～139 min 平均 85 min
陆龙卷	71～120 min 平均 95 min	50～99 min 平均 75 min	37～86 min 平均 61 min

（2）流场特征

　　因为下击暴流到达地面,在地面必然产生强的辐散流场。微下击暴流的水平尺度只有几千米,风从下击暴流中心向外直吹,这与一般的反气旋不同。

　　图 2.24 给出了 1978 年 5 月 29 日一个移动的微下击暴流其中心附近的流场剖面,图中还给出了水平风速等值线。最大风速为 32 m/s,出现在下沉气流中心前约 1500 m 地方(G 点),高度约为 50 m。在最大风速中心下面的风切变达 0.6 s^{-1},已大大超出严重风切变的最低界限(0.2 s^{-1})。显然,在飞机起飞和着陆中,如果遇到这样强的低空风切变,将是何等的危险!

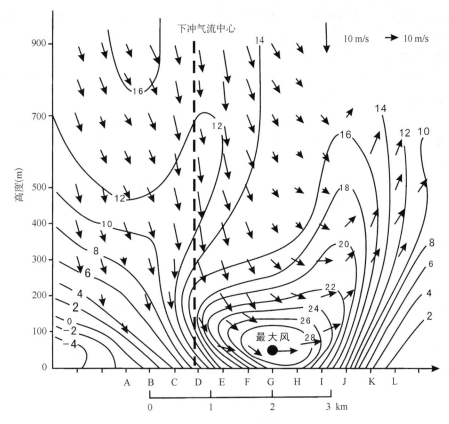

图 2.24　1978 年 5 月 29 日一个微下击暴流垂直横向剖面流场分布

下击暴流期间地面风速的大小,可根据地面负变温值来进行计算。Proctor 给出了如下计算式。

对静止不动的下击暴流

$$u_{\max}(t) = -2.5\Delta T(t)$$

对移动的下击暴流

$$u_{\max}(t) = -2.5\Delta T(t) + C$$

式中 $u_{\max}(t)$ 为 t 时刻的最大风速(m/s),$\Delta T(t)$ 为 t 时刻的变温(℃),C 为下击暴流的移动速度(m/s)。

(3)某些统计特征

据有关统计分析发现,下击暴流的出现时间,13—20 时均有发生,但最多的是出现在 14—20 时。微下击暴流引起的地面风通常为 15～30 m/s,最大可达 40 m/s 以上,地面散度最大可达 10^{-2} s^{-1} 的量级。此外据统计,下击暴流的水平尺度一般在 4～10 km,生命期在 10～60 min,最大地面风速达 50 m/s。其中,微下击暴流水平尺度小于 4 km,生命期几分钟,最大地面风速可达 60 m/s。

(4)与下沉气流的区别

下击暴流与天气学上的下沉气流既有相同的一面,又有不同的特点。相同的是两者均是向下的气流。不同的特点主要有以下三点:下击暴流到达地面,否则即为下沉气流;下击暴流在地面造成的辐散风强度达 18 m/s 以上,小于这个值不应称其为下击暴流;下击暴流水平尺度小,属小尺度系统。

2.2.6.2　下击暴流的形成机制

关于下击暴流的形成机制,已有不少论述,但至今未取得一致公认的结论。早在 1950 年代,Sauires 的研究表明,对流云中的下沉气流可能源自于云顶,是由较干的环境空气从云顶附近被夹卷进来,与云中的饱和湿空气相混合引起足够的冷却,以致在云中产生出穿透数千米的下沉气流。1970 年代,Clark 等认为,对流云中的下沉气流可能是由降水的拖曳作用造成的,Lemon 等则提出了一种源自 7～10 km(或急流)高度的下沉气流的形成机理,认为这种下沉气流是由倾斜的悬垂回波中落下水汽凝物蒸发冷却而成,向下的加速度则是由流体垂直气压梯度的非静力分量引起的。进入

1980 年代,由于观测手段的改进及几次大型联合研究,使下击暴流形成机制的研究趋向深入。Lin 利用联合机场天气研究的双向多普勒雷达观测资料研究了产生微下击暴流的雷暴在其成熟期云下层的涡动动能收支,收支方程的每一项都利用多普勒推导出的风资料和在 10 km×10 km 的水平范围内反演的热力场求出。研究结果表明,在微下击暴流起主导作用的大气边界层中,湍流运动从平均运动中获取的能量供给了微下击暴流用以维持其在低层的强辐散外流。1986 年,藤田等亲自乘飞机对形成下击暴流的对流云进行了空中观测,并利用多普勒雷达和高空探测资料对微下击暴流的形成进行了分析研究。他指出,出现微下击暴流的对流云在其生成阶段有急速地向上伸展。几分钟后,对流云的急速上升突然终止导致大的水凝物的快速下沉,随后在云的中层"收缩"。受其影响,云的较低部分迅速凹陷而上部却没有变化。由于这种收缩作用,使整个云体断裂分成上、下两部分,中层由于收缩作用使直径变小,中层干空气吸入下沉气流,由于蒸发冷却,使下沉气流加速而形成微下击暴流。

一般认为,下击暴流的形成与雷暴云的上冲和崩溃紧密相关。上升气流在其上升和上冲的过程中,从高层大气中获得水平动量。随着上冲高度的增加,上升气流的动能变为位能(表现为重、冷的云顶)而被储存起来。一旦云顶迅速崩溃,位能又重新变成下沉气流的动能。重冷云顶的崩溃取决于雷暴云下飑锋的移动。飑锋形成后,它加速向前部的上升气流区移动。随着飑锋远离雷暴云母体,维持上升气流的暖湿气流供应逐渐被飑锋切断(见图 2.25),于是,上冲气流迅速消失,重冷云顶下沉,产生下沉气流。下沉空气由于从砧状云顶以上卷挟了移动快、湿度小的空气,增强了下沉气流内部的蒸发,同时,这个下沉气流的单体,由于吸收了巨大的水平动量,而迅速向前推进。这样,形成的下沉气流到达地面时,就可以形成下击暴流。

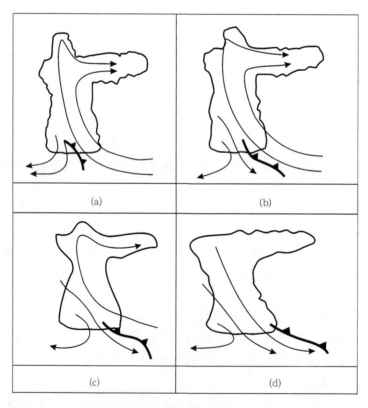

图 2.25　上冲云顶与飑锋的关系

根据观测和研究,下击暴流有干、湿之分。这个问题在 1988 年 12 月在泰国曼谷召开的第一次国际民航亚太地区风切变和有关航空天气研讨会上也指出了这一点。典型的干下击暴流,其生成环境是具有一个湿的中层空气层,而在云下是一个深厚的干的中性气层。

在深厚湿层上面(约 500 hPa)覆盖着一个干层。这样的层结环境,不能用云层下的蒸发冷却来解释下击暴流的产生。这是因为：相对较低的云底，使得没有足够的时间来加速气块的下沉运动；云下层相对较湿，这减小了蒸发率；在对流层低层存在着较稳定的温度递减率，这很难使气块加速。湿下击暴流产生的一个可能解释是，当被系统地拖拽入风暴中层的干冷空气，叠加在含有很高液态水含量的云层之上时，就有了产生穿透下沉气流的高度不稳定条件。当云层空气由于降水效应或由于垂直压力梯度的动力性减弱而失去上升速度时，不稳定能量释放。所以，当穿透下沉气流在一个大尺度的、可能较弱的、与降水相关的低空下沉气流的中层形成时，就可以产生下击暴流。

2.2.6.3　下击暴流对飞机起飞和着陆的影响

下击暴流对飞机造成的危害极大，这是众所周知的，其原因除了下击暴流尺度小，生命期短，从而不能很好地探测和预报外，主要是因为它有强烈的下冲气流和低空风切变。Hahn 从理论上研究了飞机在下击暴流中起飞和着陆的问题。他指出，在给定的下击暴流中，风速大小对起飞的危险比对着陆更大，恶劣的雷暴天气会造成根本不能起飞的风速状态。Frost 用数值方法研究了在雷暴型风切变中飞机的飞行。他指出，在某一段航程中与飞机的振动频率相一致的下沉气流与水平纵向切变的联合作用可以导致与预期航线较大的偏差，所以 1～4 km 尺度的水平纵向切变对飞机性能威胁最大。这种尺度正好与对流风暴造成的下击暴流中的风切变的尺度一致。

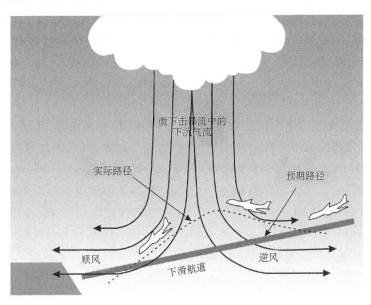

微下击暴流中的下沉气流

实际路径

预期路径

顺风　　逆风

下滑航道

图 2.26　飞机穿越下击暴流着陆

图 2.26 表示飞机穿越下击暴流着陆时受风影响的情况。飞机在没有受到下击暴流影响时，飞行员按预定的下滑航迹角和空速将飞机配平。当飞机穿越下击暴流时，首先遇到了强的逆风，这时飞机的空速增加，使升力增加，飞机在过大的升力作用下开始偏离预定的下滑航迹上升。当飞机飞近下击暴流中心时，逆风渐减至零，且突然遇到了强的下冲气流，使飞机的迎角减小，升力突然减小，飞机迅速掉高度。在飞机飞越下击暴流中心后，下冲气流渐转至强的顺风，使飞机的空速减小，升力亦随之减小，飞机继续掉高度，并偏离预定航迹俯冲。由于此时飞机离地面高度很低，或可能因为飞行员操纵过度而失速，造成严重飞行事故。如果飞机不是正好飞经下击暴流中心，那还要遇到强烈侧风的影响，操纵飞机就更加困难。同样也可分析飞机起飞时遇到下击暴流的情形。总之，如果飞行员缺乏应付这种复杂天气条件的训练，要穿越下击暴流起飞和着陆将是十分危险的。

2.3 特殊气象环境对飞行的影响

2.3.1 高空气象环境及其对飞行的影响

2.3.1.1 高空气象环境

高空飞行常指在 7～15 km 高度范围内的飞行。超高空飞行为 15 km 以上高度飞行。它们分别相应于在对流层上层和平流层下层中的飞行,具有一些显著的特点和高空大气环境对飞行的特殊影响。

(1)对流层上层及对流层顶的天气特点

对流层顶是一个强稳定层,其上、下方的天气差异很大。在对流层顶以下飞行,常遇到高云和积雨云顶,其中卷积云常有扰动气流,积雨云顶的扰动气流还更强一些。对流层顶下部常积聚沙尘、烟粒、霾滴,直接影响空中能见度。

对流层顶的高度和温度,明显地随季节和纬度而变化,主要取决于地表面接受的太阳辐射能的多少。太阳高度角高、日照时间长时,地面增温高,通过辐射、湍流和对流向上输送热量,对流活动强烈,使对流层增高,对流层顶也高。同时,对流层顶也随冷暖气团更替而变化。当某一地区处于同一气团控制时,其对流层顶高度随时间变化较小;而当出现强的冷、暖气团交替时,对流层顶高度的变化就较大。强冷空气南下时,可带来高度低的对流层顶;而强暖空气北上时,又带去高度高的对流层顶。当有锋面过境时,该地对流层顶的高度变化可达几千米。

(2)平流层的天气特点

根据温度随高度变化的特点,可以把平流层分成两个部分,下部和上部。在平流层下部(21～25 km 高度),通常出现等温或者微弱的逆温。在大约 25 km 的高度上,逆温增强,从这里开始是平流层上部。这一层的特点是,温度随高度每 100 m 约升高 0.3℃。在这一层的上限,平均温度在 0～10℃ 之间。在个别情况下,可达 20～25℃。平流层爆发性增温(SSW)是高层大气中的一种明显的不规则变化。这种现象一般发生在 1—2 月份。增暖先出现在 60～70 km 然后逐渐向下扩展。温度最大日变化出现在 25～35 km 高度上,可达 15℃ 以上。

平流层中的气压,也和对流层一样,随高度下降,平流层的气体成分与对流层一样,是各种气体的混合物。其中最重要的就是臭氧。虽然臭氧只占空气成分很少一部分,但它对平流层的热状况起着异常重要的作用。臭氧总量是随季节和纬度变化的,其最大值出现在春季,最小值出现在秋季。由赤道向极地臭氧总量逐渐增加,在纬度 75°～80° 处达最大。臭氧的最大密度位于 20～25 km 高度之间。在中高纬度,臭氧最大密度随季节的变化很大,而且在较短时间内,其高度和数值都有很大的变化。臭氧密度的这种变化,是由大气环流和空气垂直混合造成的。此外,臭氧和急流有密切的关系,在急流的气旋一侧,臭氧含量最大,在反气旋一侧,臭氧含量减小。

在平流层下部,空气温度很低。测量结果表明,在平流层的最低层,空气已很干燥,在大约 15 km 高度上,相对湿度约为 1%～2%。

在平流层中,通常在 21～30 km 高度上,有时形成一种薄云,称为珠母云。它是形成在山脉背风面的上空,可能是地形波中的上升运动造成的。在珠母云形成的气层里,风速达 28 m/s,根据间接资料判断,气温达 −83℃。

平流层中的能见度,总的来说是良好的,但随高度有变化。在对流层上面,由于空气含尘少,散热主要为分子散射,天空呈淡蓝色。随着空气密度随高度的减小,淡蓝色变成深蓝色,然后变为紫色,最后变成黑色。在宇宙空间,天空完全是黑的。在这样的背景上,能清楚辨认没有闪烁,没有光环的太阳、月亮和星星。

在深蓝色和紫色天空的背景上,飞行能见度比一般的淡蓝色背景上差些。散射光减弱使颜色对比增强。在向阳的半球里,目力发现空中目标特别困难。

2.3.1.2　高空飞行的特点

高空由于空气密度小、气温低,对喷气发动机推力的影响有两个方面:一方面因气温低,使喷气发动机效率提高,推力增大;另一方面喷气发动机的推力又与每秒钟进入发动机的空气质量成正比,由于高空空气密度小,进入发动机的空气量减小,又使发动机的推力减小。由于空气密度的影响较之气温为大,所以随着高度升高,喷气发动机的推力变小。故与中、低空飞行相比,飞机的平飞速度范围缩小,即平飞的最小速度增大,而平飞的最大速度减小;高空飞行,发动机可用推力小,剩余推力比低空小得多,故飞机的上升速率显著减小;相应的飞机增加速度的时间增长,同时由于空气密度小,飞机阻力也减小,故减速也需要增长时间,表现为速度变化迟缓;而且水平转弯飞行的半径增大,此时飞行轨迹的曲率半径,与载荷因数及飞行速度的关系可用下式表示

$$R = \frac{V^2}{ng\sin\alpha} \qquad (2.54)$$

式中 α 为飞机的坡度(飞机对称面与机体纵轴所在的铅直面之间,升力的夹角)。$n = Y/G$,升力 Y 因高空空气密度小,使飞机的载荷因数变小,故转弯的半径大。

但由于高空气温低,使喷气发动机的效率提高,燃料消耗率减小,故以相同的油量,在高空飞行时,比在中、低空飞行时间增长,即其久航性能增强;同样由于高空空气密度小,飞行阻力减小,使飞行速度增大,在单位时间内飞行的距离增长,即其远航性能也增强。

在平流层中飞行,因天气条件好,飞行比较平稳,而且比较安全舒适。但同样由于空气密度小,加上空气可压缩性的变化,飞机的安全性(飞机在飞行中,受到各种扰动,诸如气流的波动,偏离基准运动后,能否自动恢复原来基准运动的特性)和飞机的操纵性(飞机服从飞行员操纵杆、舵等而改变飞行状态的特性)要比中、低空飞行稍差些。同时高空飞行,由于空气密度小,使得真空速与表速的差值比中、低空飞行时增大不少。往往当真空速还比较大时,表速已经小很多,或当表速还不很大时,真空速可能已经很大,这样也直接影响对飞机的操纵。

2.3.1.3　高空大气环境对飞行的影响

(1)臭氧对飞行的影响

超高空飞行时,臭氧一方面对飞机上的某些材料产生氧化作用,另一方面对机组和乘客也产生伤害,引起生理上的不良反应,长时间接触臭氧对身体健康有严重影响。当空气中臭氧含量超过 1‰ 时,就会破坏人体的呼吸系统,如含量更高时,将危及人的生命。超音速运输机的巡航高度在 18～25 km,那里臭氧含量超过人体允许量的 4～9 倍。由于超音速飞机机体附面层的气动加热作用和空气流经涡轮压缩机时气动加热的影响,使大部分臭氧都遭到了破坏,能够进入机舱中的臭氧只是其中一小部分。但是,环境空气中臭氧含量达到百万分之四以上时,机舱内臭氧含量即可达到或超过百万分之一,对人员仍会造成危害。

中高纬度地区冬半年对流层顶比较低,冬末春初时节臭氧含量又大,这时飞机进入臭氧层的几率增多,其危害性增大。目前大多数飞机上还没有过滤臭氧的设备,为了避免臭氧对人体的危害,高空臭氧量的预报也提到日程上来了。但是,出于对臭氧的形成原因不甚了解,探测也存在许多问题,目前对臭氧的预报,只能说是粗略的估计。

在中纬度地区,若 200 hPa 有高空槽和地面有锋面气旋出现,且 200 hPa 温度显著升高时,则在高空槽或低压中心附近臭氧量大于平均值,臭氧层高度在 11～23 km 之间;反之,在高压或高压脊区,臭氧量小于平均值。当有弱冷空气侵入时,臭氧量明显增加;当有强暖空气侵入时,臭氧量明显减少。

在低纬地区,若 300 hPa 上温度升高,地面有冷空气侵入,500 hPa 湿度显著降低时,则高空臭氧量大于平均值;反之,若 300 hPa 上温度降低,500 hPa 湿度增大,地面有暖空气侵入时,则高空臭氧量小于平均值。

(2)火山灰对飞行的影响

飞机在中、低空飞行时,由于火山灰云范围不大,且易于识别,一般不会误入其中,飞机在高空作长

途飞行,有时会遇到火山灰云。在火山灰云中飞行,发动机受火山灰尘杂质腐蚀和堵塞而受损伤,严重时可使发动机熄火,威胁飞机安全。

火山灰随风飘移扩散,其中颗粒大的沉降快,颗粒小的沉降慢,在空中停留时间长,可影响到10000 km远的地区,更小的颗粒可绕地球飘流数圈,在空中停留两周以上。因此,在国际飞行中,遭遇火山灰云的概率是比较高的。

从静止气象卫星云图上可以看出火山灰云的发展,它好像一团发展很快的雷暴云,云顶可伸展到对流层顶附近,有的可到达平流层。由于高空与低空风向风速的不同,不同高度上火山灰云的移动状况也不同。显然,风速越大,云的移动和扩散越快。

(3)高空辐射对飞行的影响

在地球大气中,由银河系宇宙射线和太阳宇宙射线引起的辐射剂量,在20 km高度以下是不大的,对超音速运输机的机组和旅客也没有危险。在太阳活动最大的年份,由于色球层爆发,质子流可以产生次级高能粒子。次级高能粒子能穿透到大气低层,有时甚至能在地球表面上测到。

太阳活动很大时,由色球层爆发而产生的次级粒子,在18 km高度上,其浓度超过对人体安全的界限。在地球极区,当有磁暴和极光时,出现高浓度粒子的概率特别大。在极区,危险的辐射剂量可出现在太阳活动11年周期内2~3次最大爆发时期。在赤道,由于色球层爆发而增强的辐射强度是比较弱的。在中纬度,危险辐射在11年周期内可能有1~2次,在12 km以下的高度上,即使在色球层爆发最强时,飞行也是安全的。

对超音速运输机的机组和旅客来说,危险辐照的概率是不同的。对飞行时间为2~3 h的旅客,这个概率很小。对机组来说,由于较长时间在18~25 km高度上飞行,危险辐照概率增大。

为了在太阳强烈爆发时预防辐照的有害影响,必须把超音速运输机的飞行高度降到12 km高度以下,或者暂时停飞。

这就需要有太阳状况的业务情报和有关太阳活动的短时预报。根据研究所得,在超音速运输机巡航飞行高度上质子流和次级粒子流的强度增大到超过对人体所能容许的卫生辐照剂量界限,是在太阳活动爆发后15~30 min时间出现的。如果能及时发现太阳活动爆发,并向超音速运输机机组发出预告,那么飞行高度层就可以降低到安全高空。但是在太阳活动爆发之后很快产生的无线电干扰,可能会给向超音速运输机传递情报带来困难。无线电信号完全消失的时间约为1~15 min,而在个别情况下还要长些。为了克服这些困难,可使用机上辐射级记录器。这个辐射等级接近于对人体健康有危险的等级。

在定下超音速运输机起飞决心和发给飞行调度许可证时,必须考虑辐射的危险性。

2.3.2 山地高原气象环境及其对飞行的影响

2.3.2.1 山地特殊气象环境

(1)山区气流的特点

山区气流总体比较紊乱,除了有山谷风、地方性风以外,还有比较强烈的升降气流。

气流流过较窄的山脊或孤立的山峰时,既有绕行,又有越顶。此时迎风侧的上升气流和背风侧的下沉气流一般不强,影响范围也小。但在连绵的大山区,尤其当风向与山脉走向垂直时,升降气流很强,可达15~20 m/s,而且影响范围较大。垂直方向上距山顶、山坡500~1000 m的层中最明显。水平距离在迎风坡一般为山高的5~10倍,背风坡为山高的15倍左右。

山地湍流可由地表摩擦作用和风的垂直切变引起,此为动力湍流;也可由地表热力差异和坡向不同所产生的热效应而引起,此为热力湍流。动力湍流主要出现在山顶和背风坡上空以及山坡两侧绕山涡旋(绕垂直轴),湍流强度决定于风速大小和风向相对山脊的交角以及气层稳定度。

当风向与山脊近于正交,风速较大,且气层稳定度随高度趋于稳定的大气层结条件下,易形成背风坡波(山波),即表现为在山脊背风侧上空,形成波动气流,低层出现绕水平轴的强大涡流(滚轴流或滚转流),其中最强的阵风可达12 m/s以上。若气层比较潮湿,可见结构清晰的低层云系统,表现为几个强局地湍流区,影响到所有各种飞机的飞行。滚轴流区通常位于山脊背风侧后第一或第二波之下,当飞机在产生波动的背风坡山地表面附近下降或爬升时,应避开。而且山脊附近的湍流区,并非总能通过特殊云状来察觉,当然偶尔也可通过山脊附近,尤其是下风的尘暴来发觉。

(2)山地云、雾、降水的特点

山地热力对流强,所以由热力作用而形成的云也较多,通常日出后在脊的上空出现,随后逐渐发展,到午后对流强盛时往往形成阵雨,尤其是南方山区,雷暴日数常可达 100 d 以上。

山地上升气流强,水汽容易凝结为雾,故山地雾比平原地区多,通常出现在山谷和洼地,因为那里不仅空气比较潮湿,而且是冷空气聚集的地方,日出后由于乱流增强,雾逐渐消散。当比较潮湿空气由于绝热冷却、水汽凝结,往往形成笼罩着整个迎风坡的雾。山地的雾以谷地辐射雾为主,也出现一些上坡雾和山地平流雾。

山地降水与平原相比既强烈又充沛,且降水分布不均。经常可以观测到这种现象,有的山迎风面是阵雨沥沥,而在山的背风面却是云淡风轻;有时这个山峰上有降水,而那个山峰没有降水。当锋面气旋等天气系统移向山地时,由于地形抬升作用,使其中上升运动加强,相应降水也会增强,有的天气系统在平原地区没有降水,但移到山地往往可产生降水。

2.3.2.2　山地天气对飞行的影响

山地天气局地性强、变化快、预报困难,但影响主要在近地面层,所以山地飞行的关键在于一定要在安全高度以上,高度就是生命。飞过山脊后不应立即下降高度,以免坠入滚轴湍流中,在山谷飞行时,常靠近迎风坡飞行,飞出山口也不要过早地转弯,以免误入立轴湍流中。许多飞行事故也出现于产生波动的山区上风的不同强度湍流中,当飞机遭遇下沉气流,并超过其爬升能力而引起碰撞山体,因为此时飞机往往不能区分地形,也不能完全扭转当时的危境。飞行员应铭记在心:在上升/下沉气流区,遭遇颠簸的严重性是飞机地速的函数,因这种波动是驻波,故当在下风方飞行时,要比上风飞行遭遇的中等至强烈湍流的机会更多;另一方面当在上风方飞行时,可能有较长时间暴露于湍流之中,并遭遇分片性波动湍流,这种波动湍流,当它们移向下风区时,将进一步发展然后衰减。

在云中飞行,应保持越山的安全高度,同时注意云内负温情况,避免飞机积冰。山地飞行,气压高度表因升降气流影响,误差较高,常可偏高数百米,加上山区无线电导航设备性能变差,应把握飞行高度,避免迷航。

山区中午常出现局地雷暴,飞行时密切注视不要误入积雨云。山地风向变化大,起飞、降落必须注意当时风的实况。

2.3.2.3　高原地区天气特征

我国境内有青藏高原、黄土高原、内蒙古高原,其中青藏高原平均海拔 4000 m 以上,对航空活动的影响最大。下面主要介绍青藏高原的天气特征。

(1)扰动气流强

由于高原的海拔高,风速较大。在一定天气形势下,伴有高空急流的大气系统活跃于高原地区时,都会导致高原上的大风。在高原山区或山地,复杂的地形引起气流的运动复杂多变。气流越山、绕山时,被迫发生方向或速度的改变。尤其是在强气流情况下,气流被迫翻山越岭造成的山地波更为明显,山峦、山谷引发流场变形,导致大范围气流产生波动、扰动,也导致小范围山地气流的湍流活动。特别是中午至下午,热力湍流发展,湍流活动更加强烈。

高原地区复杂地表状态和地理特征,导致地表辐射增温的显著不均,造成了高原地区活跃的热力对流,特别是夏季的白天午后,对流云或扰动云层发展较快,且早于平原地区,多山地区一般中午时分对流云已十分旺盛。

(2)地面风场复杂

高原机场复杂的地面风除受大气环流、天气系统的影响外,还受到地形特征、地理条件以及高原山地太阳辐射增温等因素的制约。高原地区地面大风日数较多,有的一年可达 150 d 以上,是我国同纬度平原地区的 10 多倍。位于山区或峡谷地带的高原机场,不但地面大风多,而且风的变化也较为复杂。高原地区地面风的主要特点是季节变化和日变化显著,大风日多,地方性明显,阵性强。

(3)高原山地云系特殊

高原地区的云主要是积状云,其次是波状云和卷云。夏季,高原大部分地区对流云出现频率高达 90%以上,高原地区的积雨云出现的频率比印度热带地区和同纬度的平原要多得多。高原地区的云,不仅与天气系统活动有关,与气象要素的日变化有关,还与复杂的地形及气流活动有关。因此,高原地区一部分云的外形特征一般也比较奇特。一般空中的气流愈复杂,云的外形特征愈奇特。具有显著特征的特殊云常由动力作用形成。滚轴状云是在强气流翻越山岭后形成的,帽状云则像顶帽子似的罩在山顶上,荚状云则像豆荚似的悬在空中。

系统性的层状云或波状云、非系统性的地形云,时常盘踞山腰、漫布山野、笼罩山峰或覆盖山区,出现山峦时隐时现的情况。高原的 5—9 月份,云层时常笼罩在山峰上,云底高度只有几百米。

热力作用形成的对流性积状云,包括积雨云和积云,其外形有时多呈絮状特征,一般不如平原地区的对流性积状云那样典型。大部分地区的积雨云,云底高在 1500~2500 m,层积云、积云的云高普遍比同纬度平原地区偏高,高积云、卷云的云高,平均分别比同纬度高原以东地区低 1000~3000 m。

(4)太阳辐射较强

高原地区空气稀薄,水汽和杂质少,太阳总辐射较同纬度其他地区要强。由于辐射的因素,导致高原地区气温日变化最为明显。高原地区下垫面白天的非绝热加热及夜间的辐射降温显著,是高原天气日变化明显的主要因素之一。

由于高原地区复杂的地表状态和地理特征的差异,导致辐射加热的不平衡以及气温日较差大,局地温度场的变化,又反过来影响空气流场的变化。不均匀的辐射加热,引起气温差异以及气温的日变化,又导致局地空气流场的变化或局地环流加强,进而引起白天地面风的增大。高原机场天气的复杂多变。早晨容易出现雾和低云,午后和傍晚容易出现较大风速的侧风、雷雨、湍流颠簸和风切变等危险天气,也与辐射加热的不平衡有关。

(5)雷暴和冰雹较多

雷暴和冰雹出现次数多,是高原天气的显著特征之一。高原地区雷暴和冰雹一般主要集中出现在 6—9 月份,占全年雷暴日数的 85%~90%。夏季,印度西南季风携带大量水汽侵入高原,为高原地区强对流云发展准备了条件,再加上高原地区午后热对流活动旺盛,下午至傍晚积雨云,雷暴和冰雹等天气出现频次很高。青藏高原地区的年雷暴日数多在 60 d 以上。多的地区超过 90 d,在昌都等地区雷暴日达 100 d 以上,比同纬度平原地区多几倍。

2.3.2.4 高原天气对飞行的影响

(1)高海拔对飞机起飞、降落的影响

由于拔海较高,空气密度小,起降滑跑距离增大,必须关注飞机的载重量,应周密细致地做好预先准备,研究起降机场地形,仪表目视进近特点,仔细研究机场范围内障碍物高度、方位、与航线间的关系,由机场标高计算出基准场压,并通报机组其他成员。塔台通报场压要仔细确认、调准。其中应充分考虑谷地风切变的影响,气压高度表常可产生几百米的误差,应与无线电测高表配合使用。高原每个机场都有严格的安全保护区,若超出此区,飞行安全就无保障。每个机场都规定了过渡高度层和过渡高度,不能错过过渡高度层调场压,任何过早过晚地进行高度表的拨定,都有可能发生接近或低于安全高度的危险。

高原各地拔海高度相差甚大,应保持轮胎具有适当压强,避免着陆时由于内外压差过大而使轮胎爆破。

高原地区人烟稀少、地形复杂,缺乏明显的地标,湖泊、河流季节性变化大,易造成领航困难。

飞机的剩余推力随拔海高度和气温而变化,高原机场受上述两种因素均偏高的影响,剩余推力明显降低,像拉萨机场(3150 m),夏季中午以上升梯度和上升率为主要标志的上升性能成倍地下降,由此足见机场标高和气温结合在一起的影响之大。起飞的最大允许重量,是在跑道长度、结构、上升梯度、轮胎速度、刹车等限制中,选择一限制最严格的起飞重量(即上述各限制中的最小重量),作为起飞最大允许重量。有时为了确保安全,必须减少负载,其中场面温度的限制非常重要。

(2)扰动气流导致空中颠簸频繁

高原上的扰动气流容易引发高原航线或高原机场的空中颠簸。冬、春季节,在南支急流活跃时,高原航路上中度以上颠簸频繁;拉萨、大理、迪庆、丽江等机场的大风或大角度侧风常造成飞机颠簸。特别是中午至下午,热力湍流很容易发展,更容易形成强烈的飞机颠簸。

(3)飞行气象保障难度大

由于地理环境等原因,在高原地区布设的气象观测(探测)站稀少,实际观测和探测的气象资料十分有限,稀疏的高原气象资料在空间和时间的分布上,都不足以比较客观地描述高原大气的运动状况,难以捕捉在高原地区活动的天气系统。

另一方面,高原机场短时天气的客观预报难题大。高原天气受高原大地形及高原山地地形、地理因素的影响非常明显,大多数高原机场又坐落于山区、丘陵或河谷地带,中小尺度天气系统十分活跃,却难以掌握。用天气学方法预报高原机场地面风、低云、降雪、雷暴等天气的短时变化十分困难。同时,由于高原山地下垫面的复杂性及大气自身运动与高原地形影响等多种因素的叠加,现代数值天气预报技术也难以解决高原山地中小尺度天气预报问题。

除此之外气象基础设施落后,气象人员力量薄弱等因素也加大了飞行气象保障的难度。

2.3.3　热带和海洋气象环境及其对飞行的影响

2.3.3.1　热带天气特点

热带地区气象要素年变化较小,而日变化较大;水平梯度较小,对流性小尺度系统较多。一般天气系统所造成的气象要素的变化,常被日变化所掩盖。

热带地区气温的年变化和日变化都比较小。当然随下垫面不同而有所差异。由于受云量和降水的影响,温度和湿度短时也有较大变化。热带地区温度和湿度随高度变化的一个显著特征,是受信风逆温的明显影响。信风带中对流层低层经常有一厚约几百米的信风逆温层,其上下都是偏东气流。它抑制对流发展,阻碍逆温层下湿层的水汽向上输送。只有当遇到强烈的对流上升运动时,逆温层被破坏,水汽才能输送到上层。信风逆温有利于低层不断增温和积存水汽,使潮湿不稳定能量产生蓄积,形成潜在不稳定状态。一旦当热力或动力原因产生的上升运动冲破逆温的阻挡,潮湿不稳定能量得以释放,对流运动进一步发展,产生雷阵雨天气。由于热带的对流云系极其旺盛,成百个积云单体聚集在一起,组成热带特有的巨大云团。强烈的热带天气系统,如热带风暴、东风波等的发生和发展,都与这种云团的活动有关。

热带地区大部分位于热带槽(赤道槽)中,气压的日变化较大,一般日较差为 $2\sim4$ hPa,最大可达 $6\sim7$ hPa,但气压的日际变化却很小,地面气压梯度很弱。热带海洋和平坦岛屿上,地面风具有较好的代表性,多为稳定的信风或季风。但在大陆和多山的海岛上,地面风常受地形和海陆分布影响,形成明显的山谷风、海陆风。

热带地处低纬,地转偏向力小,气压场和风场关系不像中、高纬区地区那样密切,较弱的天气系统在气压场中不易反映出来,但流场的水平差异却十分明显。一个天气系统的产生,往往先出现流场的涡旋、辐合和辐散以及风的水平切变和垂直切变。故在热带地区十分重视流场的分析。在热带地区飞行的人员,除应能识读地面天气图、高空等压面图外,还要会识读流线图。

热带地区月平均云量变化在 $4\sim6$ 成之间,常见的云状是积状云,一般上午发展,中午前后最多,傍晚逐渐消散。我国南部和东南亚地区受季风影响,云的季节性变化比较明显。冬半年在东北季风控制下,云量较少,分布不均匀,主要是层积云和层云;夏半年,受西南季风控制,云量较多,主要是积云、积雨云和层积云。

热带地区降水量比较大,在赤道南、北 20 个纬度内,年降水量一般可达 2000 mm 以上,雨量的年变化比温度的年变化大得多,表现为干季和湿季,如我国云南,11 月至翌年 4 月为干季,5—11 月为湿季。

热带降水量由于以积状云的阵性降水为主,因此降水量集中。

热带地区雷暴发生频率比中、高纬度高得多。热带洋面上,雷暴大都由天气系统引起,而在陆地上,对流增热和地形抬升也是产生雷暴的主要原因之一。陆地和大的岛屿上,雷暴的日变化比较显著,大多数出现在下午和傍晚。

2.3.3.2 海洋天气特点

(1)海上气流的特点

由于海面比陆地平滑,空气在海面上流动时克服摩擦力而消耗的能量比陆地要小得多,因而在气压梯度相同的情况下,海上风速比陆地要大,而且大风出现次数较多。如台湾海峡呈东北—西南走向,在吹东北风或西南风时,由于狭管效应风速增大,全年 6 级以上大风日数较多,澎湖列岛和马祖岛分别为138.2 d、169.4 d。

海上出现大风时,波浪滚滚,浪花飞溅,低空能见度恶劣。春季高原地带的风沙随气流移至海面,造成中低空能见度变差。但由于海洋性质较陆地单一,风的变化比陆地小得多,空气的垂直运动也较弱。因此,在海上遇颠簸的概率比陆地要小得多,有利于低空和超低空飞行。

(2)海上雾的特点

海上比较多见的是暖湿空气流向冷海面的平流雾,还有蒸发雾和混合雾。海雾具有浓度大、范围广、维持时间长、变化快等特点。

(3)海上云的特点

海上中高云与陆地上并没有大的差别,所不同的主要是低云,一般为层云和层积云。这是因为海上水汽充沛,低层空气湿度大,只要有一定强度的湍流,就可形成层云和层积云。积云是海上的主要云种,但海上积状云的发生发展与陆地上明显不同。海上积云有明显的日变化,与陆地相反。

2.3.3.3 热带和海洋天气对飞行的影响

热带地区气旋活动频繁,在强热带气旋和台风附近升降气流强,容易产生空中颠簸。同时,在台风眼壁附近和台风雨带中会有发展强盛的对流系统,伴随的雷电、大风、暴雨对飞行安全产生较大威胁。台风垂直伸展高度较高,通常可以伸展到热带对流层顶附近甚至冲破对流层顶发展到平流层中,所以飞机一般需绕台风飞行。目前台风路径的预报能力还很有限,所以在飞行航线附近如有台风需随时注意台风动向,以保证飞行安全。

热带地区对流发展总体较强,且有明显的日变化。一般海上白天对流发展弱,夜间发展强,夜间的积云多于白天,对夜间飞行影响较大。我国南海海域受热带辐合带影响,常有热带云团生成,云团经过的地区常出现大风、雷电和暴雨,对飞行影响较大。

热带地区大部分为海洋,在海上遇颠簸的概率比陆地要小得多,有利于低空和超低空飞行。但热带的对流云系发展极其旺盛,常以云团的形式出现,在对流云团中或其附近飞行时会遇到较强的空中颠簸。

海上的低云和雾范围大、变化快、对能见度影响很大,直接影响沿海机场飞机起降。所以在沿海机场飞行,需警惕低云和海雾登陆,否则易引发事故。

海上气象资料相对缺乏,尤其是在远海飞行,天气变化不易掌握。所以要通过卫星云图、沿海气象雷达探测和飞机天气侦察等手段,切实查明海上飞行区域的天气情况,确保飞行的安全。

2.3.4 极地和荒漠气象环境及其对飞行的影响

2.3.4.1 极地气象条件及对飞行的影响

根据我国的地理位置,下面主要介绍北极地区的气象条件及对飞行的影响。

由于地轴的倾斜以及它对太阳的公转。极区的昼夜呈季节性变化,北极区冬天非常冷,但由于小地区的陆块及气压系统的移动,时常有些地区出乎意料地暖和。冬天,沿岸地区平均比内陆温暖 20℃。夏天,内陆区温暖舒适,有好几小时的日照。沿岸区由于接近海洋夏天稍短而凉爽。

北极区云量在冬天较少,在夏天及秋天较多,如图 2.27 所示。春天也有许多阴天,夏天午后,散布在内陆的积云常发展成雷雨,这些雷雨通常会巡行各地,一般在极地东风区内由东北移向西南。这与中纬度区一般雷雨的运行相反。

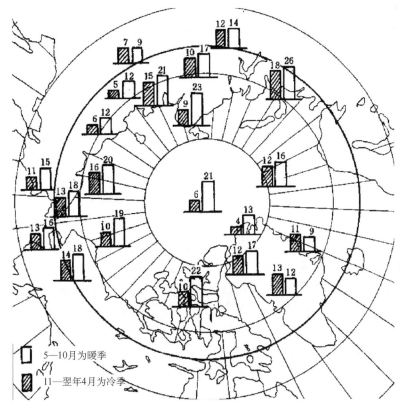

5—10月为暖季
11—翌年4月为冷季

图 2.27　每月平均有云日数

极区降水量通常很少,结冰区和沿岸区的年降水量只有 3～7 ft。内陆区稍微潮湿,年雨量 5～15 ft。降水量通常在结冰区及海洋区是以雪的形式下降,而内陆区在夏季则为雨的形态。

极区沿岸比其他任何地区更常出现强风。出现强风的最大频率在秋天及冬天。内陆区终年一般风速小,但在正常情况下夏天及秋天风最强。

极区对飞行影响较大的天气现象主要是视程障碍现象:吹雪、积冰、结霜以及缺乏对比的白朦天(whiteout)。

在极区,雾比其他视程障碍现象更困扰飞机的起降。水滴雾是夏天沿岸区飞机操作的主要危害天气现象。冰雾则是冬天的主要视程危害。

极区常见冰雾,它在冬天极冷及静风的潮湿空气中形成,且常有持久的趋势。在冰雾中向着太阳方向望去时,有效能见度降低很多。冰雾可以自然形成也可以人造。最常影响飞行操作的冰雾是在冷空气中燃烧飞机燃料造成的。当风非常微弱而温度大约为 $-30°F$ [$℃=5/9(°F-32)$] 或更冷时,冰雾时常立刻在汽车及飞机的废气中形成。它持续时间从几分钟到数日。

蒸发雾时常称为"海烟"(sea smoke),在冬天,当干冷空气从陆地来到比较温暖的海水上空时形成。湿气很快地从水面蒸发,但因冷空气只能含有少量的水汽,所以就在水面上方凝结,看来就像"蒸气"由海上升起。这种雾全由水滴组成,常常很快地冻结形成冰粒而落回水中。在低层易产生乱流和结冰现象。

平流雾也是极区常见的雾,尤其在冬季出现为多,常维持很久。当暖而潮湿的海洋空气移过冷的陆地上空时,平流雾沿着海岸生成。如果陆地起伏多山,空气爬升造成层云和雾的组合。向内陆,层云和雾很快地减少,岛屿和山脉的背风面因为当空气沿坡下沉时的加压增温而变得干燥,所以没有雾。平流雾中的积冰常为雾凇形式,危害严重。

冻结的北极海洋以及沿岸地区上空,吹雪及强风是秋冬常见的危害现象,吹雪在极地对飞行操作的危害比中纬度地区大。这是因为雪轻而细,可以轻易地被微风吹起。8 kt(kt,kn 均表示速度单位"节",航空上惯用 kt,一般用 kn。1 kt＝1n mile/h＝0.514444 m/s)以上的风可以使雪升离地面数英尺,从而覆盖跑道。地面风突然增大,可以使能见度在几分钟内降至近乎为零,而且能见度的突然降低,几无征兆可寻。更强的风甚至可以把雪吹至 1000 ft 以上。

积冰最常见于春、夏、秋,但也出现于冬天。在春、秋雨季中积冰沿着锋区可以延展至上层。虽然积冰多出现于水面以及海岸地区上空,但在内陆会出现。它的典型方式是雾凇,但在海岸山脉区,也常见明冰和雾凇混合的积冰。

在海岸地区,春、秋及冬天,特别是当雾或冰雾出现时,浓霜及雾凇可以停留在飞机表面。这种霜必须除去,因为它会减少飞机的升力,而且如果因为地形的关系必须快速爬升时,更是危险。

"白朦天"是在极区,当一厚度均匀的层状云覆盖在雪或冰的地表所产生的一种视程障碍现象。当平行的太阳光线穿过云层时,断裂而混杂,以至它们从许多角度射到雪面,这些混杂了的光线就在雪和云之间来回反射,消除了所有的阴影。结果,人、建筑物、深色物体,看来像浮在空中一样,地平线也消失了,因此低空飞过覆雪的地形或在雪地上着陆非常危险。这就是白朦天现象。

2.3.4.2　荒漠气象环境及其对飞行的影响

我国西北和内蒙古西部地区,地处亚洲内陆,属气候干燥区,气温年较差大,日较差也大,风速大。冬春季节还常伴随风沙和吹雪现象,其中沙尘颗粒,包括直径 350 μm 的细沙、甚至中沙,风沙可到达 3000 m 以上高度,即有沙暴时,3000 m 空中可出现高含沙量层。主要的大风类型有:北疆西北大风、南疆偏东大风、青海高原偏西大风、甘肃河西走廊偏西大风和陕西偏北大风等。还有地方性大风,如北疆阿拉山口西北大风、格尔木偏西大风、乌鲁木齐东南大风等。据统计,区域性大风以春季最多,秋季次之,而寒潮冷空气过程是造成春、秋季大风的主要原因。

荒漠地区云和降水虽偏少,但出现雷暴、冰雹的次数却并不少,其中冰雹具有明显的局地性和分散性,多出现在山地和高原,盆地和沙漠地区偏少。

在荒漠地区飞行,因人烟稀少,气象台站密度很稀,飞行中要加强陆空联络,避免迷航。要及时了解目的机场的天气变化和实况。夏季午后在沙漠高温机场起降时,因道面温度高、滑跑距离长,要注意飞机载重量及道面状况,沙尘污染跑道,使起降滑跑距离增长,沙尘积存跑道,甚至可导致极滑条件或轮胎爆破。

参 考 文 献

陈锦荣.2006.气象与飞行安全.北京:气象出版社.

程小悰.2002.水平风的垂切变对飞机纵向稳定性的影响.成都信息工程学院学报,(1):20-23.

范波,等.2007.西藏林芝机场飞行气象条件分析.气象,**33**(9):59-63.

牟艳彬.2007.高原航空天气特征和航空气象服务保障.四川气象,(2):164-170.

潘春彦.2006.山区气象特点及飞行对策.现代化农业,(4):15-16.

王永忠.2001.气温、气压对飞行安全的影响分析.南京气象学院学报,**24**(2):291-294.

章澄昌.2000.飞行气象学.北京:气象出版社.

赵树海.1994.航空气象学.北京:气象出版社.

Hamilton R E. 1970. Use of detailed radar data in mesoscale surface analysis of the July 4, 1969 storm in Ohio. Preprints, 14*th Radar Meteorology Conf* ., Tucson, AZ, *Amer. Meteor. Soc.* , 339-342.

第**3**章
航空气象业务体系

我国民用航空气象在发展的历程中，随着社会、经济环境的变化，曾几度出现体制变革，经历了曲折的发展历程。民用航空气象业务经历了由军委民航局领导、军委民航局与军委气象局共同领导、民航气象工作改归中央气象局建制实行气象局与民航局的双重领导、随民航划归中国人民解放军建制等系列变化过程，直至 1980 年 3 月，民航局由中国人民解放军建制改为国务院直属局后，民航气象一直由民航局领导至今。1988 年民航体制改革以后，在各民航管理局设置气象处或航行气象处。1994 年中国民用航空总局空中交通管理局成立以后，由空中交通管理局气象处进行统一管理，各地区空管局也相继设置气象处。2007 年随着空管系统政事分离并一体化运行管理体制改革，在民航局（原中国民用航空总局）和民航地区管理局行业管理办公室设置气象处进行政府管理，业务运行管理继续由空中交通管理局和各地区空中交通管理局承担。

自有民航运输活动以来，一直在各运输机场设置机场气象台。1990 年代开始，将北京、沈阳、上海、广州、成都、西安、乌鲁木齐 7 个机场气象台建成中心气象台，逐步发展成为 7 个民航地区气象中心。2008 年 5 月，中国民用航空局空中交通管理局航空气象中心（简称民航气象中心）正式成立。至此，形成了由民航气象中心、7 个民航地区气象中心及一百多个机场气象台组成的民航气象三级服务体系，专业技术人员达到两千余人。

航空气象业务体系（军事航空气象另有体系，本书仅指民用航空气象业务体系）遵循国际民用航空公约附件三《航空气象服务》的要求，依照《中国民用航空气象工作规则》（CCAR-117R1）、《民用航空气象服务管理办法》、《民用航空气象数据库系统业务运行管理规定》、《中华人民共和国民用航空行业标准》等系列规章、规范性文件和行业标准，进行气象探测、资料收集与处理、航空气象预警预报和产品制作、航空气象情报的国内国际交换及航空气象服务等业务工作，开展科研培训等工作。

随着航空运输业发展和用户需求的不断提高，为适应新需求，在提供传统的基本服务之外，还提供民航系统的流量管理、运行协调决策机制及区域管制中心的气象咨询服务，以及航空公司运控部门的现场咨询服务等。服务方式也从面对面的提供飞行气象文件与天气讲解，到信息网络化的服务，进而再到对飞行中航空器的对空广播服务和地空数据链服务。民航气象服务的主要用户为：空中交通管制单位、各运输航空公司、机场管理公司、通用航空公司及其他协议用户。

本章将重点介绍我国民用航空气象业务体系。

3.1　国际航空气象的组织框架

国际航空气象组织框架（图 3.1）由国际民航组织（ICAO）和世界气象组织（WMO）共同建立，国际民航组织负责提出航空气象技术与服务需求，世界气象组织负责组织技术研究和提供服务；国际民航组织和世界气象组织共同制定有关标准和规则,国际民航组织各缔约国和世界气象组织的所有成员(包括国家和地区)执行其所规定的有关标准和规则。其中包括:国际民航组织公约附件三《国际航空气象服务》(75 次修订版本,2010 年 11 月 18 日适用)、《WMO 技术规则》(WMO49 号出版物)等。

国际民航组织与世界气象组织共同合作建立的两个世界区域预报中心,分别位于华盛顿和伦敦;并在全球设有 9 个火山灰咨询中心(Anchorage,Buenos Aires,Darwin,London,Montreal,Tokyo,Toulouse,Washington,Wellington)、7 个热带气旋咨询中心(Darwin,Nadi,New Delhi,Réunion,Tokyo,Honolulu,Miami),仅亚洲地区就有 5 个国际情报交换中心(Bangkok,Brisbane,Nadi,Singapore,Tokyo)。国际民航组织各缔约国在每个飞行情报区设立国际航空气象监视台。世界气象组织通过其全球通信系统(GTS)交换航空器气象资料下传(AMDAR)的资料。

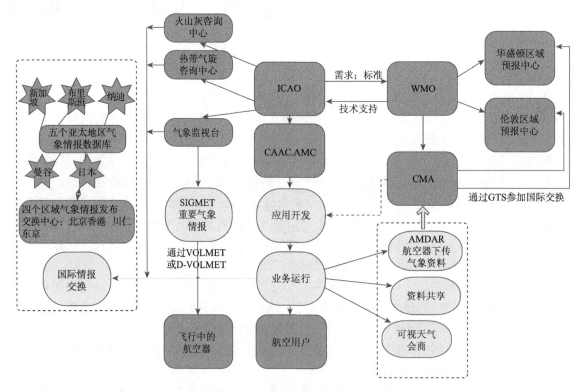

图 3.1 国际航空气象组织框架

中国民用航空气象情报通过亚太地区情报交换中心,进入国际情报交换系统进行交换;有关火山灰的情报,则通过东京火山灰咨询中心(Tokyo VAAC)获得(我国的火山活动研究、监测及相关信息发布由中国地震局负责)。东京火山灰咨询中心向国际航空气象监视台、世界区域预报中心、国际飞行气象情报(OPMET)数据库等部门提供火山灰的分布及预报咨询信息。当国际航空气象监视台所在飞行情报区已经或即将受到火山灰影响时,应根据火山灰咨询中心的咨询信息发布火山灰重要天气情报(SIGMET),通过国际飞行气象情报(OPMET)数据库向各国航空气象服务部门转发;民用航空局有关AMDAR 资料则传送给中国气象局,由中国气象局通过 GTS 参加国际交换。

3.2 我国民用航空气象的组织框架

我国的民用航空气象服务(图 3.2)由中国民用航空局统一管理,业务范围包括基本业务和航空气象服务工作,在业务上接受中国气象局的行业管理和业务指导。中国民用航空局和地区管理局设置航空气象政府管理部门,中国民用航空局空中交通管理局和地区空中交通管理局设置航空气象业务管理部门。民用航空气象服务形成了以民航气象中心为业务龙头,民航地区气象中心为业务主干,机场气象台为业务基础的三级民用航空气象业务体系。每个飞行情报区均设立了国际航空气象监视台(共 9 个,由 7 个民航地区气象中心和武汉、海口机场气象台承担)。

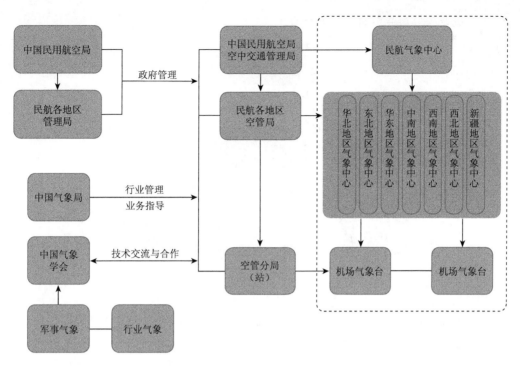

图 3.2　我国大陆地区航空气象组织框架

　　民用航空气象业务是国家气象业务的一个分支,一直以来在业务技术能力的提高与技术资源共享等方面得到了国家气象系统的大力支持;民航气象与军事气象通过中国气象学会的桥梁在业务、培训与科技研发等各方面保持密切的合作;同时,民航气象系统与大学及科研院所在培训与应用技术研究等领域也保持密切合作(图 3.3)。

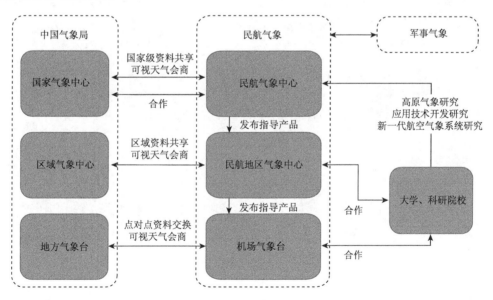

图 3.3　我国大陆地区航空气象业务关系

3.3　民用航空气象业务体系

　　在民航气象中心、民航地区气象中心、机场气象台(站)三级业务机构之间,通过逐级的运行管理和业务指导,以逐级发布业务指导产品、分级质量监控、系统运行信息即时通报、对航空气象用户进行分级服务等机制,形成了一体化业务运行与服务体系。

民航气象三级业务机构关系如图 3.4 所示。

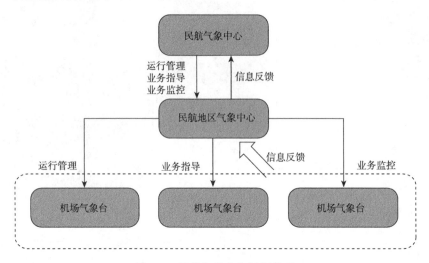

图 3.4　民航气象业务运行体系

民航气象业务主要内容包括航空气象探测、资料收集与处理、预警预报与产品制作、飞行气象情报的发布与国内国际交换、技术装备和服务(图 3.5)。

1.航空气象探测 民航气象探测资料的收集和处理 航空器空中气象报告的收集和处理 中国气象局基本气象资料的收集和处理 中国气象局探测资料的收集和处理	2.资料收集与处理 基本天气资料的整理、存储 探测资料的整理、存储 文献资料的收集、整理 ICAO和WMO技术标准、规范的 　归档、整理 航空气象史志的 　汇编、存储	3.预警预报与产品制作 气象资料的分析 航空气象数值预报 发布全国性的航空天气警报 发布全国性的短期航空天气预报 发布全国性的中长期航空天气预报 发布全国航空气象指导产品 个性化航空气象产品制作 实现与国家气象中心的天气会商 为特殊任务和应急处置制作气象产品 航空气候预测
4.飞行气象情报的发布与 国内国际交换 WAFS资料的收集和处理 气象信息的整合与分发 飞行气象情报的收集和处理 飞行气象情报公报的编辑 飞行气象情报的国内分发 飞行气象情报的国际交换	5.技术装备 民航气象数据库系统运行监控和维护 气象服务系统的运行监控和维护 民航气象系统设备的计量检定 民航气象系统应急装备管理 设备档案和备件管理 民航气象中心设备运行监控 民航气象中心设备维护维修 对民航气象系统技术装备的技术支持	6.服务 为政府部门提供航空气象服务 统一为航空集团提供航空气象服务 为运行管理中心提供航空气象服务 为区域管制中心提供航空气象服务 为航行情报部门提供航空气象服务 为通用航空提供航空气象服务 为搜寻救援提供航空气象服务 为特殊任务和应急处置提供航空 气象服务 提供公众航空气象信息服务

图 3.5　民航气象主要业务

3.3.1　民航气象中心

民航气象中心的职责:负责全国民航气象服务的运行管理;发布全国性的航空天气预报指导产品;为空管运行单位和航空公司等用户提供全国性航空气象服务;建立气象资源共享平台,负责航空气象情报的国内外交换;负责航空气象设备运行监控与评估,提供气象设备维护维修技术支持和指导;实施航空气象科技研发,开展航空气象用户需求研究和新技术研究;承办民航气象系统技术培训和用户培训。

在国际事务方面,在国家气象中心的协作下承担"亚洲航空气象服务网站"的运行维护和管理。

民用航空气象逐级业务流程如图 3.6 所示。

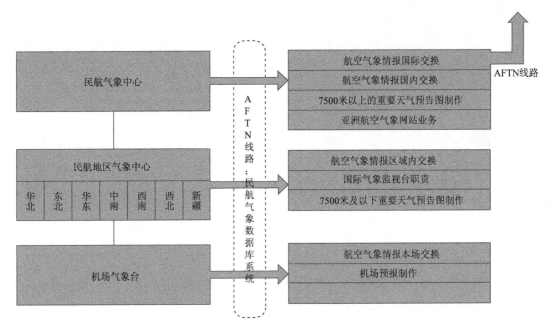

图 3.6　民航气象业务流程图

3.3.2　民航地区气象中心

在七个地区空中交通管理局设置了民航地区气象中心,分别位于华北、东北、华东、中南、西南、西北、新疆地区空中交通管理局所在地的北京、沈阳、上海、广州、成都、西安、乌鲁木齐。民航地区气象中心的职责:负责对本地区气象服务进行协调、指导;负责收集、分析各类气象资料,监视、观测本地区的天气变化;负责制作本地区气象预报产品,提供各类航空气象情报资料;负责当地航空气象服务;承担相应飞行情报区的气象监视工作;承担航空气象专用设备维护、维修;实施本地区民航气象技术研发与应用。民航地区气象中心承担所在地机场气象台的职责,其中华东地区气象中心承担虹桥和浦东两机场气象台的职责。

3.3.3　机场气象台

在全国的运输机场建立了机场气象台,分别隶属于省(区)空中交通管理分局(站)或机场(集团)公司。机场气象台的职责:负责收集、分析航空气象资料,监视、观测本地的天气变化,提供航空气象服务;负责制作本地气象预报产品,提供航空气象情报资料;承担航空气象专用设备维护、维修。

3.3.4　国际航空气象监视台

我国大陆地区在 9 个飞行情报区分别设立了国际航空气象监视台,由 7 个地区中心和武汉、海口机场气象台兼任。气象监视台的职责:(以下按照工作规则的规定修改)负责监视、发布、转发气象情报,尤其是责任区内的天气变化情况。具体承担监视其责任区域内影响飞行的天气情况;编制与其责任区有关的重要气象情报、低空气象情报和其他有关气象情报;向有关空中交通服务部门提供重要气象情报、低空气象情报和其他有关气象情报;向有关民用航空气象机构传播重要气象情报、低空气象情报和其他有关气象情报。

3.3.5　民航气象情报收集交换中心

我国的气象情报收集交换中心由民航气象中心信息与技术装备室兼任,目前的工作由华北地区气象中心承担。情报收集交换中心负责航空气象情报的收集、处理、分发和国内外交换。按照国际民航组织情报交换有关规定,统一编制情报交换代码,进入情报交换系统。我国大陆机场首字码为"Z"、台湾地区为"R"、香港澳门地区为"V"。

第4章
民航气象主要业务平台

民航气象主要业务平台包括民航气象数据库系统、世界区域预报接收系统、航空器气象资料下传系统、民航气象业务监控系统和民航天气会商系统。

4.1 民航气象数据库系统

4.1.1 概述

民航气象数据库系统始建于 1994 年 12 月 22 日,利用当时先进的技术手段,建设了由 7 个民航地区气象中心组成的分布式数据库系统和由 53 个机场气象台组成的卫星传真广播接收系统。

分布式数据库系统以华北地区气象中心数据库(代行民航气象中心数据库的职责)为核心,以东北、华东、中南、西南、西北、新疆气象中心数据库为节点,依托 C 波段的 TES 信道构成数据库广域网络,链路带宽为 64 kb,实现 7 个民航地区气象中心之间的航空气象情报交换。主要交换内容是机场例行天气报告、特殊天气报告、机场预报、重要气象情报、低空气象情报、高空风/温度预告图和重要天气预告图,每天的资料交换量大约在 20 MB。

卫星传真广播系统是依托 C 波段卫星的 PES 信道进行广播,机场气象台通过卫星接收地面站进行资料接收,链路带宽为 64 kb。发送的资料内容主要是机场例行天气报告、特殊天气报告、机场预报、重要气象情报、低空气象情报、高空风/温度预告图和重要天气预告图。

随着民航运输业的快速发展,航空气象在运输安全中作用越来越大。2003 年开始启动了民航气象数据库系统和卫星传真广播系统的改造,通信方式由卫星改为民航专用异步传输网络。民航地区气象中心的数据库系统于 2005 年完成改造并投入业务运行,地区气象中心之间的传输带宽到 2009 年底达到 2 Mb;传真广播系统于 2009 年完成改造并投入业务运行,成为民航气象数据库系统的一部分,改变了依靠卫星、单向传输的现状,机场气象台与民航地区气象中心之间实现了气象资料的快速交换,初步设计带宽为 256 kb,以后根据业务信息交换量的增加,将不断进行调整。

至此,民航气象数据库系统完成了三级系统建设,即民航气象中心、民航地区气象中心和机场气象台,初步形成了航空气象资料逐级、分层的交换体系。

民航气象数据库系统是民航气象业务的核心信息系统,是民用航空气象业务不间断运行的重要保障。它可以实时收集、处理、存储、交换民航国内、国际飞行所需的综合航空气象情报信息,提供航空气象信息的管理、查询、归档、编辑、检索、显示和统计功能,提供气象资料的自动分析、制作和人机交互功能,生成航空气象产品,为航空气象用户提供服务。

4.1.2 硬件结构

民航气象数据库系统为民航气象中心、民航地区气象中心和机场气象台三级体系架构。根据业务信息处理能力的不同需求,对硬件进行不同的配置;为保证资料交换的一致性,软件的配备完全相同,但可根据不同要求进行软件功能配置。

4.1.2.1　一级数据库系统配置

一级数据库由两台 IBM P670 服务器组成数据库双机热备系统,共享存储为 1.3 TB,核心网络采用思科 6509 和 4506 交换机构成核心网络双网互备,利用思科 7204 路由器与民航地区气象中心实现 ATM 网络互连,利用思科 PIX515 防火墙实现业务网络和服务网络的安全隔离。预报人员利用 SUN BLADE 2000 工作站实现产品的交互制作和定制产品的自动定时生成。系统逻辑结构见图 4.1。

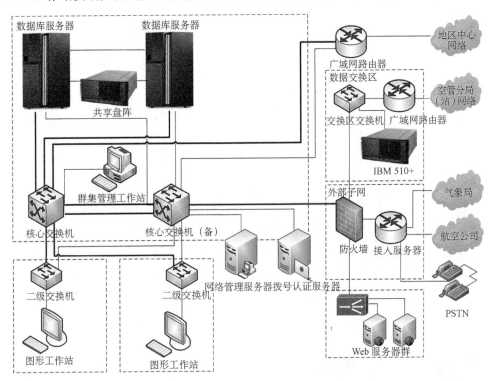

图 4.1　一级数据库系统逻辑结构图

4.1.2.2　二级数据库系统配置

根据地区机场气象台数量及业务量的不同,地区气象中心二级数据库系统有两种配置。

第一种配置由两台 IBM P650 服务器组成数据库双机热备系统,共享存储为 650 GB,采用思科 4506 作为核心网络交换机,利用思科 7204 路由器与民航气象中心实现网络互连,利用思科 PIX515 防火墙实现业务网络和服务网络的安全隔离。预报人员利用 SUN BLADE 2000 工作站实现产品的交互制作和定制产品的自动定时生成。系统逻辑结构见图 4.2。

第二种配置由两台 IBM P650 服务器组成,每台服务器的内部存储为 560 GB,利用数据热备、人工切换的方式实现系统的备份,采用思科 4506 作为核心网络交换机,利用思科 3725 路由器与民航气象中心实现网络互连,利用思科 PIX515 防火墙实现业务网络和服务网络的安全隔离。预报人员利用 SUN BLADE 2000 工作站实现产品的交互制作和定制产品的自动定时生成。系统逻辑结构见图 4.3。

4.1.2.3　三级数据库系统

依据机场的繁忙程度,将民航局空管局所属的机场气象台分为两类,采用相同的网络结构,在服务器的处理能力上有所差别。

第一种配置的数据库系统由一台 IBM P520Q 作为数据库服务器,一台 IBM P520Q 作为应用服务器,采用 CISCO 2960 交换机作为本地网络的核心交换机,通过 CISCO2851 路由器与所在地区气象中心数据库相连,利用 CISCO PIX 515E 与非气象用户进行安全隔离。预报人员利用预报工作平台进行产品的查询、制作和发布。逻辑结构图见图 4.4。

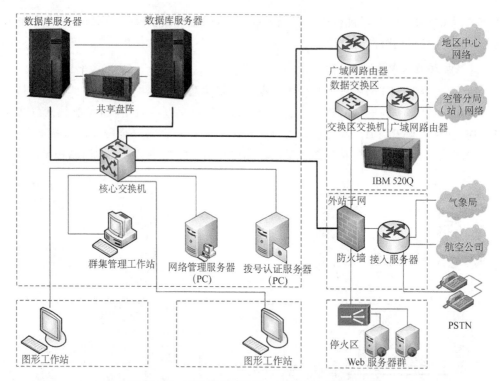

图 4.2 二级数据库系统第一种配置的逻辑结构图

第二种配置的数据库系统由一台 IBM P510＋作为数据库服务器,一台 IBM P510＋作为应用服务器,采用 CISCO 2960 交换机作为本地网络的核心交换机,通过 CISCO2851 路由器与所在地区气象中心数据库相连,利用 CISCO PIX 515E 与非气象用户进行安全隔离。预报人员利用预报工作平台进行产品的查询、制作和发布。逻辑结构图见图 4.5。

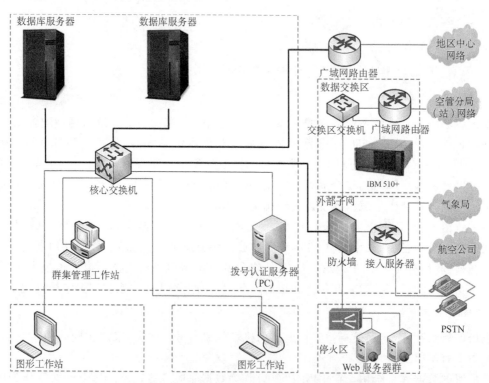

图 4.3 二级数据库系统第二种配置的逻辑结构图

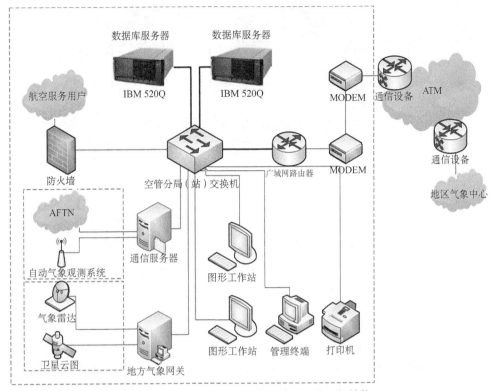

图 4.4　三级数据库系统第一种配置的逻辑结构

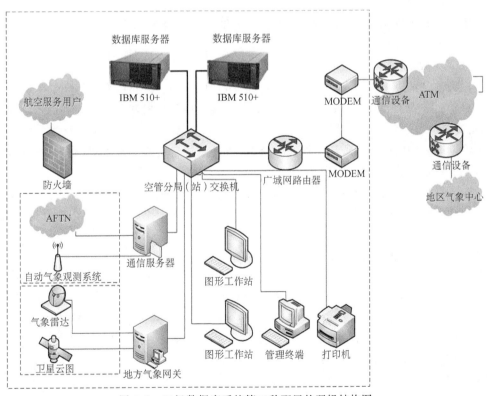

图 4.5　三级数据库系统第二种配置的逻辑结构图

4.1.3　软件结构

民航气象数据库三级系统在软件功能设计时采用模块化和应用配置管理的方式,满足三级系统的不同需求。系统从软件功能上分为通信分系统、资料处理与数据管理分系统、预报业务应用平台和气象服务应用平台。各分系统的业务流程见图 4.6。

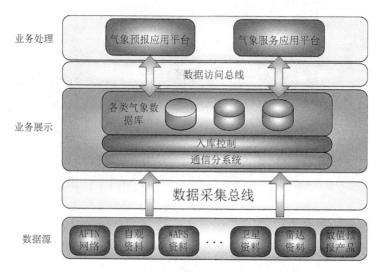

图 4.6　民航气象数据库系统业务流程图

4.1.3.1　通信分系统

通信分系统承担各种气象资料接收、检查与处理、发送，及请求的应答，提供资料的编发、转发、告警、定制、请求、错报处理、统计查询以及图形化界面的监控、维护、操作等功能。通信分系统 24 小时连续运转，实时进行资料处理，并将初步处理的气象资料按照规定格式提交给资料处理与数据管理分系统做进一步的处理。主要功能如下。

（1）气象资料的接收

分系统能够实时接收从通信线路和网络（AFTN 和 ATM）两种方式传递的气象资料，也能从其他气象应用系统获得气象资料，进行处理。

（2）气象资料的处理

对于接收到的各种资料按照一定的规则进行处理和质量控制，丢弃用户不需要的资料，质量达不到要求的资料自动提交人工处理，合格的资料自动提交资料处理与数据管理分系统进一步处理。

（3）气象资料的发送

分系统可以通过网络或异步线路交换各种资料，依据用户定义的交换规则，交换的方式可以是收到气象数据后立即发送，也可以是定时发送。

定时发送可以采用按区域、按站点、按时间进行编报的方式进行。当发送失败以后，可以在一定时间段内自动尝试再发送，并且具有线路路由选择功能。根据外部用户的请求，可以自动进行授权检查和回复。

（4）气象资料告警功能

当收到指定航站的重要气象情报（SIGMET）、低空气象情报（AIRMET）、修订的机场例行天气报告（METAR）、特殊天气报告（SPECI）和缩写明语的特殊天气报告（SPECIAL）、风切变警报、机场警报、火山灰警报、热带气旋警报、航空器特殊空中报告、修订的机场预报、高空风、温度修订预报、重要航路天气预报的修订报、航路预报（ROFOR）更正及修订报、低空飞行的区域预报（GAMET）更正报及修订报时，根据报头行识别到立即向用户告警。

（5）定制功能

下一级用户可根据上一级发布的产品目录表向上一级定制所需产品。

（6）监控功能

分系统具有远程联机监控功能，对监控的内容出现异常的情况下，以声音、闪烁或者不同颜色进行告警。包括进程监控、线路监控、数据收发监控、错报、应用缓冲区及排队监控、操作系统监控、资料告警和中间件软件运行状态监控功能。进程监控，监视通信分系统的所有进程状态，用户可自定义需要监视的进程。监视信息包括进程的所有者、运行时间、运行状态，并形成日志。每隔一定时间间隔，取得最新的各进程状态进行显示。可进行进程的启动,停止,查看日志操作;线路监控,监视通信分系统定义的所有线路。具体显示线路的定义,参数,收发状态,最近收发时间、网络连接状态以及线路正常工作时间;数据收发监控,监视用户指定线路的接收数据和发送数据,动态显示通信线路上的民航报,产品文件显示文件名称、类型、大小等信息;错报、应用缓冲区及排队监控,监视错报及警报数量,通信进程所用缓冲区排队状态;操作系统监控,监视操作系统运行状态,包括 CUP,内存文件系统,磁盘空间等信息;资料告警,对来报(及应到但未到的)资料进行告警,根据报文类型、四字代码对其报文的来报缺报情况以声音、闪烁或不同颜色进行提示,并显示报文内容;中间件软件运行状态监控,监控本地消息队列状态、远程消息队列状态,死信队列状态、MQ 通道状态等。

(7)操作台功能

提供报文编发,错报处理,统计查询,应到报统计及缺报请求,应到图形图像统计及缺图请求,资料定制,资料检索等。三级系统根据承担的职责不同,选择配置使用各种功能。民航气象中心收集国内外各机场的气象情报,并向民航地区气象中心进行分发,地区气象中心根据相应的交换办法向空管分局(站)进行转发。空管分局(站)向民航地区气象中心汇交本场气象情报、民航地区气象中心向民航气象中心汇交本地区的气象情报。由于民航气象中心同时是中国民航飞行气象情报收集中心,民航中心将收集到的国内气象情报,按照一定的原则向境外的情报收集中心发送。

4.1.3.2　资料处理与数据管理分系统

资料处理与数据管理分系统分为资料处理子系统和数据管理子系统。资料处理子系统是一个实时联机信息系统,它所处理的资料来自通信分系统。资料的到达是不定时的,资料处理子系统的处理进程24 小时不间断运行,负责将所有数据来源的数据和产品加工、处理并入库。数据管理子系统,提供资料的检索、归档、存储、恢复和管理功能,可以定时作业。为简化应用,同时提供客户端管理功能,实现系统安装、维护、数据管理等功能的人机交互界面,用于系统的安装和维护,及数据库检索界面,供用户以终端界面的方式查询库中的数据,并提供相应的报表和图表统计功能。同时提供程序调用接口供用户进行数据调用。

(1)资料处理子系统

资料处理子系统按约定的方式从通信分系统接收各种资料,并进行分析、质量控制、要素分解、处理入库。处理的气象资料包括常规天气报告、航空气象情报、机场自动观测资料、高空风温度预告图和重要天气预告图、气象卫星云图、天气雷达资料、数值预报格点资料、多媒体视频资料、数值预报释用产品、预报指导产品等。质量控制分为格式一致性检查、气象要素值物理意义上控制检查、要素之间相关性检查等。由于资料的格式、内容存在差异,质量控制的要求也不一样,每种资料对应不同的处理进程。各个处理进程由统一的监控进程进行监控,保证资料的处理进程连续不断运行。

(2)数据库管理子系统

数据库管理子系统提供应用数据库的建立、维护、删除功能,提供资料的自动归档、清除、手动恢复功能,提供气象资料的组合查询功能,提供数据库运行监控功能和计账、审计功能。

4.1.3.3　预报业务应用平台

预报业务应用平台是为预报人员提供综合信息显示和预报产品加工制作、发布的人机交互平台。

平台提供了各种资料的查询显示、资料的图形化显示和各种资料的叠加显示。包括常规资料的填图、等值线分析,航空气象情报的填图,机场探测资料的显示,数值预报格点资料的可视化显示,特征物理量的计算等。平台提供了高空风/温度预告图的自动生成、重要天气预告图的人机交互制作、机场警报和机场预报等的编发功能。预报业务平台的底层是数据库系统,既可以从数据库检索各种资料,又可以将平台生成的产品通过通信分系统存入数据库。

4.1.3.4　气象服务应用平台

气象服务应用平台是为用户提供便于浏览、检索和打印各种气象信息的平台,实现了气象服务的自动化和标准化。气象服务应用平台针对不同客户的需求,提供 B/S 和 C/S 两种访问方式供用户需选择。气象信息服务应用平台实行身份认证,以保证系统的安全性。

4.1.4 产品介绍

民航气象数据库系统收集常规天气资料、气象卫星云图、天气雷达资料、机场自动观测资料、华盛顿和伦敦世界区域预报中心发布的全球数值预报资料、重要天气预报资料等,在预报业务平台生成满足航空飞行的各种产品。

生成的主要航空产品有:

4.1.4.1 重要天气预告图产品

每天发布四次重要天气预告图产品:

- 地理范围:中国区和亚洲区。
- 有效时间:0000,0600,1200,1800(世界协调时)。
- 层次:中层和高层。

另外根据具体运行的需要,还将发布低层重要天气预告图。

4.1.4.2 高空风和高空温度预告图产品

每天发布四次高空风和高空温度天气预告图产品:

- 地理范围:欧亚区,北太平洋区,中低纬区,中国区和亚洲区。
- 有效时间:0000,0600,1200,1800(世界协调时)。
- 层次:200 hPa,250 hPa,300 hPa,400 hPa,500 hPa。

另外,民航地区气象中心每天四次发布本地区的 700 hPa、850 hPa、900 hPa 高空风和高空温度天气预告图。

4.2 世界区域预报接收系统

4.2.1 概述

1982 年,在蒙特利尔举行的第七届世界气象组织(WMO)航空气象委员会议之后,国际民航组织的通信气象(COM/MET)分组召开会议,建立了世界区域预报系统(WAFS)。

在国际民航组织附件三中,WAFS 被定义为由世界区域预报中心(WAFC)按照统一标准的格式提供航空气象航路预报的全球性系统。目前,国际民航组织在全球范围内指定了两个世界区域预报中心,美国的华盛顿世界区域预报中心和英国的伦敦世界区域预报中心。

两个世界区域预报中心按照国际民航组织附件三的规定,制作产品并在全球范围进行分发。华盛顿世界区域预报中心由以下几部分组成:美国国家环境预报中心(NCEP)的位于密苏里州堪萨斯城的航空气象中心(AWC)以及位于马里兰州坎普泉城的 NCEP 运行中心(NCO),以及位于马里兰州银泉城的美国国家气象通信运行中心。伦敦世界区域预报系统由英国气象局负责运行维护。

WAFS 使用国际卫星机构的四颗卫星在全球范围内进行产品的广播。美国国家气象局建立了国际卫星通信系统(ISCS)用于华盛顿世界区域预报中心产品的分发,ISCS 使用了位于大西洋、太平洋和印度洋上空的三颗卫星,覆盖了美国、太平洋和东亚,其中位于大西洋上空的卫星覆盖范围从 110°W 到 60°E,位于太平洋上空的卫星覆盖范围从 105°E 到110°W,位于印度洋上空的卫星覆盖范围从 20°W 到 140°E。为满足 WAFS 产品在欧洲的分发,欧洲空中航行规划小组在英国建立了卫星分发系统(SADIS),伦敦世界区域预报中心使用 SADIS 进行产品的分发。SADIS 建立之初,着力于服务欧洲和中东地区,后来逐步扩充服务到非洲—印度洋地区和亚洲的部分地区,覆盖范围大约从 20°W 到 140°E。

ISCS 和 SADIS 均采用一点对多点的发送方式,世界区域预报中心通过他们 24 小时向用户进行产品发送。

两个世界区域预报中心互为备份,当其中一个出现故障,另外一个可以承担起备份的功能。

1997 年我国分别在华北地区气象中心、中南地区气象中心建设了 SADIS 接收系统,在华北地区气象中心、华东地区气象中心分别建设了 ISCS 接收系统,形成北京、广州、上海三地系统级和资料级备份的布局。

4.2.2　世界区域预报接收系统配置

由于运行单位的不同,SADIS 和 ISCS 的配置和运行存在差异,分别进行介绍。

4.2.2.1　SADIS 系统配置

华北地区气象中心、中南地区气象中心 SADIS 接收系统的配置完全相同,以华北地区气象中心配置的系统为例(图 4.7)。信号从卫星接收后分为两路分别接入服务器 1 和服务器 2,即服务器 1 和 2 同时接收数据,服务器 1 和服务器 2 通过内部心跳线构成双机热备系统,一旦服务器 1 发生故障,服务器 2 自动接管服务器 1 的功能。

预报员可以在工作站 1 上对服务器处理、存储的各类气象情报进行检索、报文原码显示和地图填图显示,对以 PNG 或 BUFR 格式保存的各类图形进行反演、叠加显示等,对数值预报资料进行航空要素释用。预报人员可以对部分产品进行修改、存储等操作。

普通用户可以在工作站 2 上交互检索航空气象情报,也可以预选定义的方式,使系统按时自动生成相关的飞行气象情报。系统提供了飞行气象情报在三维地图上的显示功能,结合飞行的航线轨迹,使用者很清楚了解天气对其飞行会造成的可能影响,及早做出准备。

工作站 1 和工作站 2 具有自动与服务器进行连接的功能,当服务器 1 发生故障,系统切换到服务器 2 后,工作站会自动切换与服务器 2 相连,保证可用性。

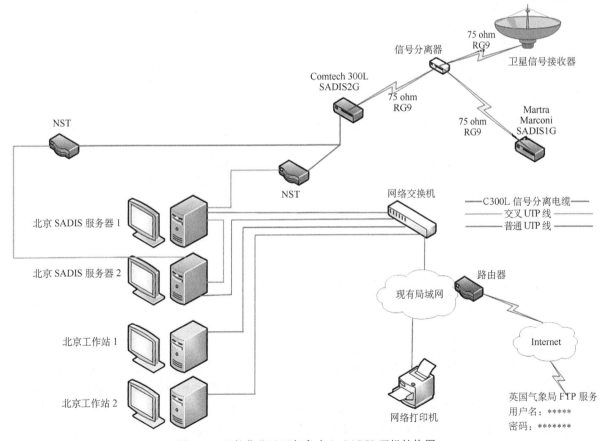

图 4.7　民航华北地区气象中心 SADIS 逻辑结构图

4.2.2.2 ISCS 系统配置

华北地区气象中心、华东地区气象中心 ISCS 接收系统的配置完全相同,以华北地区气象中心配置的系统为例(见图 4.8)。接收机接收到信号后,将资料以广播包的形式进行网络广播,服务器 1 和服务器 2 同时接收广播包,进行资料的解码处理。服务器 1 和服务器 2 通过内部心跳线构成双机热备系统。一旦服务器 1 发生故障,服务器 2 自动接管服务器 1 的工作。

ISCS 系统中工作站 1 和工作站 2 的功能与 SADIS 中工作站 1 和工作站 2 的功能相同。

4.2.3 产品

世界区域预报中心通过 WAFS 进行航空气象情报资料的分发,包括报文资料、图形资料和数值预报资料。华北地区气象中心将接收到的报文资料和图形资料根据各地的需求进行控制分发,对数值预报资料向各地区气象中心进行转发,其中向中南地区气象中心转发华盛顿预报中心的资料,向华东地区气象中心转发伦敦预报中心的资料,其他地区两个预报中心的资料都转发。

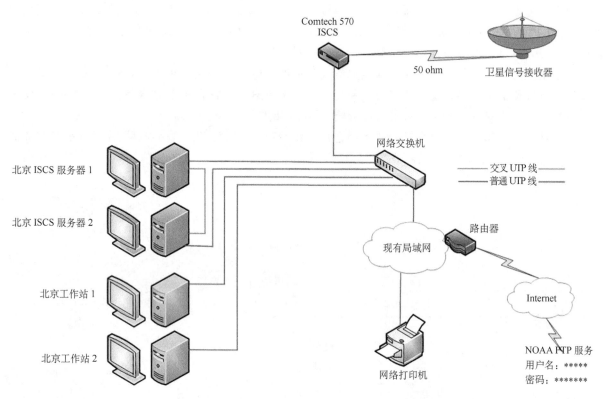

图 4.8   民航华北地区气象中心 ISCS 逻辑结构图

4.3   航空器气象资料下传系统

4.3.1   概述

世界气象组织和国际民航组织于 1998 年提出了航空器气象资料下传(AMDAR)并通过 GTS 实现全球共享的一项国际间的合作计划—AMDAR 计划。该计划旨在推动航空器气象观测资料的应用服务和全球数据共享,以弥补洋面、高原以及沙漠地区观测资料的不足。

随着我国航空事业的快速发展,越来越多的运输飞机装备或开通了气象观测处理仪器。为响应 WMO 的要求,中国气象局和中国民航局商定,利用民航已建成的地空数据链下传航空器所探测到的气象资料。2002 年 11 月,AMDAR 资料通过民航气象数据库系统向国家气象信息中心转发,由国家气象信息中心向 GTS 交换。到目前为止,每天处理的 AMDAR 资料达 2 万～3 万份。

4.3.2　系统配置

AMDAR 资料的传输是在各个部门的精心配合下完成的。如图 4.9 所示,航空器上的气象观测传感器按照固定的周期探测到气象信息后,和航空器的其他信息一起通过地空数据链通信下传到地面的接收设备,地面的接收设备根据信息的分类将气象报文分离出来,通过地面专线传输到民航华北空管局气象中心,民航华北地区气象中心的数据处理服务器对报文进行质量控制,剔除不符合质量要求的报文,将满足质量要求的报文按照 WMO FM42 格式进行编码,保存到民航气象数据库,并通过地面线路向国家气象信息中心发送。

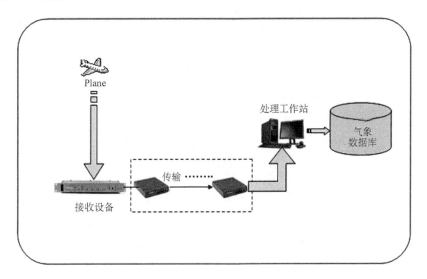

图 4.9　AMDAR 资料收集处理流程示意图

4.3.3　产品介绍

AMDAR 资料的内容主要包括飞机尾号、观测时间、高度、经纬度、风向、风速、温度、飞行阶段等。特殊情况下还可包括颠簸和积冰报告。

AMDAR 资料的下传频率根据飞行的不同阶段,有所差别,在起飞、降落阶段相对较密,大约在 1 min 左右,在巡航阶段相对时间较长,大约在 5 min 左右。

4.4　民航气象业务监控系统

民航气象业务监控系统依托于民航气象数据库系统的广域网络,实现民航气象中心对民航地区气象中心和空管分局(站)气象台、民航地区气象中心对所在地区空管分局(站)气象台的业务运行状况和气象技术装备运行状态的监控,空管分局(站)气象台向地区气象中心、地区气象中心向民航气象中心的运行信息上报。监控系统功能结构图如图 4.10 所示。

4.4.1　业务运行状况监控

民航气象中心利用民航气象数据库实现对国内机场气象台运行状况的监控,地区气象中心实现对本地区机场气象台运行状况的监控,定时监控机场天气报告、机场天气预报、高空风温度预告图、重要天气预告图的发布情况和机场自动观测系统资料、天气雷达资料的采集情况。

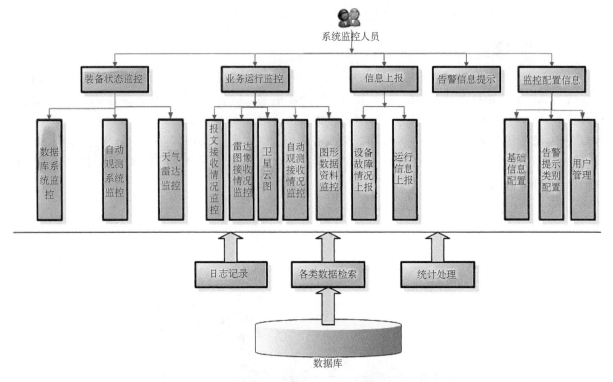

图 4.10 监控系统功能示意图

　　系统定时刷新监控地图,以不同的颜色显示各种资料的不同状态,并可实现按用户定义的声音报警。定时对资料的情况进行统计,并记录,以供业务运行统计使用。如图 4.11。

图 4.11 民航气象业务监控示意图

4.4.2　气象技术装备运行状态监控

气象技术装备运行状态监控分三级进行,空管分局(站)气象台监控终端采集本地气象数据库、气象自动观测系统、天气雷达的运行状态,通过数据库网络上传到地区气象中心的监控服务器,地区气象中心将中心本部的气象数据库、气象自动观测系统、天气雷达和空管分局(站)气象台上传的气象数据库、气象自动观测系统、天气雷达的运行状态通过数据库网络上传到民航气象中心监控服务器,完成装备运行状态的采集工作。民航气象中心、地区气象中心、空管分局(站)气象台通过统一的界面监视装备的运行情况,按照预先设定的阈值,通过不同颜色显示设备状态,包括故障、维修、预警等信息。民航气象数据库系统的监控对象包括核心网络设备、通信数据库主机、中间件和资料处理应用进程等。自动观测系统的监控对象包括大气投射仪、前向散射仪、云高仪、天气现象传感器和自动站等。目前对天气雷达的监控还未实现。如图 4.12。

图 4.12　民航气象装备监控示意图

4.4.3　信息通报

信息通报包括运行信息通报和设备故障信息通报。在每天规定的时间,空管分局(站)气象台向所在地区气象中心通报运行信息,地区气象中心将本地区的运行信息汇总后,通报民航气象中心。设备故障信息通报内容包括设备类型、故障发生时间和原因、处理结果等。

民航气象中心和地区气象中心可按时间段对运行信息和设备故障信息进行统计、分析,为运行态势分析提供依据。

4.5　民航气象天气会商系统

民航气象天气会商系统由民航气象中心、地区气象中心、空管分局(站)气象台组成,目前民航气象中心到地区气象中心的会商系统已建成,地区气象中心到空管分局(站)气象台之间的会商将在"十二五"期间完成。民航气象中心与地区气象中心间天气会商系统结构如图4.13。

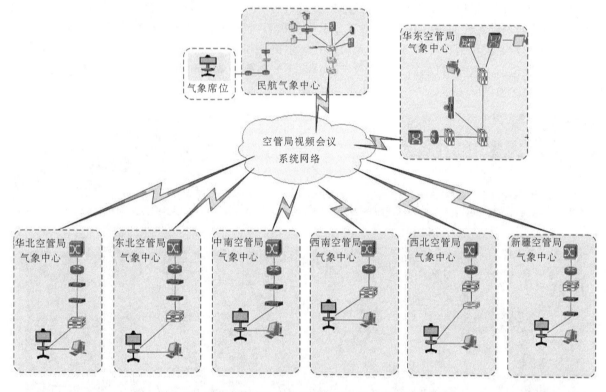

图4.13　民航气象中心到地区气象中心的会商系统示意图

民航气象中心与地区气象中心间天气会商系统在民航气象中心配备的设备主要包括视频会议多点控制单元、录播服务器、拼接屏服务器以及装有视频会议网管软件、网闸和软终端的视频会议系统服务器,用作整个视频会议系统的核心控制和转发管理配备的设备;在地区气象中心配备的设备主要包括会议终端、天气会商终端,所有终端支持高清图像显示,可以满足天气会商对图像清晰度的要求。同时在各地区气象中心配备了天气会商软件,为天气会商提供技术支持手段,软件的主要功能包括各种图形图像的检索、显示功能,会商资料集的检索、创建、增加、播放、备份和删除功能,会商过程中天气符号、天气区的标注增加、删除功能、天气会商结论生成和发布功能。

第5章
民航气象地面观测业务

地面观测是航空气象工作的基础,是航空气象业务的重要组成部分,与飞行安全有着密切关系。地面观测的主要任务是:向有关空中交通服务部门、航空营运人和其他有关部门提供机场气象情报;为民用航空飞行安全、正常和效率服务;为航空气象预报和科学研究提供依据;为机场气候分析积累历史资料。

本章介绍地面观测业务的总体要求、各气象要素的观测方法、观测资料的处理以及与地面观测密切相关的一些航空知识。

5.1　地面观测业务总体要求

航空气象地面观测主要是借助目力和仪器观察和测量本站及视区,尤其是机场跑道和进近着陆地带及起飞爬升区域的有关气象要素及其变化,并按照规定的标准、格式编制和发布这些要素。

地面观测业务由机场气象台(站)按照《中华人民共和国民用航空行业标准:民用航空气象第一部分:观测和报告》和《民用航空气象地面观测规范》组织实施。地面观测方式分为人工观测和自动观测两种,其中人工观测又包括人工目测和人工器测。

5.1.1　观测资料的代表性、准确性和比较性

气象观测是在自然条件下进行的。由于大气是湍流介质,造成气象要素值在空间分布上的不均一以及在时间上具有脉动变化的特点。因此,观测资料要求具有代表性、准确性和比较性。

5.1.1.1　代表性

代表性是指所测得的某一要素值,在所规定的精度范围内,不仅能够反映该要素测点的局地情况,而且能够反映测点周围一定范围内特别是机场跑道和进近着陆地带及起飞爬升区域的平均情况。

5.1.1.2　准确性

准确性是指观测资料反映气象要素的真实程度。它取决于仪器和观测方法上的精度,也取决于所获取资料的代表性程度。为了提高地面观测资料的准确性,一般繁忙机场除了配备常规的观测仪器外,还配备了气象自动观测系统。该系统能够测量跑道不同区域的能见度、跑道视程、风向风速、气温,甚至包括道面温度。

5.1.1.3　比较性

比较性是指不同站点同一时间取得的同一要素值能够进行相互比较,并显示出这个要素的地区分布特征;另外也指同一站点不同时间的同一要素能进行比较,以说明要素随时间的变化特征。

观测记录的比较性,实际上也说明观测记录具有代表性和准确性。观测资料的代表性、准确性和比较性,并不是孤立的,而是互相联系的。

5.1.2 观测场所

观测场所是指观测场、观测监控室、观测平台和沿跑道区域等用于观测员实施观测以及安装观测仪器设备的场所。

5.1.2.1 观测场

观测场是取得地面气象观测资料的基本场所。按照行业规范要求,观测场设在能较好地反映机场气象要素特点的地方,避免局部地形的影响;观测场四周必须空旷平坦,与周围大部分地区的自然地理条件基本相同,土壤性质与附近地区的基本一致;海拔高度尽可能接近机场跑道的海拔高度,宜选择在跑道头向内约 300 m 处且符合升降地带要求的地方并要避开飞机发动机尾部气流和其他非自然气流经常性的影响,不应当选择在大面积的水泥地面附近;观测场四周 10 m 范围内不应当存在 1 m 以上高度的农作物或树木。观测场面积一般为 25 m×25 m,个别机场因条件限制可按比例缩小,最小不得小于 16 m×16 m。图 5.1 是某机场气象观测场的照片。

图 5.1　机场气象观测场

5.1.2.2 观测监控室

观测监控室是观测人员的室内工作场所,监控室内安置了各种观测仪器设备。为便于随时监视天气变化,观测监控室一般为四面有玻璃窗的建筑物。监控室距离观测场不宜太远,以便于观测值班员操作。随着科技的发展,一些繁忙机场的观测监控室除了配备必需的地面观测仪器外,还配备了卫星云图显示终端和天气雷达回波显示终端,为观测员了解天气背景和云系发展趋势提供帮助。图 5.2 是某机场观测监控室的照片。

图 5.2　观测监控室

5.1.2.3　观测平台

观测平台是为了进行目测而设立在观测监控室旁的固定场所,视野开阔,高度一般不超过地面5 m。观测员在平台上能目视跑道全貌和视野内的地平线,便于观测机场区域的云、能见度和天气现象的演变情况。

5.1.2.4　沿跑道观测区域

该区域是指沿跑道安装观测仪器的区域,一般距跑道中心线一侧 120 m、距跑道端向内约 300 m。

5.1.3　观测仪器设备

机场气象台(站)根据其所属机场的类别和运行标准,配备相应的观测仪器和设备,包括常规观测仪器仪表、气象自动站和气象自动观测系统。所有机场都配备一套常规观测仪器仪表。支线机场还配备一至两套气象自动站;干线机场和枢纽机场配备气象自动观测系统。

5.1.3.1　常规观测仪器仪表

常规观测仪器仪表是指可独立使用的用于测量气温、湿度、气压、风向风速、降水量和积雪深度等数据的传统器测仪器仪表,包括干湿球温度表、气压仪、风向风速仪、雨量器、固定量雪尺等。常规观测仪器设备安装的一般要求见表 5.1。

表 5.1　常规观测仪器安装要求

项目	安装要求
百叶箱	1. 百叶箱应当水平地用角铁或螺钉牢固地安装在观测场内特制的箱架上,箱门应当朝正北; 2. 箱架顶端应当高出观测场地 1.25 m,下端牢固埋入地下。采用独柱形支撑架时,应当设置固定的地基底座; 3. 箱内靠近箱门的顶板上,应当安装一盏不超过 25 W 的白炽灯照明。

项目	安装要求
干湿球温度表	1. 干湿球温度表垂直悬挂在百叶箱内,安装在温度表支架横梁两侧的环内。干球温度表在东侧,湿球温度表在西侧,球部向下,球部中心距地面 1.5 m。 2. 湿球温度表球部包扎纱布,纱布长约 10 cm,下部浸入一个带盖的专用水杯内,杯口距湿球球部约 3 cm,杯中盛蒸馏水。 北方地区当气温降低到 −30.0℃ 时,应当将酒精温度表垂直地悬挂在干球温度表的近旁,球部距地面 1.5 m。
最高、最低气温表	1. 最高气温表安装在温度表支架下方靠里面的一对弧形钩上,其球部朝东,球部中心距地面 1.53 m; 2. 最低气温表水平地安装在温度表支架下方靠外面的一对弧形钩上,其球部朝东,球部中心距地面 1.52 m。
毛发湿度表	1. 毛发湿度表在气温降到 −10.0℃ 前一个月左右,垂直地悬挂在百叶箱内; 2. 毛发湿度表的上部使用螺钉固定在温度表支架上部的横梁上。
风向风速仪	1. 风杆应当垂直地面固定牢固并安装避雷装置,必要时安装障碍灯; 2. 风杯中心距地面 10 m,指北杆对准正北方向。
雨量器	1. 雨量器安装在观测场内专用的铁架上,铁架埋设牢固,筒口保持水平,高出地面 0.7 m; 2. 在历年最大积雪深度超过 0.3 m 的地区,安装高度可增高到 1.0～1.2 m。
气压仪	振筒气压仪水平地放置在室内无震动的平台上,所处环境空气流通(但无明显风感),周围无强磁场,电源无强烈干扰,环境温度在短时间内不发生剧烈变化。
固定量雪尺	固定量雪尺垂直安装在气象观测场内雨量筒两侧,其间距不应当小于 6 m。

5.1.3.2 气象自动站和气象自动观测系统

气象自动站是一套小型气象自动观测设备,由风向风速、气温、气压、湿度、降水量等传感器构成。气象自动观测系统一般包括大气透射仪、风向风速仪、气温、气压、湿度、降水量、云高仪、道面温度传感器等气象要素传感器。气象自动站和气象自动观测系统都具备数据探测采集、数据处理和远程数据显示功能的自动化系统。有关气象自动观测系统的详细介绍请见第 6 章。

5.1.4 时制和日界

民用航空气象地面观测采用协调世界时(UTC),对外服务以 24 时为日界。观测资料统计以 16 时为日界。

5.1.5 观测种别、时次、项目及时距

5.1.5.1 观测种别

地面观测分为例行观测、特殊观测和事故观测三种。其中,例行观测是指按指定的时间、次数和项目对有关气象要素进行的观测,通常每一小时观测一次,因机场运行需要也可每半小时观测一次。特殊观测是对例行观测的补充,是指在两次例行观测时间之间,当云、垂直能见度、主导能见度、天气现象、跑道视程、地面风向风速、气温、气压等要素中的一种或几种达到规定的数值时而进行的观测。事故观测是指当值班观测员得知本场或本场附近区域发生飞行等级事故或与航空气象服务有关的意外事件后立即进行的观测。事故观测力求及时、全面。事故观测资料是进行航空事故调查的重要资料之一。

5.1.5.2 观测时次

依据机场类别、等级和繁忙程度的不同,例行观测时次分为 24 小时观测、13 小时观测和不定时观测三种。24 小时观测是指每日 16:00UTC 至次日 16:00UTC 每小时一次或每半小时一次的观测。13 小时观测是指每日 00:00UTC 至 12:00UTC 每小时一次或每半小时一次的观测。不定时观测是指在有飞行活动期间每小时一次或每半小时一次的观测。凡参加气象情报国际交换的气象台(站)实施 24 小时有人值守的观测;每周起降少于 20 架次且没有配备自动观测设备的机场气象台(站)实施不定时观

测,即每当有飞行任务时才进行观测;其他实施 13 小时观测。

5.1.5.3　观测项目和观测时距

观测项目按表 5.2 确定。观测时距是指某种观测所规定的持续时间。例行观测时距为 10 min,特殊观测时距为 5 min,事故观测时距由值班观测员根据情况自行决定。

表 5.2　观测种别及项目

观测种别		观测时次	观测项目
例行观测		13 小时观测 或 24 小时观测	云、垂直能见度、主导能见度、跑道视程、气象光学视程、天气现象、地面风、气压、气温、湿度、最高气温、最低气温、降水量、积雪深度
		不定时观测	云、垂直能见度、主导能见度、跑道视程、气象光学视程、天气现象、地面风、气压、气温、湿度
特殊观测	人工		云、垂直能见度、主导能见度、天气现象、地面风、气压、气温中的一项或多项
	自动		云、垂直能见度、主导能见度、跑道视程、气象光学视程、天气现象、地面风、气压、气温、湿度
事故观测			同 24 小时例行观测项目

5.1.6　观测流程

观测流程是指观测员实施观测时所遵循的操作顺序。观测员按照先室外后室内,先目测后器测的顺序进行观测。一般在观测前观测员要巡视仪器、仪表,保证仪器、仪表处于正常运行状态,观察各个方位的天气状况,然后回到室内进行室内项目的观测,经检查无误后编发机场天气报告。

夜晚观测时为了减少因视觉不适应造成的目测误差,一般要在室外光线较暗处停留片刻,使眼睛适应室外环境后再开始观测。当观测地点附近有强光源时,应尽量避开强光源对眼睛的刺激。

5.1.7　观测记录

观测记录是指观测簿数据记录,它是航空气象地面观测最重要也是最基本的资料。观测记录作为航空气象业务的基础资料要永久保存。各要素的记录单位和精度要求见表 5.3。

表 5.3　气象要素的单位和记录精度

气象要素	单位	记录精度
云量	八分单独量制(一般气象台站用十分制)	整数
云高	米(m)	整数
冰雹最大直径	毫米(mm)	整数
冰雹最大重量	克(g)	整数
本站气压	百帕(hPa)	一位小数
场面气压	百帕(hPa)	一位小数
修正海平面气压	百帕(hPa)	一位小数
气温	摄氏度(℃)	一位小数
露点温度	摄氏度(℃)	一位小数
相对湿度	百分数(%)	整数
风向	度(°)	10°
风速	米/秒(m/s)	整数
降水量	毫米(mm)	一位小数
积雪深度	厘米(cm)	整数

续表

气象要素	单位	记录精度
主导能见度	米(m)	整数
垂直能见度	米(m)	整数
跑道视程	米(m)	整数
气象光学视程	米(m)	整数

5.1.8 天气报告

天气报告是地面气象观测主要的服务方式。观测员遵照有关标准编发天气报告。这些报告包括用于航空气象情报交换的电码格式的机场例行天气报告(METAR)和特殊天气报告(SPECI),还包括提供给本机场内用户使用的英文简语格式的航空天气报告(MET REPORT)和特殊天气报告(SPECIAL)。

5.2 地面风

地面风(以下简称风)是指能够代表跑道接地地带 10 m 高度上的平均风向、风速以及风向和风速的重大变化。飞机的起飞、着陆以及起降方向的选择都要考虑地面风的影响。风的观测内容包括:平均风向、平均风速、阵风、静风、大风、极大风速。用于 MET REPORT、SPECIAL 报告及空中交通服务部门时,采用 2 min 平均值;用于 METAR 和 SPECI 报告时,采用 10 min 平均值。

用目力测风是气象观测员的一项基本技能。当遇有测风仪器故障等特殊情况时需要用目力测定风向风速。根据风对地面或水面物体的影响而引起的各种征象,将风力大小分为 13 个等级(表 5.4)。如以目测风力作为正式记录,则应记录风力等级并将其转换成相应的风速(米/秒)的中数予以记录和报告。判断风向时,根据风对地面物如炊烟、旌旗、布条展开的方向及人体的感觉等方法,按十六方位进行估计。

表 5.4 风力等级

风力等级	名称	海面大概波高 m		海面和渔船征象	陆上地物征象	相当于平地 10 m 高处的风速(m/s)	
		一般	最高			范围	中数
0	静风	—	—	海面平静	静、烟直上	0.0~0.2	0.0
1	软风	0.1	0.1	微波如鱼鳞状,没有浪花。一般渔船正好能使舵	烟能表示风向,树叶略有摇动	0.3~1.5	1.0
2	轻风	0.2	0.3	小波、波长尚短,但波形显著,波峰光亮但不破裂。渔船张帆时,可随风移行每时 1~2 海里	人面感觉有风,树叶有微响,旗子开始飘动。高的草开始摇动	1.6~3.3	2.0
3	微风	0.6	1.0	小波加大,波峰开始破裂;浪沫光亮,有时有散见的白浪花。渔船开始簸动,张帆随风移行每小时 3~4 海里	树叶及小枝摇动不息,旗子展开。高的草,摇动不息	3.4~5.4	4.0
4	和风	1.0	1.5	小浪,波长变长;白浪成群出现。渔船满帆时,可使船身倾于一侧	能吹起地面灰尘和纸张,树枝动摇。高的草,呈波浪起伏	5.5~7.9	7.0
5	清劲风	2.0	2.5	中浪,具有较显著的长波形状;许多白浪形成(偶有飞沫)。渔船需缩帆一部分	有叶的小树摇摆,内陆的水面有小波。高的草,波浪起伏明显	8.0~10.7	9.0

续表

风力等级	名称	海面大概波高 m		海面和渔船征象	陆上地物征象	相当于平地 10 m 高处的风速(m/s)	
		一般	最高			范围	中数
6	强风	3.0	4.0	轻度大浪开始形成;到处都有更大的白沫峰(有时有些飞沫)。渔船缩帆大部分,并注意风险	大树枝摇动,电线呼呼有声,撑伞困难。高的草,不时倾伏于地	10.8～13.8	12.0
7	疾风	4.0	5.5	轻度大浪,碎浪而成白沫沿风向呈条状。渔船不再出港,在海者下锚	全树摇动,大树枝弯下来,迎风步行感觉不便	13.9～17.1	16.0
8	大风	5.5	7.5	有中度的大浪,波长较长,波峰边缘开始破碎成飞沫片;白沫沿风向呈明显的条带。所有近海渔船都要靠港,停留不出	可折毁小树枝,人迎风前行感觉阻力甚大	17.2～20.7	19.0
9	烈风	7.0	10.0	狂浪,沿风向白沫呈浓密的条带状,波峰开始翻滚,飞沫可影响能见度。机帆船航行困难	草房遭受破坏,屋瓦被掀起,大树枝可折断	20.8～24.4	23.0
10	狂风	9.0	12.5	狂涛,波峰长而翻卷;白沫成片出现,沿风向呈白色浓密条带;整个海面呈白色;海面颠簸加大有震动感,能见度受影响,机帆船航行颇危险	树木可被吹倒,一般建筑物遭破坏	24.5～28.4	26.0
11	暴风	11.5	16.0	异常狂涛(中小船只可一时隐没在浪后);海面完全被沿风向吹出的白沫片所掩盖;波浪到处破成泡沫;能见度受影响,机帆船遇之极危险	大树可被吹倒,一般建筑物遭严重破坏	28.5～32.6	31.0
12	飓风	14.0	—	空中充满了白色的浪花和飞沫;海面完全变白,能见度严重地受到影响	陆上少见,其摧毁力极大	32.7～36.9	35.0

5.3　能见度

能见度是指视力正常的人,在当时的天气条件下,能够从天空背景中看到和辨认出目标物(黑色,大小适度)的最大距离;夜间则能看到和确定出一定强度灯光的最大水平距离。能见度对航空飞行来说尤为重要,它是影响飞行活动最经常、最直接的气象要素之一。

5.3.1　能见度的观测

能见度属于目测项目,由观测员用肉眼进行观测,以米为单位。观测员通过观察各方位的能见度目标物并借助能见度目标物(灯)分布图判断当时的能见度数值,有时也可参考大气透视仪等仪器测量的气象光学视程值来确定能见度。图 5.3 是某机场气象观测能见度目标物分布图。

白天的能见度主要由目标物与背景的亮度对比来决定。观测员可根据该方向不同距离上目标物的能见情况测定能见度。夜间由于光照不足,应当根据目标灯的能见情况来测定能见度。为了准确测定夜间能见度,值班观测员应当十分注意傍晚前的能见度情况及其入夜后的变化,观测前应当先在暗处停留至少 5 分钟,待眼睛适应环境后再进行观测。傍晚时,如果没有出现影响能见度的天气现象,或者天气现象在强度上没有明显变化,则可以判定天黑后的能见度大致和傍晚相同。如果出现了影响能见度的天气现象及其强度不断增强时,能见度将相应减小;反之,影响能见度的天气现象减弱或消失时,能见度将相应增大。

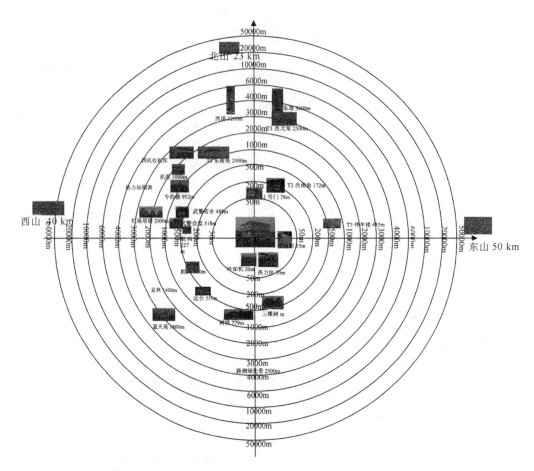

图 5.3　能见度目标物(灯)分布图

湿度和风等气象要素的变化,对能见度的变化也有影响,在判定能见度时,可结合它们的变化情况来考虑。通常,在风速较小且湿度不断增大时,能见度将相应变差;反之,湿度明显减小时,能见度将相应增大。当地表干燥而风速增大时,尘土易被风吹起,使空气浑浊,能见度将相应减小;反之,风速减小时,能见度将相应增大。靠近城市工矿区的机场,应当特别注意风向的变化,当处于下风方向时,常因工矿区炊烟的影响而使能见度很快变坏。

黄昏拂晓时观测能见度,除根据白天和黑夜能见度的观测方法外,还可参考一些空中征候。黄昏拂晓时观测不发光的目标时,即使大气透明度很好,它们的能见距离也会受到很大的限制,这主要是因为视野范围内景物的亮度大大减弱的缘故。因此,用白天目标物来观测能见度时就应当充分考虑这一点,不能一律看待。黄昏拂晓时用目标灯来测定能见度时,如果大气透明度和目标灯的距离没变,则能见距离比明夜要小一些,比暗夜则更小。日出前,天空呈浅蓝色,表示能见度好;若东方的天空呈红色,表示水汽凝结物较多,能见度较差。若天边浑浊不清,表示空中有烟尘,能见度较恶劣。观测员还可参照本地日出日落的颜色来判定。

5.3.2　能见度的分类

根据观测的高度、方向、地域和观测方式的不同,能见度分为主导能见度、最小能见度、气象光学视程(MOR)、飞行能见度、倾斜能见度、垂直能见度、跑道能见度。

主导能见度指观测点四周一半或一半以上的视野范围内都能达到的最大水平距离。

最小能见度指能见度因方向而异时,其中最小的能见距离。

气象光学视程指色温为 2700 K 时白炽灯发出的平行光束被大气吸收和散射后,光束衰减到 5％ 时所通过的距离。这个数值就是能见度的物理学的表达方式。

飞行能见度指从飞行中的航空器驾驶舱往前看时的能见距离。

倾斜能见度指从飞行中的航空器驾驶舱观察未被云层遮蔽的地面上的明显目标物（夜间则为规定的灯光）时,能够把它辨认出来的最大距离。

垂直能见度指垂直方向上的最大能见距离。

跑道能见度指从跑道的一端沿跑道方向可以辨认跑道本身或接近跑道的目标物（夜间为指定的跑道边灯）的最大距离。

本节重点介绍主导能见度、气象光学视程和垂直能见度。

5.3.2.1　主导能见度

主导能见度指观测点四周一半或一半以上的视野范围内都能达到的最大水平距离。这些范围可以是连续的,也可以是不连续的。主导能见度代表机场及其附近区域的能见度情况。

例如:观测站点四周各方位能见度分布状况如图 5.4 所示。分别为 5000 m、4500 m、4000 m 和 3000 m。大于等于 4500 m 的视野范围达到一半以上。所以,主导能见度应判定为 4500 m。

主导能见度主要用于 METAR 和 SPECI。由于能见度对飞行安全具有重要影响,所以当主导能见度降低到小于演变记录标准值（一般为 SPECI 报告标准中的最大值）时,要进行主导能见度演变观测并按有关标准的规定报告演变情况。

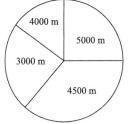

图 5.4　观测点四周
能见距离示意图

5.3.2.2　气象光学视程

气象光学视程是指色温为 2700 K 时白炽灯发出的平行光束被大气吸收和散射后,光束衰减至 5% 时所通过的距离。其主要用于 MET REPORT 和 SPECIAL 以及向空中交通服务部门提供的天气报告。

根据 MOR 的定义,MOR 值不是由观测员目测得到的,而是由仪器探测得到的。所以在观测业务中,只有配备 MOR 探测仪的机场,才进行 MOR 的观测。一般情况下,MOR 值取 1 min 平均值。当需要通报跑道能见度时,可用 MOR 代替。当使用自动方式发布 METAR 时,主导能见度采用 10 min 平均的 MOR 值。

5.3.2.3　垂直能见度

当天空被天气现象所遮蔽,无法判定云量、云状和云底高度时,观测垂直能见度。垂直能见度的观测,主要通过观测垂直方向上大气的浑浊程度来判断。具体有两种观测方法:一种方法是根据已知高度的目标物通过目测判定;另一种方法是使用自动观测仪器测量。

5.4　跑道视程

跑道视程是在低能见度期间向飞行员、空中交通服务部门和其他航空用户提供的有关跑道能见度条件的信息。尤其是天气条件处于机场起降特定的最低运行标准上下时,需要用跑道视程来评估天气情况。它是指在跑道中心线上,航空器上的驾驶员能看到跑道上的标志或跑道边界灯或中线灯的距离。严格来说,跑道视程是指从航空器的接地地点看到的能见距离。但在实际上是不可能到跑道中间去观测的,这就要选择一个能代替接地地点的位置,使测量出的能见距离尽可能和在接地地点测量的一致。根据国际民航组织建议,这个位置设在离跑道中线一侧不超过 120 m 处。代表接地地带的观测,其观测位置设在沿跑道,离入口处约 300 m;代表跑道中间地段和较远地段的观测位置,设在沿跑道入口约 1000~1500 m,但要离跑道另一端 300 m。决定这些点和必要时增加的点的确切位置时,要综合考虑航空、气象和气候因素。

当主导能见度或正在使用的跑道接地地带的跑道视程值小于 1500 m 时,观测和报告跑道视程。

用于 METAR 报告和 SPECI 报告的跑道视程为 10 min 平均值,该值代表正在使用的跑道接地地带。当使用的跑道不止一条时,用几组数值分别代表不同跑道的接地地带的跑道视程。用于 MET REPORT 报告和 SPECIAL 报告时,为 1 min 平均值。该值代表正在使用的跑道接地地带,若中间地带和停止端配置了探测仪,也要报告中间地带和停止端的跑道视程值。当使用的跑道不止一条时,要分别观测和报告不同跑道和位置的跑道视程值。

跑道视程数值的大小与跑道灯光的强度有关。当其数值小于起飞、着陆要求时,有关部门会将跑道灯光强度调大,以提高机场运行的安全性和正常性。最大灯光强度级数为 5 级。

5.5 云

云对航空活动有着直接的影响。低云能影响飞机起飞和着陆;在云中飞行有时会遇到积冰、颠簸或雷击。因此,正确地观测云对了解大气的物理状况,掌握天气变化规律以及保障飞行安全是十分重要的。

5.5.1 云的分类

根据航空保障需要,我国航空气象业务中将云分为高云族、中云族、低云族三族九属十四类(与一般气象业务上云的分类略有不同)(表 5.5)。

表 5.5 云状分类表

云族	云属	云类	
		中文名	简写
低云	积云	淡积云	Cu
		碎积云	Fc
		浓积云	Tcu
		积雨云	Cb
	层积云	层积云	Sc
	雨层云	雨层云	Ns
		碎雨云	Fn
	层云	层云	St
		碎层云	Fs
中云	高层云	高层云	As
	高积云	高积云	Ac
高云	卷层云	卷层云	Cs
	卷积云	卷积云	Cc
	卷云	卷云	Ci

5.5.2 云的观测

云的观测内容包括云量、云状、云底高度以及低云演变。观测的重点区域是机场及其附近区域上空和进近着陆、起飞爬升区域上空。

云量是指云遮蔽天空视野的份数,采用八分量制,即将天空分为八等份,观测员通过目测判定被云遮蔽的份数。云量观测项目有总云量、低云量、中云量、高云量和分云量。总云量是指天空被所有云(不论云的种类和层次)共同遮蔽的份数。低云量是指低云族各类云共同遮蔽天空的份数。中云量是指中云族各类云共同遮蔽天空的份数。高云量是指高云族各类云共同遮蔽天空的份数。分云量是指天空中不同类别的云的各自云量,包括被下层云遮蔽但有根据可以估计的云量。

云状是指云的外部形状。观测员根据云的外形特征、结构、色泽、排列、高度、连续演变过程以及伴随的天气现象用目力判定云状。不同天空背景下云的外观、颜色会有所不同,特别是在不同天气条件的夜晚,云的观测难度会大大增加,观测员需要不断积累经验才能掌握准确判定云状的技能,必要时可借助云高仪。

云高是指云底距机场标高的垂直距离。云高的观测方法有目力测定和仪器测量两种。目测云高一般根据云状、云体结构、云块大小、亮度、颜色、移动速度以及经验进行估测;器测云高主要用云幕灯、激光测云仪等仪器测量。

当某层低云云量大于或等于 5/8,且云底高度小于本场低云演变记录标准时,要观测和记录云的演变情况。云的演变记录格式为:云状(云高器测符号)时分或云状(云高)时分。

5.6　天气现象

天气现象是指大气中或地面上所产生的除云以外的各种物理现象,它包括降水现象、烟尘现象、雾现象、雷电现象、地面凝结现象等。详见表 5.6。

表 5.6　天气现象类别种别名称和记录简字表

类别	种别	记录简字	类别	种别	记录简字
降水现象	雨	RA	雾现象	轻雾	BR
	阵雨	SHRA		浅雾	MIFG
	毛毛雨	DZ		雾	FG
	冻雨	FZRA			
	冻毛毛雨	FZDZ		冻雾	FZFG
	雪	SN		碎雾	BCFG
	阵雪	SHSN		部分雾	PRFG
	霰	GS	风沙现象	扬沙	SA
	米雪	SG		高吹沙	BLSA
	雨夹雪	RASN/SNRA		低吹沙	DRSA
	阵性雨夹雪	SHRASN/SHSNRA		高吹尘	BLDU
	冰粒	PL		低吹尘	DRDU
	冰雹	GR		沙暴	SS
	小冰雹	GS		尘暴	DS
	冰针	IC	风暴现象	大风	GA
烟尘现象	烟	FU		飑	SQ
	浮尘	DU		龙卷	FC
	霾	HZ		尘/沙旋风	PO
	火山灰	VA	地面凝结现象	霜	FR
吹雪现象	高吹雪	BLSN		雾凇	RI
	低吹雪	DRSN		雨凇	VG
雷电现象	雷暴	TS	积雪现象	积雪	PS

正确地观测天气现象,准确地判断它的强度,不但对保障飞行安全起到重要的作用,同时对分析、预报天气和了解气候情况十分重要。

观测员观测机场及其附近区域,特别是进近着陆区域和起飞爬升区域所发生的天气现象。在观测进近着陆区域或起飞爬升区域的天气现象时,以航空器报告或其他设备探测的结果为依据。观测员一般是在观测场或观测平台用目力观测天气现象。当使用天气现象传感器测量时,一般结合目测判定。

天气现象的观测包括其类别、种别、性质、强度、出现(消失)时间,对于雷暴、龙卷等现象还包括出现(终止)方向和移动方向。

5.6.1 降水现象

降水现象是指液态和/或固态的水汽凝结物或冻结物从云中或空中降落到地面的现象。包括:雨、冻雨、阵雨、毛毛雨、冻毛毛雨、雪、阵雪、米雪、雨夹雪、阵性雨夹雪、霰、冰粒、冰雹、小冰雹、冰针。观测员根据降水物的形态和下降的情况以及当时的云层、降水形成的条件等进行分析、判定降水的种别。

主要的降水现象的特征和区别见表 5.7。降水(除冰针外)的强度分为三级,即小、中、大,按表 5.8进行判定。降水的特性分为连续性、间歇性和阵性三种。不同的降水特性反映着不同云层的内部气流运动的状况,因此,观测时应当根据降水强度变化的缓急、持续时间的长短和降自何种云层来判定。

表 5.7　主要的降水现象的特征和区别

天气现象	直径(mm)	外形特征及着地特征	下降情况	一般降自云层	天气条件
雨	≥0.5	干地面有湿斑,水面起波纹	雨滴可辨,下降如线,强度变化较缓	Ns,As,Sc,Ac	气层较稳定
阵雨	>0.5	同上,但雨滴往往较大	骤降骤停,强度变化大,有时伴有雷暴	Cb,Tcu	气层不稳定
毛毛雨	<0.5	干地面无湿斑,慢慢均匀湿润,水面无波纹	稠密飘浮,雨滴难辨	St,Fs	气层稳定
雪	大小不一	白色不透明六角或片状结晶,固体降水	飘落,强度变化较缓	Ns,Sc,As,Ac,Ci	气层稳定
阵雪	同上	同上	飘落,强度变化较大,开始和停止都较突然	Cb,Cu,Sc	气层较不稳定
雨夹雪	同上	半融化的雪(湿雪)或雨和雪同时下降	同雨	Ns,Sc,As,Ac	气层稳定
阵性雨夹雪	同上	同上	强度变化大,开始和停止都较突然	Cb,Cu,Sc	气层较不稳定
霰	2~5	白色不透明的圆锥或球形颗粒,固态降水,着硬地常反跳,松脆易碎	常呈阵性	Cb,Sc	气层较不稳定
米雪	<1	白色不透明,扁长小颗粒,固态降水,着地不反跳	均匀、缓慢、稀疏	St,Fs	气层稳定
冰粒	1~5	透明丸状或不规则固态降水,有时内部还有未冻结的水,着地常反跳,有时打碎只剩冰壳	常呈间歇性,有时与雨伴见	Ns,As,Sc	气层较稳定
冰雹	>5	坚硬的球状、锥状或不规则的固态降水,内核常不透明,外包透明冰层或层层相间,着地反跳,坚硬不易碎	阵性明显,常伴随雷阵雨出现	Cb	气层不稳定(常出现在夏、春、秋季)

表 5.8　降水现象强度判定表

降水现象	强度		
	小(轻)	中常	大(浓、强)
雨/阵雨/冻雨	雨滴清晰可辨,雨声细弱,水注形成慢或形成不了水注;或降雨强度≤2.5 m/h	雨落如线,雨滴不易分辨,水注形成较快;或降雨强度为2.6~8.0 mm/h	雨落如倾盆,模糊成片,雨声如擂鼓,水潭形成极快;或降雨强度≥8.1 mm/h
毛毛雨/冻毛毛雨/雪/阵雪/雨夹雪/阵性雨夹雪	主导能见度≥1000 m	主导能见度 500~1000 m	主导能见度<500 m
霰/冰粒/米雪/小冰雹/冰雹	下降量少,散落于地,无明显累积现象	下降量一般,累积缓慢	下降量大,累积迅速

5.6.2　雾现象

雾现象是由大量的小水滴或小冰晶在一定的条件下浮游在近地面空气层中造成,它的出现能导致能见度不同程度的减小。雾的颜色多为乳白色,在工厂区可稍带黄色或灰色。本节中所述的雾现象包括雾、轻雾、浅雾、部分雾、碎雾、冻雾。各种雾现象的定义如下:

雾,是指近地面空气中水汽凝结或凝华而使主导能见度降低到小于 1000 m 的现象。在雾中有时能分辨天顶状况,有时不能分辨天顶状况。

轻雾是指近地面空气中水汽凝结或凝华而使主导能见度降低到 1000 m(含)至小于 10000 m 的现象。是由悬浮在空气中的微小水滴或者吸湿性粒子构成的灰白色的稀薄雾幕,出现时使远处景物朦胧不清,相对湿度通常在 75% 以上。

浅雾是指弥漫在近地面层,上限高度不超过 2 m,多呈不连续的带状或片状。在实际工作中,可能由于浅雾遮蔽跑道标记和跑道灯光而发生问题。

部分雾是指覆盖机场重要部分的雾,其余部分是晴空,多指影响机场局部区域的平流雾。雾中能见度<1000 m,雾扩散到离地≥2 m 高度。

碎雾是指碎片状雾。在雾中能见度<1000 m,雾外能见度≥1000 m,雾扩展到离地≥2 m 高度。

冻雾包括冻结的和过冷的两种。冻结的指地面产生了雾凇;过冷的指由过冷水滴组成的雾,即温度虽在 0℃以下,仍未冻结的雾。此时,不论是否有雾凇形成,都应当视为冻雾。判定冻雾时,主导能见度<1000 m。

5.6.3　风沙现象

风沙现象是指大量的沙土被风吹起飘浮空中,使能见度变坏的现象。观测员根据天气现象出现时的特征、风速大小(扰动气流强弱)和影响能见度的程度来判定风沙现象的种别。

5.6.3.1　风沙现象种别特征

扬沙是由于较大的风或较强的扰动气流将大量的沙粒、尘土从地面吹起,使微小颗粒悬浮于空气中,使空气相当浑浊,阳光减弱,天空颜色发黄,主导能见度下降到 1000 m 至小于 10000 m 的现象。

高吹沙是测站或其附近细小沙粒被风吹起,吹沙高度≥2 m,使主导能见度下降到 1000 m 至小于 10000 m 的现象。

低吹沙是测站或其附近细小沙粒被风吹起,吹沙高度小于 2 m。

沙暴是由于强风或强烈的扰动气流将地面大量沙粒猛烈地卷入空中,使空气非常混浊的现象。出现时黄沙滚滚,遮天蔽日,阳光昏暗。天空呈土黄色,垂直能见度恶劣,主导能见度<1000 m。沙暴行进前沿形成一堵宽广而高耸的沙墙,沙粒被卷起的高度随风和不稳定度的增加而升高。

高吹尘是测站或其附近尘土被风吹起,吹尘高度≥2 m,使主导能见度下降到 1000 m 至小于 10000 m 的现象。

低吹尘是测站或其附近尘土被风吹起,吹尘高度小于 2 m 的现象。

尘暴是指灰尘微粒被混乱狂风猛烈地卷起的现象。常在高温、干燥和多风的天气条件下产生,尤其是在无云的冷锋前沿出现。典型微粒的直径不到 0.08 mm 且被卷起的程度远比沙粒高。出现时,主导能见度<1000 m。

出现低吹尘、低吹沙现象时,主导能见度有可能在 10 km 或以上。

5.6.3.2　风沙强度的判定

低吹尘、低吹沙、高吹尘、高吹沙不判定强度。尘暴和沙暴仅当为中度或严重时才需判定强度,判定标准是:中等的沙暴/尘暴,主导能见度≥500 m 至小于 1000 m;强的沙暴/尘暴,主导能见度<500 m。

5.6.4　烟、尘、霾现象

烟、尘、霾现象是指大量细小的烟粒、盐粒和尘土等固体杂质在逆温层下聚集而悬于空中,致使空气混浊,主导能见度<10000 m 的现象。观测员根据悬浮物的性质、天空以及远处景物的颜色来判定其种别。

烟是指大量细小的烟粒浮游于近地面空气层中,使主导能见度小于 10000 m 的现象。出现时天空呈黑色、灰色或褐色,太阳呈红色或淡红色,浓时可闻到烟味。一年中以冬季出现最多,夏季最少。一日之中,早晨出现最多,中午最少。

浮尘是指大量的尘土末均匀地浮游于空中,使主导能见度小于 10000 m 的现象。多为扬沙、沙/尘暴天气过后或远处尘末随上层气流传播而来。前种情况的浮尘,一般风力较弱,后者往往伴随较大的风。有浮尘时,远处景物呈土黄色或褐黄色,太阳呈苍白色或淡黄色。

霾是指大量的极细小的微尘粒均匀浮游于空中,使空气混浊,主导能见度小于 10000 m 的现象。远山、森林等深色物体呈浅蓝色。太阳、雪山等光亮物体呈黄色或橘黄色。霾一般出现于逆温层之下,浓度通常随高度而增加,高度越高,能见度越坏。它可以由别处随风飘来,也可以由本地的细小杂质聚集而成。霾既可以出现于近地面层,也可出现于高空的某个层次。当它出现在上空某一高度时,容易将霾误认为卷层云。但有卷层云时往往有晕,或隐约地看出一些纤维结构,而有霾时,天空朦胧一片,看不出什么结构。

火山灰是指火山爆发所伴随的烟/灰尘现象。

5.6.5 雷电现象

雷电现象是积雨云云中、云间或云地之间产生的放电现象,分为雷暴(闪电兼有雷声或仅闻雷声而不见闪电)和远电(仅见闪电而不闻雷声)。

雷暴总是和积雨云相联系的,它是积雨云强烈发展的结果。当大气或云中的电位差达到一定数值时,就产生火花放电,即观测到闪电,强大电流通过时,又使空气迅速膨胀产生巨大的响声,即雷声。因光速大于声速,因此实际观测时总是先见闪电,后闻雷声。观测雷暴时不需区分强度。当雷暴与降水相伴出现时,报告的强度是指降水的强度。

5.6.6 风暴现象

风暴现象是指具有一定破坏力的强风现象。包括大风、飑、龙卷和尘卷风四种。风暴现象不仅风力强大,风向往往突变,而且常伴有强烈的扰动气流。风暴现象对飞机的起降和地面设施危害极大,一经发现,应当判定其种别,注意其强度、移动情况和持续时间。观测员根据风力的大小和空气旋转运动的情况来判定风暴的种别。下面列出了各种风暴现象的定义和特征说明。

大风是指瞬间风速≥17 m/s(或目测估计风力≥8 级)的风。它常出现在强冷空气过境、台风侵袭或雷暴来临的时候。

飑是指突然发生的持续时间短促的强风,常伴随雷雨出现。飑出现时常伴有风向突变、气温剧降、气压急升等现象。飑是一种天气系统的活动,它的产生与强冷锋过境或积雨云强烈发展有关。判定标准是:瞬时风速突然增加 8 m/s 或其以上至少维持 1 min,然后突然减小,而且维持时间内瞬时风速不小于 11 m/s。

龙卷又称漏斗云,一种强烈的旋风现象,表现为云柱或漏斗状云,发生在陆地上的称陆龙卷,发生在海面上的称海龙卷或称水龙卷。它是从积雨云或发展很旺盛的浓积云底部伸展出来的旋转下垂的漏斗状云柱,形同"象鼻子"。它的范围小,直径通常在几米至数百米之间,中心气压极低,有时悬挂在空中,有时触及地面或水面。一旦触及地面或水面,即产生猛烈的旋风,破坏力极大,能拔树倒屋。最猛烈的陆龙卷风速可高达 150 m/s。龙卷一般是垂直的,但有时因高空中风比地面风大,它的上部会顺气流方向倾斜。可根据倾斜方向,判断龙卷移动路径,争取及早避开。

尘/沙旋风即尘卷风,是指直径 2 m 以上,高度 10 m 以上的小旋风。

5.6.7 积雪和吹雪现象

积雪是指雪掩盖地面,达到站址视野面积一半或一半以上时的现象。

吹雪现象是指地面的积雪被风吹起,大量的雪片飞扬在空中的现象。吹雪高度超过 2 m 称为高吹雪,低于 2 m 称为低吹雪。

积雪和吹雪现象是我国北方地区常见的天气现象。由于积雪会改变跑道的摩擦系数,使跑道表面变得湿滑。所以当机场跑道上积雪达到一定程度时,飞机将无法安全起飞和降落。这时需要等降雪停止后,清除跑道及滑行道的积雪,才能允许飞机起降。在无降雪且跑道上也无积雪时,由于跑道附近区域有积雪,并因风力加大而产生吹雪现象时,也会影响到跑道的使用。

5.6.8　地面凝结现象

地面凝结现象是指水汽(雨滴)凝华(冻结)在地面或物体上的现象,包括霜、雾凇和雨凇。凝结现象在我国北方地区冬季十分常见,有时南方地区也会发生雾凇、雨凇等凝结现象,对交通运输、输电线路等造成影响。对机场而言,地面凝结现象会造成跑道表面结冰、结霜,影响飞机起飞和降落;造成停场飞机表面特别是机翼前缘结霜结冰,会影响飞机起飞时的升力,处置不当会导致飞行事故。因此,观测员冬季值班时要注意观察地面凝结现象的发生。

观测员根据附着在地面或物体上的凝结物的形态来判定地面凝结现象的种别。凝结现象的特征和区别见表 5.9。

表 5.9　凝结现象特征和区别表

天气现象	形状、性质	形成的有利条件	易附着物体
霜	白色较松脆的冰晶,呈刺状或冰珠	晴朗微风,湿度大的夜间,地面或地物温度在 0℃ 以下	水平和倾斜的表面上
雨凇	形状不定,表面光滑较坚硬,透明或毛玻璃状的冰层	温度低于 0℃ 出现降雨或毛毛雨时,一天任何时候都可能出现	物体水平面和迎风面增长快
雾凇	乳白色结晶层或粒状冰层,较松脆,受震易脱落	气温在 −3℃ 以下有雾或湿度大时,一天任何时候都可能出现	物体突出部分和迎风面上最多

5.7　气压

气压随时间和空间的变化反映了天气变化过程的基本特征,同时气压与飞行关系非常密切,是影响飞行安全的重要气象要素之一。航空器飞行的各个阶段都是按照气压高度表来确定高度的。航空气象地面观测业务中常用到的有本站气压、场面气压(QFE)、修正海平面气压(QNH)以及海平面气压等几种气压概念。

本站气压是指气象台(站)气压表(或传感器)所在高度处的气压。

场面气压是指飞机着陆地区(在跑道上)最高点的气压。

修正海平面气压是指场面气压按国际标准大气条件订正到海平面的气压。

海平面气压是指海平面高度上的气压,通常指本站气压订正到海平面高度处的气压。

5.7.1　场面气压的计算

场面气压一般利用本站气压,通过对气压仪(气压传感器)的拔海高度与跑道入口端最高点的拔海高度之间的高度差进行气压订正得出。步骤和方法如下。

根据本站气压值从表 5.10 中查取单位高度气压差值(a)。将单位高度气压差值代入(5.1)式,计算场面气压订正值(C_P)

$$C_P = (h - h')a \tag{5.1}$$

式中 h 为气压仪的拔海高度,h' 为跑道入口端最高点的拔海高度(见图 5.5)。从图 5.5 可以看出:当 $h = h'$ 时,$C_P = 0$,$h < h'$ 时,$C_P < 0$,$h > h'$ 时,$C_P > 0$。

将场面气压订正值（C_P）和本站气压值（P）相加,其代数和就是场面气压（QFE）值。如(5.2)式

$$QFE = P + C_P \qquad (5.2)$$

例:本站气压 1013.5 hPa,气压传感器拔海高度 765 m,跑道入口端最高点 760 m。

查表 5.10 得 $a = 0.13$

$$C_P = (765 - 760) \times 0.13 \approx 0.7$$

所以,$QFE = 1013.5 + 0.7 = 1014.2$ (hPa)

表 5.10　单位高度气压差值表

本站气压(hPa)	单位高度气压差值(hPa/m)	本站气压(hPa)	单位高度气压差值(hPa/m)
≥1013	0.13	799~693	0.09
1012~906	0.12	692~586	0.08
905~800	0.11	585~480	0.07

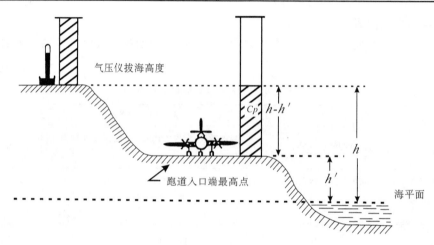

图 5.5　场面气压计算示意图

5.7.2　修正海平面气压的计算

修正海平面气压的计算方法如下:

根据多元大气的压高方程

$$P = P_0 (1 - \gamma Z/T_0)^{g/R\gamma}$$

可以换成:

$$P_0 = P[T_0/(T_0 - \gamma Z)]^{g/R\gamma}$$

将标准大气条件 11 km 以下的有关数据代入上式得

$$P_0 = P[288.15/(288.15 - 0.0065Z)]^{9.80665/(287 \times 0.0065)}$$

$$= P[288.15/(288.15 - 0.0065Z)]^{5.256}$$

式中 P 代表场面气压。

P_0 就是场面气压按标准大气条件订正到海平面的气压,也就是修正海平面气压。Z 代表机场标高,因此,对于某机场来说,$[288.15/(288.15 - 0.0065Z)]^{5.256}$ 是一个常数,如以 H 表示,则

$$QNH = QFE \times H$$

H 值的查算见表 5.11。

表 5.11　H 值查算表

机场标高(m)	H 值	机场标高(m)	H 值	机场标高(m)	H 值
5	1.000	100	1.013	900	1.114
10	1.001	150	1.018	1000	1.127
20	1.002	200	1.024	1100	1.142

续表

机场标高(m)	H 值	机场标高(m)	H 值	机场标高(m)	H 值
30	1.003	250	1.030	1500	1.198
40	1.005	300	1.036	2000	1.275
50	1.006	400	1.049	2500	1.357
60	1.007	500	1.061	3000	1.445
70	1.008	600	1.074	3500	1.541
80	1.010	700	1.087	4000	1.644
90	1.011	800	1.100	4500	1.720

例:某站气压 1010.5 hPa,气压传感器拔海高度 765 m,跑道入口端最高点 755 m,机场标高为 100 m。

查表 5.10 得 $a=0.12$

$C_P = (765-755) \times 0.12 = 1.2$

所以,$QFE = 1010.5 + 1.2 = 1011.7(hPa)$

查表 5.12 得 $H = 1.013$

$QNH = 1011.7 \times 1.013 \approx 1024.9(hPa)$。

例行观测、特殊观测和事故观测都要观测场面气压和修正海平面气压。

5.7.3　与气压有关的几种高度

飞机在空中至某一基准水平面的垂直距离叫飞行高度。以米(m)为单位,常用 H 表示。高度是气象和飞行上常用的一词,由于在各种情况下采用不同的高度概念,因此,测量高度应当以一个基准面为准。选用的基准面不同,表示的高度也不同。其中常用的有以下几种(图 5.6)。

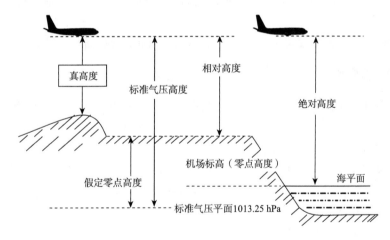

图 5.6　与气压有关的几种高度示意图

5.7.4　气压的观测

气压的观测通过器测实现,除了传统的水银气压表还有振筒式气压仪和自动观测设备。自动观测设备的压力传感器一般使用硅膜盒式电容气压传感器。

场面气压和修正海平面气压数值可以在振筒气压仪或气象自动观测设备显示器直接读取。使用水银气压表观测气压时,需要首先观测到本站气压,然后通过查算得出场面气压和修正海平面气压。

5.8 气温和湿度

各机场气象台(站)应选择能代表整个跑道综合区域或选择有代表性的固定位置(如观测场)观测气温和湿度。近年来,机场气象自动观测设备逐渐普及,大大提高了观测工作效率。值班观测员可以从显示终端直接读取气温、日最高气温、日最低气温、相对湿度和露点温度等要素值。

当自动观测设备发生故障时,应使用干湿球温度表观测气温和湿度。观测时,应当按照干球、湿球(毛发)的顺序进行。当湿球温度表球部的纱布结冰时,在湿球温度值的右下角加记"B"。当气温在−36.0℃以下时,改用酒精温度表观测气温,并在纪要栏内注明。最高温度表、最低温度表的观测和调整在每日最后一次观测时进行。当该日内某次正点观测的干球温度高于(低于)最高温度表(最低温度表)订正后的数值时,则取该正点观测的气温作为该日气温的最高(最低)值,用文字和数字记录在纪要栏内,以备资料统计使用。

5.9 降水量和积雪深度

降水量是指天空中降落到地面上的液体(或融化后的固体)降水未经蒸发、渗透、流失而积聚在水平面上的深度。以毫米(mm)为单位,取一位小数。积雪深度是指积雪表面至地面之间的厚度,单位为厘米(cm)。

5.9.1 降水量的观测

降水量的观测项目包括:日降水量、最大冰雹的最大直径、直径大于 10 mm 的最大冰雹的重量。24小时观测的台(站)在日界时观测日降水量;13 小时观测的台(站)在最后一次观测时观测日降水量。当遇有值班期间降水停止、降水量很大雨量筒储水瓶内将容纳不下或有关部门临时需要了解降水量时,应及时测量。

使用自动观测设备测量降水量时,从显示终端直接读取降水量数据。

5.9.2 积雪深度的观测

当视区内的地面被雪覆盖达到或超过一半的情况下,应观测积雪深度。当遇有值班期间降雪停止或有关部门临时需要了解积雪深度时,应及时测量。在有积雪而无降雪日,仍应在每日 00 时定时观测积雪深度。通常只记录一天内最大的积雪深度。

观测积雪深度是用一把有厘米刻度的直尺或用普通的米尺,测量时,先将积雪尺(米尺)垂直插入雪中,到尺的下端刚刚接触地面为止,然后读取雪深值,精确到 1 cm。

使用固定积雪尺测量时,可直接读取雪深值,精确到 1 cm。观测地段选择在观测场内,观测值一般选择三个点观测的平均值,每点间距 6 m。

5.10 地面观测总簿和观测档案簿

5.10.1 地面观测总簿

地面观测总簿分为《民用航空气象地面观测月总簿》和《民用航空气象地面观测年总簿》两种。月总簿是在例行观测簿记录和有关资料的基础上编制而成的整月观测资料档案。年总簿是在全年各月的月总簿的基础上编制而成的全年观测资料档案。

观测资料总簿统计风向风速、气温、气压、相对湿度、露点温度、总云量、低云量、云状、云高、主导能见度、降水量、天气现象、积雪深度等。凡配备自动观测设备的机场气象台要进行 24 小时全项统计,并按照统一的格式和规定编制月总簿和年总簿。观测资料总簿资料应打印装订成册永久保存,同时以光盘存储作为备份。

5.10.2　地面观测档案簿

　　各机场气象台(站)自建站初始就要编制《民用航空气象地面观测档案簿》,填写站址名称、地理位置(经纬度)和设备配备情况等内容,在机场正式运行后的第四个月完成,一式三份,本单位自存一份,报地区空管局和民航局空管局各一份。运行期间如有变更应当及时上报更正。

参 考 文 献

谭海涛.1986.地面气象观测.北京:气象出版社.

中国民用航空局.2008.中华人民共和国航空行业标准:民用航空气象第1部分:观测和报告.

中国民用航空局空中交通管理局.2006.民用航空气象地面观测规范.

中国民用航空局空中交通管理局.2007.民用航空地面气象观测技术手册.

中国气象局.2003.地面气象观测规范.北京:气象出版社.

第**6**章
航空气象探测

航空气象探测属于大气探测的范畴。大气科学是研究地球大气的特性、结构、运动规律以及大气中各种现象的发生、发展的一门科学。大气探测是利用各种探测手段,对地球大气各个高度上的物理状态、化学性质和物理现象的发生、发展和演变进行观察和测定。由于大气不受控制,因而对其研究有特殊性,我们现在只能在大气中对各种变化过程做长期的连续观测和探测,并将取得的资料进行分析研究来揭露大气变化过程的内在规律。因而,大气探测是大气科学的重要组成部分,是气象基本业务和气象服务的重要基础,要提高天气预报的准确率,提高服务质量,必须首先提高大气探测技术水平。

航空气象探测主要包括地面气象探测、遥感气象探测、飞机观测等。近年来,随着自然科学与科技进步,航空气象探测技术取得了显著的发展,其主要特点是:探测能力显著增强,探测自动化水平迅速提高,这些发展,有力地促进了天气预报、气候分析、业务研发和气象服务能力的发展。准确及时的气象探测信息不仅直接提供给众多的用户——预报人员、观测人员、飞行管制人员、机组人员和机场地面服务人员,为他们开展工作提供重要的决策依据,而且这些数据也被广泛集成到很多系统,比如数值预报、航管自动化系统等,供空管人员和预报人员使用。

本章就在民航气象部门应用的主要航空气象探测业务作一简要介绍。

6.1 气象自动观测系统

6.1.1 概述

气象自动观测系统(AWOS)用于实时获取跑道周边及其延长线范围内的多种气象要素以及其他与航空飞行安全有关的天气状况。主要包括能见度、跑道视程、气压、风向风速、气温、湿度、云高、天气现象、降水量等。配有跑道状况传感器和闪电定位仪的 AWOS 还能获取跑道道面的状况和机场周边闪电的一些信息。

气象自动观测系统提供的信息应用于多个部门,为不同的人员提供参考或决策使用。气象观测人员利用 AWOS 的观测员终端发布实况报、特殊报告等;预报员终端显示气象要素的当前值、平均值和 24 小时最大最小值,如果需要,可以借助预报员终端发布趋势预报;各气象探测值还可以通过远程接入和航站自动情报服务(ATIS)的方式提供给飞行管制部门和飞行中的机组人员。另外 AWOS 提供的云高、能见度值以及 AWOS 本身的完好性是某一跑道实施不同类别精密进近运行的重要依据。

6.1.2 系统配置

自动观测系统的配置因机场规模、气候特征等不同而会有变化,用户在建设 AWOS 系统前应做好需求分析,从而决定 AWOS 的配置。一般来讲,AWOS 通常由外场传感器、中央数据处理单元、工作站和用户终端以及辅助的通信网络组成。以厦门机场为例,其系统结构如图 6.1 所示。

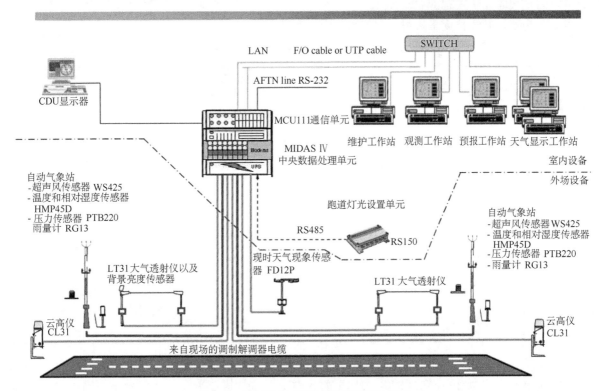

图 6.1　厦门机场 AWOS 系统配置示意图

如图 6.1 所示,外场传感器主要包括大气透射仪、天气现象传感器、自动气象站和云高仪等;室内部分包括一台中央数据处理器、维护工作站、观测员工作站、预报员工作站、若干天气显示终端以及通信设备。这些外场传感器的主要功能如下:

大气透射仪:透射仪直接测量光发射机和光接收机之间的大气透射率。通过测量包含散射和吸收之后的平均消光系数进行测量。透射仪提供可靠的方式估测气象光学视程(MOR)。这些 MOR 数值可以进一步用于估测跑道视程(RVR)。

对于透射率,可以描述为

$$V_N = \frac{\ln(\epsilon_t)}{\ln(T)} \times B \tag{6.1}$$

式中 V_N 为标准能见度;ϵ_t 为对比阈值,保持稳定,只能够被观测员感知到;T 为透射率,入射光通过距离 B 之后仍然保持在一束聚焦光线内的比率;B 为距离。

WMO 推荐的 ϵ_t 为 0.05,在此情况下标准能见度 V_N 叫做气象光学视程

$$MOR = \frac{\ln(0.05)}{\ln(T)} \times B \tag{6.2}$$

即:

$$MOR = -(3 \times 基线长度)/\ln(透射率) \tag{6.3}$$

上式称为科西米德定律。

在利用 MOR 计算 RVR 时,还要考虑背景光亮度和跑道灯光设置级别等参数。背景亮度值通常由透射仪系统自带的背景亮度计获得,跑道灯光分为 5 个级(0,3%,10%,30%,100%),由一个灯光级别设置开关盒来切换,也可以和机场灯光设备链接随跑道灯光级别的改变而自动改变。

天气现象传感器:天气现象传感器主要由前散射仪、电容式的降水感应器、温度传感器组成。前向散射仪表通过测量光的散射评估出消光系数,高散射强度导致高消光系数,低散射强度导致低消光系数 σ,根据

$$MOR = -\frac{\ln(0.05)}{\sigma} \approx \frac{3}{\sigma} \tag{6.4}$$

从而可以测量气象光学视程 MOR 的值。

表 6.1 为不同基线长度下透射率和气象光学视程的关系。

表 6.1   不同基线长度下透射率和气象光学视程的关系

透射率	基线长度(m)		
	30	50	75
	能见度(m)		
0.995	17955	29925	44887
0.99	8955	14925	22387
0.95	1755	2924	4387
0.93	1240	2067	3100
0.9	854	1424	2135
0.8	403	672	1008
0.6	176	294	440
0.4	98	164	246
0.2	56	93	140
0.1	39	65	98
0.015	21	36	54

天气现象传感器:能够探测出不同的降水类型,还可以探测出导致能见度降低的不同现象,但是它不能探测出电码表中所有不同的现象。前向散射仪对散射信号快速采样并从信号中探测出水滴,水滴尺寸可以通过信号的变化测量到。电容式降水感应元件,是细导线在玻璃涂层下形成一个电容,表面上有水时电容量改变,电容量变化与水量成正比。电容传感器输出一个电压信号,降水强度可以通过信号电平和信号变化(出现新雨滴)来评估。天气现象传感器通过光学测量,可以判断水滴的尺寸,通过电容测量降水量。对比降水量和水滴的尺寸,可以判断是液体降水还是固体降水,温度信息可以用作一些判定的条件从而探测出冻性降水。

云高仪:云高仪用于测量云底高和垂直能见度,它采用脉冲半导体激光雷达(LIDAR)技术,用激光脉冲向一个垂直或者接近垂直的方向发出,接收系统接收由于霾、雾、薄雾、雨幡、阵雨、云对电磁波的后散射所引起的反射率大小。后向散射得到的参数,也就是信号强度和高度的关系,被存储记录下来,这样就可以探测到云底。知道了光的速度,激光脉冲发射的延迟,以及探测到的后向散射信号就指示了云底的高度。

光的速度

$$c = 3 \times 10^8 (\text{m/s}) \tag{6.5}$$

发射时间延迟(t)和后散射高度(h)之间的表达式

$$h = ct/2 \tag{6.6}$$

云高仪 CL31 能够同时探测数层云。如果由于降雨或者地面的雾气引起云底模糊,CL31 则报告垂直能见度。不需要进行现场调整。内嵌软件包括几个服务和维护功能,给出内部监测得到的持续的状态信息。软件设计用于全部的后散射特性。

自动气象站:自动气象站的配置根据用户需求而不同,一般来讲,应当至少包括风向风速传感器、温度传感器、相对湿度传感器、气压传感器、降水传感器。这些传感器都有比较成熟的制造技术且得到广泛应用,测量原理也差不多,下面仅简单介绍一下风传感器。

风传感器:民航常用的风传感器主要包括机械式(风杯式)传感器和超声波风传感器两种。同机械式风传感器相比,超声波风传感器因为没有旋转关节,在维护方面减少了很多工作量。而且超声波风传感器的探测精度、分辨率以及启动风速等指标都要优于机械式的风传感器。

用于探测水平风场的超声波风传感器有 3 个探测头,两两之间互相发射和接收超声波,通过测量这 6 个传播时间来计算平面上的风速和风向。通过比较正向和反向的时间,可以得到某两个探头之间的风速

$$V_w = 0.5 \times L \times \left(\frac{1}{t_f} - \frac{1}{t_r} \right) \tag{6.7}$$

式中 V_w 为风速,L 为两测量头间的距离,t_f 为正向传播时间,t_r 为反向传播时间。

超声波传播速度随海拔、温度、湿度而变化,可以看到,V_w 的计算不受其影响。当计算出 3 个探头之间的径向风速后,一般选取其中数据质量比较好的两个来合成该平面上的矢量风场。

道面传感器:道面传感器安装在跑道上,用于测量道面温度、地温、雨(冰、雪)水深度以及跑道道面的传导性和极性。

室内部分主要是一些计算机设备和网络通信设施。其中中央数据处理其对外场传输回来的数据进行有效性验证并计算处理,生成多种气象产品,提供服务接口和报警服务;维护工作站为设备维修人员使用,用于监控设备运行状况,设置设备的运行参数和数据存储等;观测员平台是观测人员编发报文的平台;另外还有供预报人员与其他人员使用的各显示操作终端,用户可以根据自己的需要定制自己所需的显示内容和显示方式(图 6.2)。这些设备之间可以根据用户需要,通过不同的传输介质,采用不同的传输协议相连接。

6.1.3　安装要求及冗余配置

为了使外场传感器测量值具有良好的代表性,为飞行及管制人员提供尽可能准确的数据,其安装位置应当遵循一定的规则。

能见度测量仪(大气透射仪或前向散射仪):安装在跑道接地地带且距跑道中心线一侧不超过 120 m 但不小于 66 m、距跑道入口内约 300 m 处;如果配置多套,按照跑道接地地带、停止端和中间地带的顺序安装。如果使用大气透射仪测量 RVR,距跑道入口处的距离应当以大气透射仪的接收端为准。

云高仪:云高仪应当安放在机场中指点标台内,如果不能安装在中指点标台内,亦可安装在跑道接地地带。

测风仪器:安装在跑道接地地带且距跑道中心线一侧不超过 120 m 但不小于 90 m、距跑道入口处向内约 300 m 处;如果配置多套,按照跑道接地地带、停止端和中间地带的顺序安装。

气温、湿度、气压传感器:如安装在跑道接地地带且距跑道中心线一侧不超过 120 m 但不小于 66 m、距跑道入口处向内约 300 m 处;如果配置两套,则安装在跑道接地地带和跑道停止端,且距跑道中心线一侧不超过 120 m 但不小于 66 m,距跑道入口处和停止端处各向内约 300 米处。

各采集器支撑杆应当为易折品,安装位置和基座应当符合航空器升降带安全要求。RVR 探测器发射和接收镜头相对跑道面高度为 2.5 m;气温和湿度传感器相对地面高度为 1.5 m;雨量计桶口相对地面高度为 0.7 m;测风感应器相对地面高度为 10 m。

AWOS 提供的数据直接为空管人员使用,实时性要求很强。为了保障系统的运行正常率,在进行系统设计时,应当考虑必要的冗余配置。一是在不同地点安装同一类型设备,当某一套设备故障时,可参考(不可替代)另外一套的数值;二是在同套设备间的互相备份,比如中央数据处理器可以采用双机备份的方式确保不间断运行,又比如在透射仪上配备前向散射仪,一方面可用于透射仪的自动标校,另一方面,当透射仪发生故障时,可以用前向散射仪测得的 MOR 值进行 RVR 计算。

6.2　多普勒天气雷达

6.2.1　概述

雷达是英语 RADAR 的中文音译,是"Radio Detection And Ranging"的缩写,原意是"无线电检测

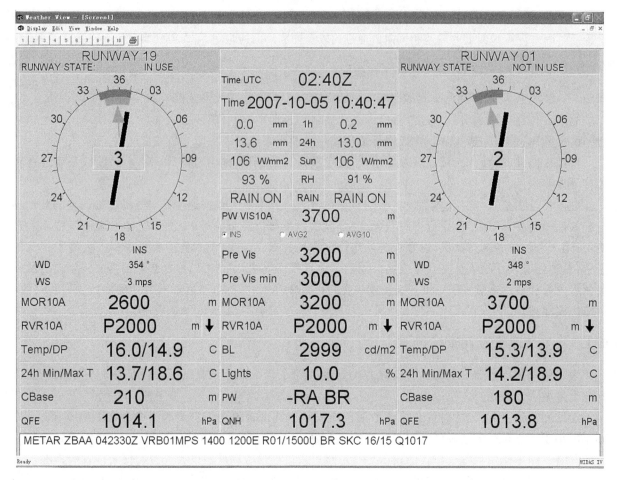

图 6.2　气象自动观测系统数据显示界面

和测距",也就是利用无线电的方法发现目标并测定其空间位置。随着雷达技术的发展,人们已经能从雷达回波中获取愈来愈多的信息,比如反映降水强度的反射率;通过利用多普勒效应原理,分析反射回来的电磁波中频率的变化,还可以获取雷达回波径向上的速度等其他信息。

天气雷达可以在几百千米范围内及时迅速地发现雷阵雨、龙卷风、台风等强风暴系统,还可以确定降水强度,空中激烈的颠簸区等,由于能够监视暴雨、冰雹等局地强对流灾害性天气,因而发展很快。1970 年代开始诞生的多普勒天气雷达,它和常规天气雷达的区别是,由于它改进了脉冲无线电波的发射机和接收机,接收到的回波信号除了常规天气雷达也能收到的回波强度以外,还有回波的相位差异,这样就不仅能了解降水云团的位置和强度,而且还可以进一步得到降水云团中的风场的情况。而风场(包括垂直气流)变化又是决定云雨天气系统强度变化的主要因素。因此多普勒天气雷达现在已经成为警戒强风暴、强对流天气和雷雨的有力工具,是气象预报员做好雷雨天气临近预报的主要手段。在航空领域内,通过向空管部门、飞行管理部门和机场运行部门提供及时准确的多普勒天气雷达信息,对于保证特殊天气条件下空中交通的有序运行,大幅度减轻雷雨、雷暴等复杂天气对航空运输的影响,有效降低运行成本,确保飞行安全,起到至关重要的积极作用。

6.2.2　系统配置及探测环境要求

多普勒天气雷达的配置因用户的不同需求而会有变化,在满足民航局有关设备性能规范的前提下,还需要考虑当地的气候特征、人员需求和财政预算。在此基础上决定选用天气雷达的型号,比如工作波长,发射接收体制(全相干或接收机相干),天线尺寸等。

下面以北京首都机场的 METEOR-1500C 型雷达为例,简单介绍多普勒天气雷达的一般配置和各分机的主要功能。该雷达的结构示意图见图 6.3。

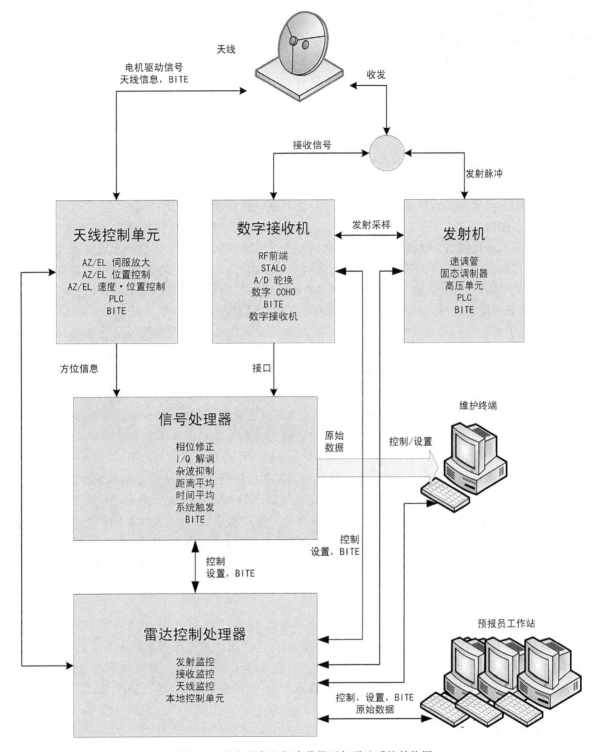

图 6.3　北京首都机场多普勒天气雷达系统结构图

天气雷达的主要组成部分包括发射机、波导系统、天线及伺服系统、接收机、信号处理器、雷达控制处理器、维护终端、预报员工作站和显示终端。

稳定工作中的速调管产生一个微波脉冲,沿环流器传到天线辐射出去。在发射状态期间,接收机被 T/R 开关管锁定(阻止环流器中高压泄漏到高灵敏接收机的输入端)。天线以对称电磁波束发出发射脉冲,依照水平和俯仰移动天线扫描雷达附近的大气。

在发射脉冲终止后,T/R 开关管打开,从而接收机通过环流器连接到天线。接收机接收通过降水粒子散射回来的信号。这个相位一直延续到下一个脉冲发射。如果接收机灵敏度比较高,动态范围比较大,还能能够探测到一定范围内的晴空回波。这些回波信号经过数字化,并以二进制编码,通过高速连接的数字化取样器被送到信号处理器,作进一步分析。

雷达系统的信号处理器主要执行四个任务:(1)提供来自被存储的发射机脉冲取样的相位基准并能产生合成基带信号;(2)预处理接收来的合成基带信号;(3)提供雷达系统触发信号;(4)给数据标注角码信息,提供空间基准。现代高性能的信号处理器,处理速度快,数字化精度高,具有灵活的地杂波滤波器,高精度的时间和距离平均,在处理方式上可以采用快速傅里叶变换(FFT)、离散傅里叶变换(DFT)或脉冲对处理(PPP)方法。

雷达控制处理器(RCP)负责控制和监管雷达系统。各级控制终端通过 RCP 对雷达进行控制。该处理器可以处理内置测试系统(BITE)获取的各种信息,如果检测到错误,控制处理器就会根据严重程度采取相应措施。另外控制处理器也是连接雷达系统和终端数据处理系统的桥梁。

雷达维护工作站是雷达机务人员使用的终端,主要功能包括雷达控制、参数设置、雷达运行情况监控和实时产品显示。预报员工作站主要用于雷达运行方式设置、雷达控制和二次产品加工的分发。

现代天气雷达技术发展很快,现有的硬件设备同十年前相比,有了很大的进步,系统的稳定性、可靠性都有了很大的提高,软件处理分析能力也有很多新的发展。但随着机场航班量的快速增长,一些中小尺度、生命周期短的复杂天气现象对飞行的影响逐渐显现。因此,民航气象部门对于天气雷达的要求也在不断提高,除了更长的平均无故障时间(MTBF),在数据收集处理速度、微弱信号的检测能力、风场的反演、危险天气现象的自动识别和跟踪等诸多方面都有更高的要求。这需要天气雷达的研制生产厂家开拓创新,采用新的技术和体制,以满足民航用户的需求。

为了使天气雷达取得比较理想的探测效果,根据中国民用航空局的有关规定,机场天气雷达探测环境应当符合下列规定:机场天气雷达近距离范围内应当无高大建筑、山脉遮蔽。雷达主要探测方向,即天气系统的主要来向和走廊口方向的遮蔽物对天线俯仰的遮蔽角不得大于 1°,其他方向的俯仰遮蔽角不得大于 2°。对水平张角不大于 2°的孤立建筑物和 50 km 以外山脉可以适当放宽;机场天气雷达应当避免受到电磁干扰或者对其他设备造成干扰;以机场天气雷达探测盲区半径加 200 m 为半径的区域不得覆盖跑道及其延长线 2 km 的区域;多普勒天气雷达天线架设高度不得高于跑道道面高度 60 m。但是,如果近距离内有不可避让的高大建筑,应当作出评估并制定相应的措施;天气雷达位于塔台与跑道、滑行道或者连接通道之间的,其高度不能遮蔽塔台人员监视跑道、滑行道或者连接通道上飞机活动情况的视线;天气雷达的天线及雷达附属设施不得穿透仪表着陆系统(ILS)面;天气雷达频率和站址应当得到当地无线电管理机构的批准。

6.2.3 常用产品介绍

应用雷达探测到的数据,经过处理、变换、计算等步骤,产生出的数据和图像称为产品。根据某种需求,安排计算处理得出的产品有着一定的气象意义。根据中国气象局雷达功能规格需求书(C 波段)的要求,天气雷达系统的产品应包括以下几类:基本数据产品、物理量产品、风场反演产品、强天气识别产品、预报产品等。

6.2.3.1 基本数据产品

基本数据产品是天气雷达系统的基本产品,它主要将雷达观测到的数据,不变化其数据的属性,在多种不同的坐标中表现出来,应有 PPI、RHI、CAPPI、VCS 等产品。

平面位置显示(PPI):包括回波强度、径向风场、速度谱宽三种,这类产品通常以极坐标的形式,通过必要的处理将获取的数据用伪彩色编码显示,此类产品可配上当地的地形、河流、行政区划等地理信息,方便用户使用。PPI 产品图像中应标明时间、仰角、色标等,径向速度 PPI 图像产品中还应标明雷达测站所在位置。

距离高度显示(RHI):包括回波强度、径向速度、速度谱宽三种产品,经由

$$h = H_0 + R\sin\alpha + \frac{3}{8}\frac{(R^2\cos^2\alpha)}{r}$$

和
$$L = R\cos\alpha$$

对雷达获取的数据进行坐标转换。式中 H_0 为天线的海拔高度，R 是目标距天线的距离（斜距），α 为天线仰角，r 为地球半径。产品以 h 为垂直坐标，L 为水平坐标，显示回波图像的分布，须注意的是径向速度的距离高度显示图像，仍以雷达站作参考点。

等高平面位置显示（CAPPI）：是由雷达作体积扫描获取数据经处理后得出，仅对回波强度、速度谱宽制作该产品，高度由用户设置。根据设置的高度从体积扫描获取的球坐标形式三维数据中，选取临近该高度的数据，经过插值得出设置高度平面上回波强度的分布图像数据。处理中须经过数据的插值处理，可选用的插值方法为双线性插值及加权平均插值等方法，如［彩］图 6.4 所示。

任意垂直剖面显示（VCS）：是显示降水云体垂直结构的一种产品，应用体积扫描获得的三维数据来制作。在任一 PPI 图像确定两点，以此两点的连线作为所需获取垂直剖面的基线，采用插值的方法从三维数据中获得此剖面上的数据分布得出回波图像，由于径向风在此垂直剖面已无确切的意义，产品只有回波强度与速度谱宽两种。

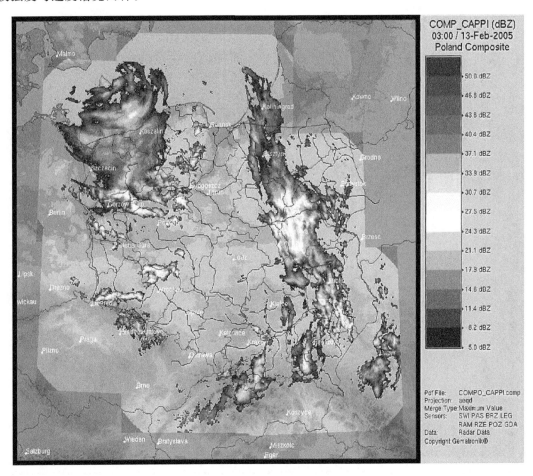

图 6.4　等高平面位置显示

局部多层 CAPPI 显示：其处理原理类似前节的 CAPPI，利用体积扫描获取的三维数据，在任一 PPI 显示的图像中确定所选区域，经处理得出多个不同高度上所选区域的 CAPPI，然后构成假三维结构的图像。

垂直最大回波强度显示（CR）：用来描述监测范围内降水云体最大回波强度值的水平分布。应用体积扫描获得的三维数据，求出从地面到云顶之间的最大回波强度，给出它的水平面上分布的图像。

6.2.3.2 物理量产品

是指由雷达获取的回波强度、径向速度、速度谱宽，经过一定的处理，转化为气象上常用物理量，进而导出的图像和图形产品。

回波顶高显示(ETPPI):运用不同彩色和色调表征某一回波强度(dBZ)、回波顶高分布的图像。应用体积扫描获取的回波强度三维分布数据制作,回波顶高计算公式参见 RHI 的计算公式,图面标注中应给出雷达体积扫描的区间及能获取回波顶高度的限制。

雨强显示(RZ):是由回波强度(Z)经过 Z-R 关系转化为雨强(R),给出雨强分布的图像产品,Z-R 关系通常采用

$$Z = AR^b$$

式中 A、b 两系数可由用户设置,缺省时 A＝200,b＝1.6。用户可根据当地降水中微物理特性确定 A、b 系数。用户可以运用当地雨量站资料对此产品进行对比、验证,做出更符合当地使用的修改系数。

垂直累积液态含水量显示(VIL):是反映降水云体中垂直液态含水总量分布图像的产品。在一定的滴谱分布条件下,云体中液态含水量(M)和回波强度(Z)有一定的对应关系,在雷达获得三维回波强度分布后,可直接转换成液态含水量分布,对液态含水量从地面到云顶进行累积,进而得到垂直累积液态含水量的分布,它有助于对强降水和强对流天气的判别,如[彩]图 6.5 所示。

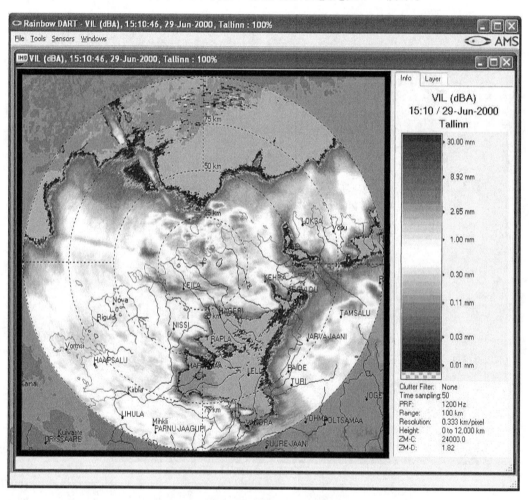

图 6.5　垂直累积液态含水量显示

径向散度显示(RVD):是由径向速度处理后得出的一种产品。散度表征流场中出现的辐合、辐散现象。散度应由两维风场计算导出,径向散度只是由径向速度分布计算导出,当流场中出现的辐合辐散现象认为是各向同性时,径向散度可以一定程度上表征散度,可以反映出大气中的辐散、辐合现象。径向散度计算格距可选在 3～10 km,缺省值用 10 km,单位为 10^{-4} s^{-1},用不同色调表示不同量值。

方位涡度显示(ARD):是由径向速度处理后得出的另一种产品,涡度表征了流场中出现气流旋转的现象,涡度应由二维风场分布来计算,方位涡度只是由径向速度分布计算导出,当流场中出现的气流旋转现象认为是各向同性时,方位涡度可以一定程度上表征涡度,可以反映大气中气流的旋转程度。方

位涡度的计算格距为 3～10 km,缺省时为 10 km,单位为 $10^{-4} s^{-1}$,用不同色调表征不同的量值。

6.2.3.3　自动识别产品

由于天气雷达系统能获取回波强度、径向速度、速度谱宽三类数据分布及其变化,可以根据各类中小尺度灾害性天气结构的模型,设计制作多类灾害性天气的自动识别软件。自动识别产品的制作关键是模型的设计算法、设计和实例的检验。同时中小尺度灾害性天气局地性较强,产品的普适性较差,使用此类产品易造成较大的虚警或漏报。设计此类产品需提交模型设计、算法设计和检验报告,经中国气象局主管部门批准后投入使用。可以开发的自动识别产品有以下数种:中尺度气旋自动识别、龙卷涡旋自动识别、风暴路径自动识别、雹云自动识别、暴雨自动识别、下击暴流自动识别,如[彩]图 6.6 所示。

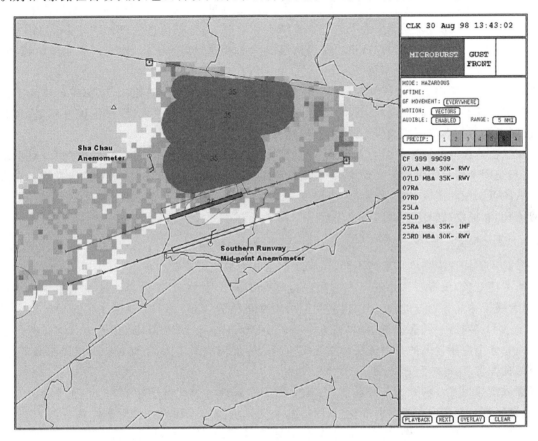

图 6.6　微下击暴流预警界面

6.2.3.4　风场反演产品

天气雷达系统获取的径向速度分布数据,在某些假定条件下,通过反演可以获取垂直风廓线(VAD)、二维水平风场(TVF)、垂直剖面二维风场(VVF)及三维风场等。其中除 VAD 比较成熟外,其余均在试验和试用,系统可提供此类产品供用户试用。

随着雷达硬件水平的提升和应用技术的提高,现在一些先进的天气雷达已经可以提供更多的预报预警产品。比如风切变的一些探测产品,包括水平切变,垂直切变,微下击暴流和中尺度气旋等;还可以提供一些类似风暴中心跟踪等的预报产品,这些产品同样需要在实际工作中给予验证。

需要提出的是,由于民航气象服务有自身的特点,民航气象部门对天气雷达的性能、重点关注的产品等与一般气象部门对天气雷达的要求有一定的区别。在繁忙机场,比如北京首都机场,目前已位列全球第三大繁忙机场,每天要指挥上千飞行架次,一次中等雷雨过程影响北京地区,管制部门要指挥几十到数百个航班绕飞雷雨,没有及时准确的天气雷达信息,就会严重打乱首都地区的空中飞行秩序,因此,对雷达的可靠性和产品传输的实时性要求非常高。在探测方式和产品使用上,除了要获得管区范围内的对流天气分布、强度之外,更多地关注终端区范围内危险天气的探测和预警,比如中尺度气旋、微下击暴流、风切变等信息。在中国香港和美国的一些重要机场,专门配备的终端区天气雷达(TDWR)一般只做覆盖起降区域的扇扫,而且主要探测其间的风场信息。因此,民航气象部门除了应用中国气象局组网的新一代天气雷达之外,还需要建设自己的终端区天气雷达。

6.3 风廓线雷达

6.3.1 概述

风廓线雷达(WPR)是近年来各国应用于气象业务探测的新手段。它采用微波遥感技术应用多普勒原理对大气进行探测,能反演出大气风场垂直结构和辐散、辐合等信息。以风廓线雷达为主体,配以声发射装置,由风廓线雷达的监控分机协调风廓线雷达和声发射器的工作,构成声-无线电探测系统,可用于探测大气中温度垂直分布廓线。

风廓线雷达的应用是对传统气球测风方法的一次革命。与有球测风相比,风廓线雷达除了具有可连续探测优点外,还具有高精度和运行可靠性。它融合了现代很多新技术,操作维护方便,垂直分辨率高,风速测量误差与有球测风相当,其适用范围是有球测风无法比拟的。

风廓线雷达在气象探测领域有着十分重要的应用价值。在气象科学研究中的应用有:测定水平风廓线,尤其是用于研究中尺度天气现象;垂直风速测定,这对研究小尺度天气、强对流风暴等具有重要价值;此外,还可以探测湍流、大气稳定度、中尺度天气等。风廓线雷达主要功能是获取高空风和低空急流活动特征,能够提供高时空密度的气象信息。

6.3.1.1 系统配置

按照对风廓线探测高度需求的不同,风廓线雷达分为平流层风廓线雷达、对流层风廓线雷达和边界层风廓线雷达三类,设备所采用的电磁波频段也有所不同。按 1997 年世界无线电通信大会(WRC-97)为风廓线雷达业务划分的频段,国内能采用的频率范围为:46~68 MHz(用于平流层风廓线雷达)、440~450 MHz(对流层风廓线雷达)和 1270~1295 MHz,1300~1375 MHz(用于边界层风廓线雷达)。民航气象业务中应用较多的是对流层风廓线雷达和边界层风廓线雷达,下面以边界层风廓线雷达为例,简要介绍其配置、工作流程和产品。

风廓线雷达也是一种脉冲多普勒雷达,其主要工作原理与天气雷达相似,也是通过发射脉冲电磁波,分析返回信号的强度和频率的变化,从而得到大气风场的廓线和大气折射率结构常数 c_n^2。风廓线雷达主要由五部分组成:天馈、发射/接收机、信号处理器、数据处理及监控分机。图 6.7 中左下方部分为声发射器,与风廓线雷达联合使用,构成无线电-声探测系统,探测大气中温度廓线。

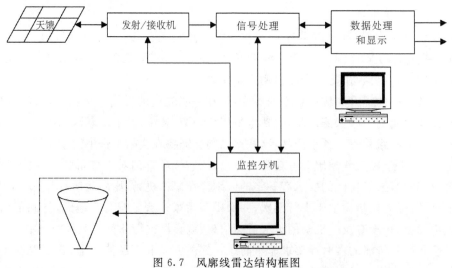

图 6.7 风廓线雷达结构框图

边界层风廓线雷达多采用平面微带相控阵天线,天线平板是由若干微带单元组成的矩阵(X 轴和 Y 轴)。天线平板外有玻璃纤维防护罩用于阻止天线直接暴露在外,在天线阵周围应设有防杂波屏蔽网,防止近地层杂波干扰。天线阵列的作用是发射脉冲和接收从大气反射回来的信号。天线平板和移相器共同作用使天线系统以垂直和四个正交倾斜的方向发射波束。

在相控阵天线下方到发射/接收装置之间是风廓线雷达的波束控制和馈电系统,包括功率分配器、移相器、环流器、相位微调和收发开关等部件组成。该系统起到一个类似桥梁的作用:一方面它负责把末级放大器来的射频信号按照一定的幅度和相位发送到不同的微带单元,形成某一指向的波束向空中发射;另一方面,它收集各微带单元接收的回波信号并送至系统的前置放大器进行处理。

风廓线雷达发射/接收机采用全相参脉冲多普勒体制,发射机一般采用主振分布式全固态发射机,可以降低发射馈线损耗,提高发射效率,降低馈线特别是移相器承受的功率电平。为了提高对微弱信号的检测能力,接收机性能上要能实现宽频带、低噪声、大动态范围。为了在不降低距离分辨率的情况下,提高整机的探测能力,发射/接收机在宽脉冲工作时往往采用脉冲压缩技术。

信号处理器对大气返回信号进行相干累积处理,提高信号的信噪比,提高风廓线雷达的探测能力;对大气返回信号进行谱分析,进而估算大气中的风廓线和返回信号的强度。

数据处理器通常由一台高性能的 PC 机来实现,它与信号处理器通过 DMA 相连接,实时采集信号处理器输出的各波束方向上每个距离库的信号功率谱密度分布,经处理估算出各高度上水平风向、风速、垂直运动速度和各高度上 c_n^2 值,将处理结果形成各类图形产品,建立数据和图形产品库,通过网络或其他通信方式,向外传送观测数据和图形产品。

6.3.2　风廓线雷达的产品和应用

6.3.2.1　回波中风场信息的获取

风廓线雷达探测空中 3 个方向的雷达径向速度,通过反演,可以获得实际风的 u、v、w,其关系如下

$$V_{re} = u\cos75° + w\sin75°$$
$$V_m = v\cos75° + w\sin75°$$
$$V_{rz} = w \tag{6.8}$$

式中 V_{re}、V_m、V_{rz} 分别为在东、北、天顶方向测得的径向速度。倾斜波束的径向速度比水平速度要小。如图 6.8 所示,20 m/s 的东风,其风的径向分量等于 20 m/s×cos75°+0 m/s×sin75°=5 m/s。最后,在每个高度上,每组 u、v、w 构成一个风向、风速的风矢量产品。

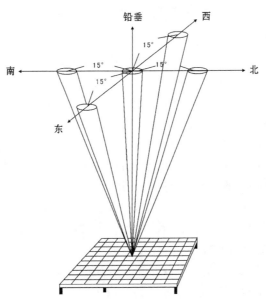

图 6.8　相控阵天线五个波束的空间几何关系

不像二个倾斜波束,垂直波束只能测得垂直分量的风速。假定波束的指向是完全垂直,水平风在 W 方向没有风量。

为了求得 u、v,在上面等式两边同除以 $\cos75°$,得到如下结果:

$$V_{re}/\cos75° = u + w\sin75°/\cos75° \tag{6.9}$$

即:

$$
\begin{aligned}
v &= V_m \sec75° - w\tan75° \\
V &= \sqrt{u^2 + v^2} \\
V_m/\cos75° &= v + w\sin75°/\cos75° \\
u &= V_{re} \sec75° - w\tan75°
\end{aligned}
\tag{6.10}
$$

实际风速方向与正北的夹角

$$\theta = \arctan(v/u) \tag{6.11}$$

风廓线雷达作为定量测量装置,用于对大气风廓线的测量,也可用于 c_n^2 值的测量,根据

$$P_r = 7.3 \times 10^{-4} c_n^2 \lambda^{5/3} \cdot \frac{P_t GhL^2}{R^2} \tag{6.12}$$

可以计算出 c_n^2,可见,这个值与湍流散射回波信号的强弱有直接关系。式中 P_r 是雷达接收到的回波功率,P_t 是雷达发射的脉冲功率,G 是天线的增益,h 是雷达的取样长度,τ 是雷达发射的脉冲宽度,L 是雷达天馈系统的损耗,R 是回波所在的距离。

6.3.2.2 基本数据产品

风廓线雷达的基本数据产品有水平风、垂直风和径向风三种风廓线;回波功率、速度谱宽和信噪比廓线;折射率结构常数 c_n^2 随高度分布的数值等。因为风廓线雷达的观测是连续的,所以在以上基本数据产品的基础上,通过对观测时间序列的进一步分析,可以得到更多的气象信息,一般统称为二次产品。

根据处理得出的水平风速随高度分布的数据和可以形成下述几种类型的图形产品:

(a)水平风廓线的显示。这里有两种方法,其一是将不同时刻的观测结果并列在一起显示,横坐标为时间,纵坐标为高度,以固定的时间间隔输出数据,称为时间—高度显示法,如[彩]图 6.9 所示。另一种是逐次显示每次的观测结果,横坐标为水平风的大小(或风向),纵坐标为高度,可以称为风速风向—高度显示法。

(b)垂直速度的显示。在这种显示方式中,横坐标是速度值,纵坐标为高度值,从中可以看出多普勒速度谱随高度变化的情况,还可以从中分析出垂直速度和垂直速度谱宽的信息。

(c) c_n^2 值分布随时间变化图。在此图中,横坐标为时间,纵坐标为高度,c_n^2 的大小以彩色表示。

6.3.2.3 风廓线雷达在民航的应用

风廓线雷达的探测优势表现在探测方式和探测数据两个方面。探测方式为连续的无人值守的遥感方式,探测数据为高精度、高时空分辨率的廓线数据。概括地说,风廓线雷达在航空领域有以下用途:

(a)代替机场放球探测。由于飞行安全的需要,民航系统各机场气象台已经完全停止施放气球的探空方式。风廓线雷达属于遥感设备,对飞行安全没有影响,在机场地区建设风廓线雷达(含 RASS),用以填补机场地区大气风温垂直结构探测的空白。

(b)满足机场地区中小尺度天气分析与预警预报的资料需要。由于机场地区的天气预警与预报以中小尺度天气为主,需要高分辨率的中低空全天候测风资料和低层温度资料,而风廓线雷达探测数据为高精度、高时空分辨率的廓线数据,不仅有水平风、垂直风廓线,还有反映湍流强度的廓线等,并且由连续观测序列可以得到多种二次产品,比如切变线、大气重力波动和大气稳定度等信息。这些资料对于做好上述预警预报提供了良好的参考资料。

(c)满足 RNP 飞行程序对实时高空风资料的需求。风廓线雷达所探测的风场垂直分布资料还可以直接用于 RNP 飞行程序,满足其对实时高空风资料的需求。

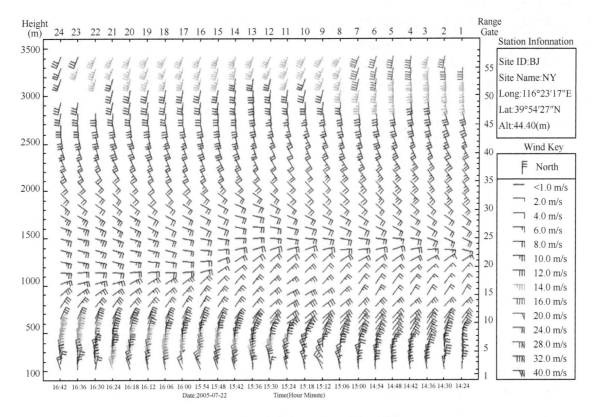

图 6.9　水平风廓线的时间一高度显示法

6.3.3　站点环境要求

风廓线雷达监测站应尽量位于城市盛行风上风方向,以水、电、暖、交通、通信、防雷等便于解决维持为宜。为避免杂波影响,站点应远离公路、铁路、大(中)型水体、空中航线、候鸟迁徙路线以及大功率的无线电发射台或高压输电线路,四周 2 km 范围内应没有相近频率的无线电干扰源及可能对探测资料的代表性、准确性造成影响的各种污染源体;风廓线雷达室外部分四周应平坦、开阔,除工作(或操作)间外,以天线为中心半径 100 m 范围内不得有架空电线、建筑物、树木等。

由于风廓线雷达的天线阵面积较大,应该根据装置的特点制定专门的防雷要求,以保证不受雷电的直接雷击和电涌的影响。设置在海岸附近的风廓线雷达,对天线阵及开关元件都应注意保护或密封,并且加强日常维护,避免盐蚀等。

若增加 RASS 功能,会产生声噪声,形成严重的环境问题,固定频率或扫频的 RASS 所产生的噪声更为严重。为避免噪声污染,站点应尽量避开人口稠密的生活、工作区域,也可以采用遮蔽声源的措施,减轻噪声。

6.4　气象卫星

6.4.1　概述

气象卫星实质上是一个高悬在太空的自动化高级气象站,是空间、遥感、计算机、通信和控制等高技术相结合的产物。

气象卫星在几百千米至几万千米的高空,不受国界和地理条件的限制,从空间自上而下观测地球大气,对地球大气可进行大范围的观测。它的出现,使气象监测工作发生了根本的变化。它可以近实时地获得全球的天气变化状况,提供常规观测手段无法获取的大量宝贵信息,从根本上解决了广大海洋水域和人烟稀少地区气象资料观测不足的难题,使人类对地球及其大气的了解从深度和广度上达到前所未有的程度。在监测热带风暴和台风方面,已经做到无一漏报,在台风形成阶段便可发现,并能估计其强度和移动方向。高时间分辨率的地球静止气象卫星云图,为预报热带风暴的强度变化和未来的移动路径,提供了可靠而又直观的依据,从而能做出及时而正确的预防对策;利用气象卫星可以时刻监视暴雨和强对流的发生、消亡、移动和强度变化;为检测和预报未来可能造成的强降雨或强对流等灾害性天气提供依据;利用气象卫星获取的云图的分布和云顶温度、云顶高度等云的参数,飞行机组可以选取最佳航线、调整飞行高度,保证安全飞行。另外,在海港建设、城市规划、沙漠监测、森林和草场监测等方面,气象卫星资料也发挥着重要的作用。

6.4.2 气象卫星的种类及资料的发送

6.4.2.1 极轨卫星

极轨卫星的轨道经过极区附近(图 6.10),高度约为 850 km。卫星轨道的位置在空间几乎是固定的。由于地球在卫星下面自转,因此这些卫星能够观测到全球地表。连续接收的轨道中,每条轨道的扫描区域在赤道上几乎彼此相接,向极地方向,扫描带会逐渐重叠。扫描带通常宽为 2600 km,每颗卫星每天观测的 14 条轨道能够实现 24 小时完全覆盖全球一次。

极轨卫星上的扫描辐射计一直指向地球,它们是相对稳定的。当卫星上的扫描仪在垂直于运行轨道的平面上从一侧扫描到另一侧时,图像扫描线的获取工作同时完成。当卫星向前移动时,连续的扫描线构成图像。数据可以在获取的同时连续地传给地面,也可以储存在卫星上,以后再回放。

6.4.2.2 静止卫星

静止卫星环绕地球的轨道是在赤道上空(图 6.10),高约 35800 km。每 24 小时完成一条完整的轨道,所以运行周期约与地球自转周期同步,在赤道上空静止不动。

静止卫星最容易通过快速自旋转达到稳定(称之为自旋稳定)。在自旋稳定系统中,图像是这样获取的:扫描镜随卫星自旋完成扫描,并以步进方式从一极倾向另一极,步进速度恰好使得卫星每扫描一圈,地面上被扫过的带状区域毗邻相接。扫描一幅全圆盘图约需 25 分钟。一颗同步卫星的观测范围为 100 个经度跨距,从 50°S 到 50°N,100 个纬度跨距,因而 5 颗这样的卫星就可形成覆盖全球中、低纬度地区的观测网([彩]图 6.11)。

静止卫星主要优点就在于其资料的时间分辨率高。每 30 分钟可以得到一幅新的地球全圆盘图。有些静止卫星的扫描方式可以改变,使之对指定的小区域进行观测,以获取更高频次的图像。许多静止卫星都具有的主要缺点是他们的空间分辨率受到限制,这是由于它们距地球远所致。技术的进步将给这方面带来改观,但不会减少图像在高纬度地区的扭曲程度。

卫星观测得到的测值通常是以离散的数字(数字资料)或连续变化的信号(模拟资料)来传输的。一般来说,模拟信号的振幅和原始测值有关。但是,在地面恢复原始资料的效果强烈地受通信系统中放大器的噪声和低频分量的影响,因此模拟数据流只适合于定性应用。

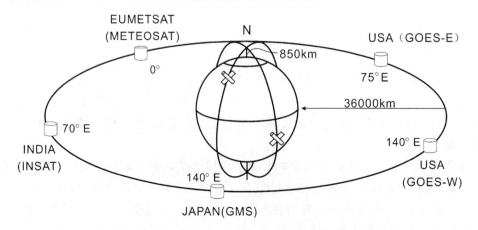

图 6.10 气象卫星的轨道与地球的相对位置

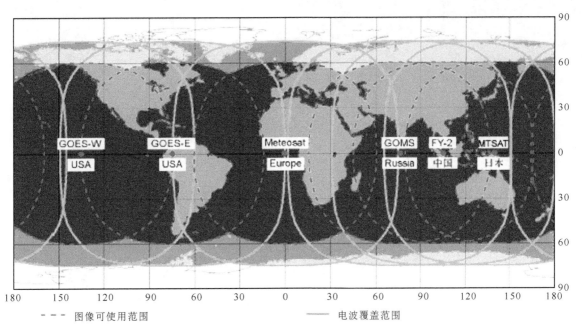

全球静止气象卫星定位及覆盖区域示意图

图 6.11　全球静止气象卫星定位及覆盖区域示意图

　　在数字资料流中,原始测值用二进制代码来表示,它在通信系统中存在噪声和其他干扰问题时有好得多的抗干扰能力。数字资料是定量应用和获得高质量图像的基础。

　　基本观测资料以数字形式从卫星传向少数高性能地面站,并由那里的计算机完成资料处理工作。为了卫星资料的转发,建立了原始资料的模拟信号版本,这种资料可以在任何遥远的地区使用简便的、不昂贵的接收设备来接收并显示。卫星图像、天气图和容易识别的信息都可以进行模拟传输。美国和欧洲所有卫星采用的常规模拟传输被称为气象传真(WEFAX)。

6.4.3　气象卫星云图的产品及识别

　　目前民航气象部门通过卫星直接接收的卫星图像主要是 FY－2C、FY－2D 和 FY－1D 的卫星图像。FY－2C 定位于 105°E,FY2－D 定位于 86.5°E,有一个可见光、四个红外通道。可见光通道图像星下点分辨率约 1.25 km,红外和水汽图像星下点分辨率约 5 km。非汛期期间,前者正点、后者半点生成一幅云图;汛期期间,前者是正点和半点,后者是一刻和三刻生成一幅云图。双星可以实现 15 分钟一张图像。另外,民航气象部门通过中国风云卫星数据广播接收系统获取国家卫星气象中心收集处理的产品(图 6.12)。其中静止卫星资料有:中国 FY－2C,FY－2D 卫星资料;日本 MTSAT－1R 卫星的资料。极轨资料卫星有:中国 FY－1D 卫星;美国 NOAA16 卫星;美国 NOAA17 卫星;美国 NOAA18 卫星;美国 EOS/AM1 卫星;美国 EOS/PM1 卫星的资料。未来可以有 FY－3、FY－4 以及其他欧美卫星的资料。

　　卫星云图可以根据卫星所接受的波长范围分为三类:红外图像(IR):波长区间 10.5～12.5 μm;可见光图像(VIS):波长区间 0.4～1.1 μm;水汽图像(WV):波长区间 5.7～7.1 μm。

6.4.3.1　红外云图

　　红外云图([彩]图 6.13)的色调决定于物体的温度,反映了地面和云面的红外辐射或温度的分布。浅色调表示红外辐射小,温度低;暗色调表示红外辐射大,温度高。所以云顶高度越高,其温度越低,云的色调越白。红外云图的优点是可区分不同层次的云。缺点是因为温度相近的关系,不能区分地面和低云。

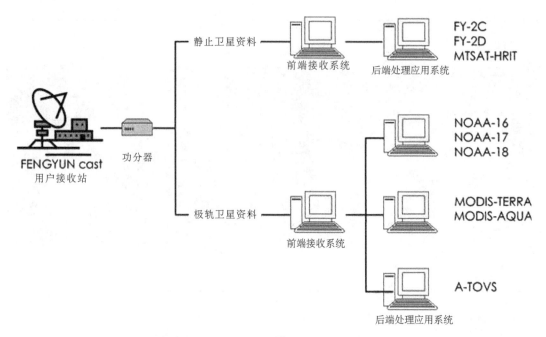

图 6.12　风云卫星数据广播接收系统

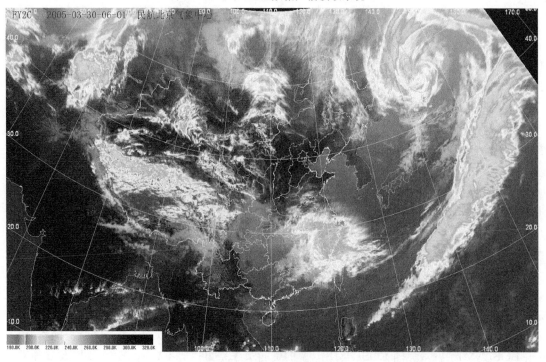

图 6.13　FY-2C 红外云图

6.4.3.2　可见光云图

可见光云图(图 6.14)中亮度与星下底物表面的反照率相关很好。图像较黑的色调代表低的亮度(低的反射辐射强度);较亮的色调代表高亮度。高反照率的云,云厚度大,云中水含量高,云滴的平均尺度小;低反照率的云,云厚度小,云中水含量低,云滴的平均尺度大。可见光云图的优点是分辨率高,可区分地面和低云,云的纹理清晰。缺点很明显,因为仅靠目标物反射,所以夜间资料不可用。

6.4.3.3　水汽云图

波长 6～7 μm 附近是以水汽为吸收体的一个谱区。在强吸收带中,到达卫星的辐射主要来自对流层上部。水汽图像和红外图像一样,把接收到的辐射转换为温度来显示([彩]图 6.15)。对流层上部高湿区显得亮(冷),低湿区显得暗(暖)。即使对流层上部很干燥,近地层大气仍然可能很湿。水汽云图优点是,可提供大气水平运动信息。缺点是其主要反映了 400～600 hPa 的水汽,对于其他吸收谱区无法显示。

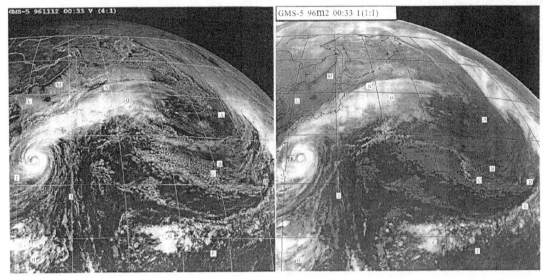

A.层云　　　B. 浓积云（开口细胞状云）　　C. 层积云（闭口细胞状云）　　D. 涡旋云系
E.云带　　　F. 积云　　　G. 积雨云　　　H. 砧状卷云　　　I. 积云线　　　J. 毛卷云
K.台风云系　　L. 高层云　　M. 高积云　　N. 密卷云　　O. 卷层云

图 6.14　GMS－5 可见光云图

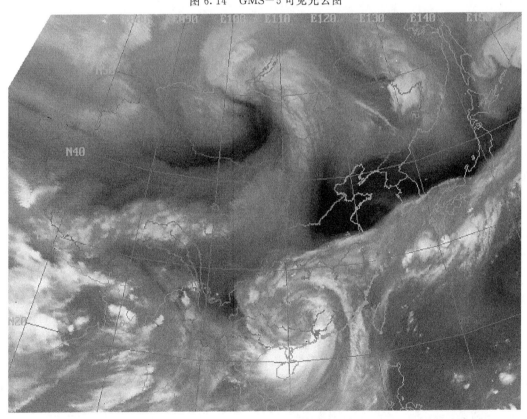

图 6.15　FY－2C 水汽云图

6.4.3.4　云的识别与分析

云的识别依据有以下几点:结构形式、范围(尺度)、边界形状、色调(亮度或灰度)、纹理、暗影(可见光)。根据这些依据,我们来分析一下常见的云如何识别。

(1)结构形式

结构形式是指由于光的不同强弱的反射所形成不同明暗程度物像点的分布式样。云系的分布形式有带状、涡旋状、细胞状和波状等。如台风、气旋云系具有涡旋结构,锋面、急流则表现为云带。通常一张云图上包含有许多复杂的结构形式,分析时要特别注意。

（2）范围

云的种类不同,其表现的范围也不同。例如与锋面、气旋相连的高层云、高积云和卷云,分布范围很广,可达几千千米以上,而与中小尺度天气系统相连的积云、浓积云和积雨云的范围很小。因此从云的范围可以识别云的种类、天气系统的尺度和大气物理过程。

（3）边界形状

卫星云图上的云系都具有一定的边界形状。云的边界形状有直线的、圆形的、扇形的、有呈气旋性弯曲(云的边界向南凹)的、有呈反气旋性弯曲(云的边界向北凸)等。有的边界很整齐光滑,有的则不整齐。

（4）色调

色调也称亮度或灰度,它是指卫星云图上物像的明暗程度。

（5）纹理

纹理是用来表示云顶表面光滑程度的一个判据。云的种类不一或云的厚度不一,使得云顶表面很光滑或呈现多起伏的斑点和皱纹,或者表现为纤维状。

6.5 低空风切变探测系统

6.5.1 概述

航空领域所关注的风切变是指飞机在飞行期间遇到风向或风速出现持续多于数秒的转变,以致顺风或逆风有所改变,影响空气对飞机的浮力,浮力变化可导致飞机偏离预定飞行路线。而发生在飞机起飞和降落区域内的低空风切变现象具有时间短、尺度小、破坏性强的特点,是国际航空界公认的一个重要危险因素。

风切变大致可以分为水平风切变、垂直风切变和垂直风的切变。可能导致低空风切变产生的原因较多,主要包括以下一些因素:低空急流、锋面、飑风、微下击暴流、逆温、尾涡以及由地形引起的风切变。

对于低空风切变的探测是一个尚未完全解决的难题。原因在于导致低空风切变的因素很多,而且大多数低空风切变生命周期短,尺度小,很难有一种或一套设备能够捕捉到所有的风切变。因此,通常采取多种手段进行综合探测,以期取得较为理想的探测效果。

6.5.2 系统配置

目前航空气象部门采用的探测低空风切变的手段主要有低空风切变告警系统(LLWAS),多普勒天气雷达,激光雷达以及风廓线雷达。在有些飞行器上也配有机载风切变警报设备,例如设备空速表、垂直速度表、高度计,还有从航空器安装的姿态指示计、水平状态指示计、地面接近告警系统、失速告警系统(振杆器)、惯性导航系统(INS)地速、风速和方向读数上,也可以得到风切变的存在指示。本节主要介绍地基探测设备,这些探测设备的数据经过预处理被发送到风切变系统的数据处理工作站,经过综合分析,按照设置好的发布方式传送给预报员、飞行管制人员和飞行器上的机组人员。下面结合香港国际机场的风切变和湍流警报系统(WTWS),简要介绍这些探测设备及其发展状况、风切变算法和发布方式。其系统示意图如图6.16。

香港机场位于香港大屿岛,西北部是大屿山,其他方向环海。受地形及气候的影响,其风切变及湍流通常由以下几个因素导致:风经过山脉形成的扰动(与强烈季候风及热带气旋有关);雷暴(微下击暴流及飑锋);海风;低空急流(与冬季季候风有关,并不常见)。针对上述特点,香港天文台在考虑机场低空风切变及湍流预警系统建设时,作了相应的设计。

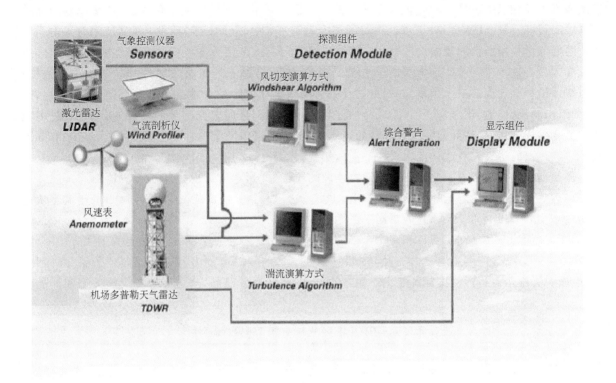

图 6.16　香港国际机场 WTWS 系统结构图

在新机场建成之初,当时对机场风场及其切变的主要探测工具是机场多普勒天气雷达(TDWR)和机场观测系统(AWOS)。TDWR 通过对风场的反演,可以较好地分辨降水天气时的小尺度切变,比如对严重影响飞行安全的微下击暴流的探测。

由于 AWOS 只能探测跑道上空的风场,为了能对飞机起飞降落区域的风场有较好的探测,天文台在跑道延长线附近海域安装了若干浮标进行风场的探测,以改善海风引起的风切变预报,协助监测地形引至的风切变。所有测风结果都纳入 WTWS 内进行风场分析,以得出有关风切变和湍流的信息。

香港机场这套比较完整的风切变及湍流预警系统实际上是以 WTWS 作为一个综合服务平台,功能除了常规意义上的平面测风系统外,还引进多普勒天气雷达、激光雷达和风廓线雷达资料,形成一个覆盖机场以及起飞降落区域的立体测风系统,不同途径得出的风切变资料不仅可以互相补充,也起到互相订正的效用。

最初的 LLWAS 出现在美国,由位于机场周边战略点上的五个地面风传感器、一个中心区地面风传感器、微处理器以及显示单元组成,系统持续监控并比较中心区与周边地面风观测值的矢量差异。周边风传感器测量瞬时风,中央控制单元每隔 10 s 从观测资料取样。而中心区传感器产生一个 2 min 连续平均地面风,作为一个与周边地面风值做比较的参考。

这样的系统对于探测穿过机场周边的阵风锋,效果是不错的。但它只能探测地面的水平风切变,对探测下滑或爬升路径上的风切变却束手无策。近些年来,LLWAS 通过扩大系统的监测范围,即从关键地带(例如跑道进近和起飞走廊)向外延伸到 5.5 km(3 nm);提供增强的探测微下击暴流的能力,改进微下击暴流探测算法;优化风传感器的性能和安装位置,使用超声波测风仪等新技术将代替常规的测风仪等手段,显著改进了它的运行效率、错报率和可维护性。

6.5.2.1　多普勒天气雷达

多普勒天气雷达可以探测许多产生风切变的天气现象(例如阵风锋、微下击暴流和龙卷)。使用单多普勒雷达的径向流场数据探测风切变现象引起的辐散模式算法,已经发展得很可靠。尤其是那些使用全相干体制,高增益天线,窄波瓣宽度和高动态范围数字接收机的天气雷达,在硬件上已经具备了良好的雷雨天气下风场探测性能。比如终端区多普勒天气雷达(TDWR,美国雷神公司制造),就是专注于探测阵风锋和微下击暴流的 C 波段多普勒天气雷达。它不仅硬件性能出色,在风切变识别的软件方面也做得很好。其 TDWR MET 算法由美国国家大气研究中心(NCAR)研发,TDWR 中微下击暴流算法使用低仰角扫描所得的径向速度数据。该算法探测沿雷达波束方向径向速度增加的片段,集合在一起形成"簇"。这个"簇"被假定为与微下击暴流相关,微下击暴流的粗略轮廓由"簇"的外围包迹构成。因而估计出每个轮廓的逆风减量,并根据估计的逆风减量和轮廓相对跑道进近、起飞走廊的位置,来发布"微下击暴流"或者"顺风切变"。阵风锋的探测使用了识别径向辐合区域的类似的技术,通过多项式曲线拟合描述阵风锋,估计出穿过阵风锋的逆风增量,并根据该增量(30 km/h(15 kt)或更多)和阵风锋是否影响跑道的进近或者起飞走廊,发布"逆风切变"告警。

多普勒天气雷达不可避免地会受到地物杂波的干扰,此影响可以通过使用杂波地图和杂波多边形减去雷达范围内重要的固定地物信号来抵消,也可以通过其他算法消除。TDWR 微下击暴流算法已达到超过 90% 的探测率和大约 6% 的错报率。

在不少同时安装有 TDWR 和 LLWAS 的机场,它们的探测数据可以结合起来使用。综合处理 TDWR 和 LLWAS 的信息有 3 种方法,按照复杂性渐增的顺序可分为"信息"层面,"产品"层面和"数据"层面。详细信息请参阅国际民航组织颁布的《低空风切变手册》。这两种探测设施数据和产品对比见表 6.2。

表 6.2　TDWR 和 LLWAS 探测数据和产品对比

分类	TDWR	LLWAS
空间分辨率	较高	较低
时间分辨率	较长	较短
测量的风速	3 维径向风	2 维风场
降水粒子反射率信息	有	没有
地面以上的情况	可以探测	只探测地面
探测的范围	大	较小
微下击暴流预报可能性	是	否

6.5.2.2　激光雷达

激光雷达的工作原理和多普勒天气雷达相似,不过激光雷达采用了波长更短的电磁波,通常工作在红外波段,因而其对近距离的晴空风场探测效果比多普勒天气雷达要好得多,数据的空间分辨率也很高。由于电磁波衰减的原因,激光雷达不适合探测雷雨回波中的风场(但可探测雷暴前端的气流),在没有降雨时的探测范围一般在 10 km 左右。在机场配备激光雷达,可以弥补多普勒天气雷达在晴好天气时对风场探测能力的不足,对于探测类似低空急流或地形原因导致的低空风切变有很好的作用。

在香港国际机场安装有两部激光雷达,使用人员针对激光雷达提供的数据,开发两套风切变运算程序。其一是激光雷达径向风切变算法(RAGA),当径向风切变的范围足够大时,发出警报提醒天气预报员;其二是激光雷达下滑道扫描所计算的风切变(GLYGA),用来直接量度下滑道的逆风廓线,并将产品提供给预报人员使用。

6.5.2.3　风(温)廓线雷达

风廓线雷达(温廓线雷达)是一种新型大气遥感设备,它以大气湍流为示踪物,通过测量回波的多普勒速度、信噪比等信息,计算出大气风场的风向、风速、垂直气流等气象要素。风廓线雷达与无线电声探测系统(RASS)相结合,还可以获得大气虚温。

风廓线雷达对探测和监视非短暂风切变有作用,例如与低空急流有关的以及地形诱导的风切变。但除了为预报强雷暴提供额外数据外,它们不适合探测沿着进近和起飞路径的对流性风切变。

6.5.3　风切变产品生成及发布

6.5.3.1　警报的种类和内容

在目前的情况下,多普勒天气雷达、激光雷达分别运行自己的风切变预警程序,然后将得出的结果送至 WTWS 平台。TDWR 主要进行微下击暴流的监测,当空速损失达时速 30 nmile 或其以上并伴随有降水时发出警报;而风切变警报则当沿跑道的风速增加或损失达时速 15 nmile 或其以上时发出;湍流警报当湍流达到中等或强烈的程度时发出(对重型飞机所预期遇到的强度而言)。香港天文台自己也开发了一些风切变运算程序,除了前面提到的针对激光雷达的 RAGA 算法和 GLYGA 算法,还开发了利用地面自动气象站及气象浮标资料识别飑锋及海风等所产生的风切变的算法(AWARE)。上述各种预报结论送至 WTWS 平台,供预报员参考使用,如[彩]图 6.17 所示。

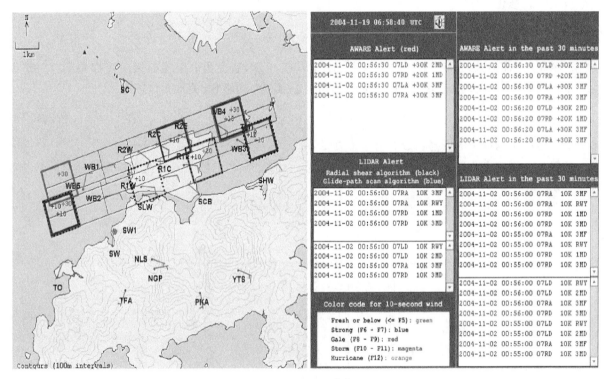

图 6.17　WTWS 系统显示界面

关于警报的内容,对于微下击暴流警报或风切变警报,应当包括警报种类、计算出的最高风速改变和位置(起飞或降落区域)。对于湍流警报,则包含警报种类、位置(起飞或降落区域)和强度。

6.5.3.2　警报的发出

低空风切变和湍流预警经以下两个途径向在香港国际机场运作的航班发出:(a)由航空交通管制员传送风切变和湍流预警:跑道两端入口 3 海里范围内的地形或对流引致的风切变和湍流,其预警会由 WTWS 自动发出,并由航空交通管制员(席位上安装有 WTTS 系统的显示终端)向飞机传送。(b)通过 ATIS 发出风切变和湍流警告:航空气象预报员会通过话音自动航站情报服务及数据化自动航站情报服务向飞机发出风切变和湍流警告。

根据对飞行安全性影响的大小,香港天文台制定了风切变警报发布的优先顺序如下:微下击暴流,其他空速损失达 30 nm 或其以上强度的风切变,空速增加达 30 nm 或其以上强度的风切变,空速损失达 15~29 nm 的风切变,空速增加达 15~29 nm 的风切变。

TDWR 计算出来的风切变警报直接通过 WTTS 系统发出。WTTS 系统计算出的风切变警报一般需要根据激光雷达图像进行校正后再决定是否发出。警报可分为 FORCAST(预报)和 FORCAST AND REPORTED(预报并且已有机组报告)的两种,这两种警报既可以通过塔台管制员(席位上安装有

WTTS 系统的显示终端)向机组通报,也可以通过 ATIS 向飞机广播。

从使用效果上看,目前的这套风切变及湍流预警系统探测效果还是很好的。根据统计资料分析,目前对于风切变的成功捕捉率已达 95%,虚报率约为 20%。

6.6 飞机观测

在 1970 年代,在世界气象组织的第一届全球大气研究项目试验中,首先提出了航空器气象资料下传(AMDAR)的概念。1991 年,航空器—卫星气象资料下传系统的实现,使 AMDAR 技术投入了实际应用。AMDAR 通过机载气象探测器和导航系统,可以测量空速、气温和高度等物理量,可以获得飞机上升和下降阶段的廓线数据以及巡航数据,并经计算机处理将实时的气象报告下传到用户。下面简要介绍相关气象参数的测量。

6.6.1 气温的测量

很多商业飞机上装备有内置型温度探头,如图 6.18 所示,通过铂电阻测温探头可以得到空气总温度。而空气静止温度(T_0)是探头测得温度(T_1)与马赫数(M)的函数,关系式如下

$$T_0 = T_1 / \left(1 + \lambda \frac{(\gamma - 1)}{2} M^2\right) \tag{6.13}$$

式中 $\gamma = c_p / c_v$,λ 为探头的恢复系数。

对于商业飞机上装备的常用探头,$\lambda = 0.97$,$\gamma = 1.4$。典型的喷气式商业飞机巡航速度的马赫数约为 0.8。

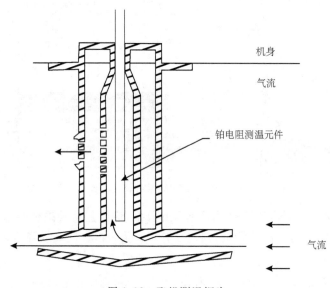

图 6.18　飞机测温探头

6.6.2 风向和风速的测量

利用从飞机导航系统(一般是惯性导航系统)和空速系统(一般是皮托管)获得的数据,可以计算出飞机相对于地面的速度(V_g)和空气相对于飞机的速度(V_a)。于是可以得到风矢量

$$V = V_g - V_a \tag{6.14}$$

要完全解出这些三维矢量,需要测量飞机的俯仰角、坡度角、侧滑角以及飞机相对于气流的垂直攻角(图6.19)。在正常水平飞行时,俯仰角、侧滑角和攻角都很小,可以忽略不计。对于大多数应用,只测量风的水平分量。这时需要输入的数据缩减为空速、航向和地速。航向和地速取自导航系统,空速需根据空速指示器的校正空速计算出来。水平风的分量(u,v)为

$$u = -|v_a|\sin\varphi + u_g$$
$$v = -|v_a|\cos\varphi + v_g$$

(6.15)

式中 $|v_a|$ 是真空速的量值，φ 是相对于正北的航向，u_g、v_g 是地速的分量。

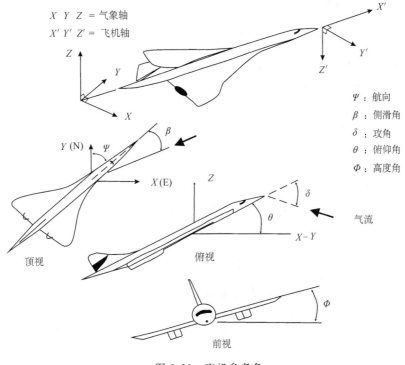

图 6.19　飞机参考角

6.6.3　气压的测量

气压通过如图 6.20 所示连接到静压头的电子气压计直接测得。气压一般以按照国际标准大气换算的压力高度表示。国际标准大气假设在 11 km 以下气温随高度线性下降，每 1 km 下降 6.5℃，海平面气温和气压分别为 15℃和 1013.25 hPa。从 11 km 到 20 km，温度假设为常数：−56.5℃。

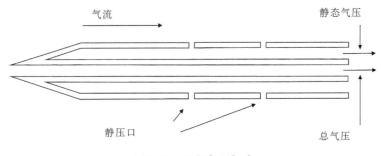

图 6.20　飞机气压探头

6.6.4　湍流

湍流尤其是晴空湍流是航空中一个重要的、有潜在危险的天气现象。总体来讲，湍流可以用 3 个指标来衡量。第一个指标是重力加速度的偏离。以重力加速度为单位标度，将湍流划分为 4 级：无湍流（峰值加速度 <0.15 g）、轻度湍流（0.15 g< 峰值加速度 <0.5 g）、中度湍流（0.5 g< 峰值加速度 <1.0 g）、重度湍流（峰值加速度 >1.0 g）。但是湍流对飞机的危害程度主要取决于空速、飞机质量、高度以及湍流本身的性质。因此根据峰值加速度发出的湍流报告应用非常有限。第二个指标是导出的相当垂直阵风速度，它定义为叠加在稳定水平风之上的能造成所测飞机加速度的瞬间垂直阵风速度，由下式可以计算

$$U_{de} = Am \Delta n / V_c \tag{6.16}$$

式中 U_{de} 为导出的相当阵风速;Δn 为飞机垂直加速度偏离 1 g 的峰值模量,单位为 g;m 为飞机总质量;V_c 为出现加速度峰值时的校准空速;A 是决定飞机类型的参数。第三个指标是涡旋消散率。这个量描述的是飞机周围湍流的垂直阵风谱。

6.6.5 相对湿度

湿度探测传感器,目前世界上仍处于研究、试用阶段,美国、加拿大等一些国家已试用了两三年,但尚未有具体的结果。到目前为止,候选的技术大多数基于地面自动气象站使用的传感器。将湿度探测传感器安装在飞机中要解决的困难主要是放置传感元件的腔室的设计问题(即要求把温度、湿度传感器放在同一个标准腔室内,并保证温度测量准确率不降低)。

6.6.6 积冰探测

飞机表面的积冰一般可以通过以下两种方法获得:一是安装在飞机机翼的薄膜传感器;二是靠近飞机表面的暴露在气流中的机械振动传感器。这两种传感器的结果均以有/无积冰表示。

参 考 文 献

M. J. 巴德,等 . 1998. 卫星与雷达图像在天气预报中的应用 . 卢乃锰,等译 . 北京:科学出版社.
何平 . 2006. 相控阵风廓线雷达 . 北京:气象出版社.

第 **7** 章
民用航空气象预报业务

民用航空气象预报业务航空天气预报是航空气象业务的重要组成部分,应用于航空飞行相关活动。航空天气预报产品是航空公司制定和调整飞行计划、管制部门进行管制指挥和运行决策、民用机场设施设备管理的重要依据之一,是飞行安全和效益的重要保障。航空天气预报与公众服务领域的天气预报相比有三个显著特点:时空分辨率高、空间覆盖范围广、预报产品种类繁多。航空天气预报的内容通常包括重要天气现象出现的时间及其发展演变,风、能见度、云和温度等气象要素的定量预报,为飞行的各个阶段提供气象信息。

本章主要介绍航空天气预报的基本资料中常规气象资料、WAFS 资料和航空器空中报告等资料的分析和应用;航空天气预报产品的种类、内容、格式、制作方法和要求等相关内容;航空数值天气预报业务中航空数值天气预报模式系统的框架和数值天气预报模式产品在航空天气预报中的释用。

7.1　基本资料

航空气象预报的基本资料除包括常规气象资料、卫星、雷达、数值预报等资料外,还包括世界区域预报系统(WAFS)资料、航空器空中报告等航空特有的资料和产品。本节重点介绍常规气象资料、WAFS 资料和航空器空中报告等资料的分析和应用。

7.1.1　常规气象资料

常规气象资料的应用主要是用于填绘和分析天气图。天气图是在底图上填绘同一时刻各地的气象观测资料,反映一定时刻广大地区的天气实况或天气形势的图。天气图的种类主要有地面天气图、高空天气图和和辅助天气图等。对天气图的分析比较,可获得天气过程发展的三维特征,并预报其变化趋势和量值。航空气象业务天气图的分析依据《民用航空气象天气图填绘与分析》行业标准进行,与地方气象部门略有差别。

7.1.1.1　地面天气图的分析

地面天气图是填绘有各地同一时刻地面观测所得到的各种气象要素和天气现象的综合天气图,是气象观测资料最详细的一种天气图,内容包括:地面各种气象要素和天气现象,如气温、湿度、风向、风速、海平面气压和雾、降水等;空中气象要素资料,如云状、云量、云高等;一些能反映短期内天气演变实况和趋势的记录,如 3 小时变压、气压倾向等。

地面天气图分析的基本内容包括等压线、高低压中心及强度;锋、切变线、赤道辐合带和飑线;热带气旋的现在位置;天气现象。在高原地区由于海拔较高可不分析等压线,在地面天气图上还可视情况分析等变压线、正负变压中心及强度；锋的过去位置，热带气旋的过去和未来位置；高、低压中心的过去位置等。

地面天气图分析的基本规则：

(1)等值线分析规则

在同一条等值线上，其数值处处相等；等值线一侧的数值要高（低）于另一侧；等值线不相交、不分叉，不闭合的等值线不在图中中断；两个高值区或两个低值区之间相邻等值线的数值要相等，且避免平行过长、距离过近；等值线要求平滑、粗细均匀，按规定的数值序列分析；地面等压线或低于高原平均高度的等压面上的等高线和等温线，要以间断线通过高原区。除某一区域无记录或等值线为闭合线外，等值线尽可能起始或终止在外围的同一经线或纬线上。

标注等值线、天气现象及系统中心符号时，标注的数值、符号要与当地纬度线平行，标注数值使用阿拉伯数字，标注数值颜色与等值线所用颜色相同。中心数值标注在中心（符号）的正下方；等值线的数值标注在闭合等值线正北方的开口处，或非闭合等值线的两端。由于等值线太密无法标注所有等值线的数值时，可等间隔省略一些等值线数值的标注。

当判断记录有误时，要在错误记录（数字或符号）上画一条短横线，温度用红色笔画，其他用黑色笔画，不在图上涂抹。能改正时，要在其旁边用黑色铅笔填写改正结果。

(2)锋、切变线、赤道辐合带和飑线的分析

锋、槽线、切变线、赤道辐合带和飑线按表 7.1 的要求标注。锋生（锋加强）、锋消（锋减弱）按表 7.1 标注：锋生在锋线上用黑铅笔画两个相对箭头，如图 7.1(a)所示；锋消在锋线上用黑铅笔画两个相反箭头，如图 7.1(b)所示。

图 7.1　锋生和锋消的标注

表 7.1　锋、槽线、切变线、赤道辐合带和飑线符号表

名称	标注方式	彩色符号
暖锋	红色实线	————
冷锋	蓝色实线	————
准静止锋	红蓝色双实线	═══════
冷式、暖式及性质未定的锢囚锋	紫色实线	————
槽线和切变线	棕色实线	————
赤道辐合带	棕色双实线	═══════
飑线	棕色间断线	–V–V–V–V–

准静止锋中，红色实线标在暖空气一侧，蓝色实线标在冷空气一侧。

准静止锋、赤道辐合带的线宽宜为 2 mm，其他线条的线宽宜为 1 mm。

(3)等压线、高低压中心及强度的分析

等压线根据气压数值和风的情况进行分析，用黑色实线绘制。等压线穿过锋线时要有明显的气旋性弯曲，锋线两侧的气压梯度和温度差越大，气旋性弯曲的曲率越大，直至成折角，折角的尖端指向高压一侧。在闭合等压线的正北方和非闭合等压线的两端标注等压线的百帕数。

等压线的间隔和标注要求：在亚欧图上，每隔 5 hPa 分析一条等压线，其数值为"……、995、1000、1005、……"，分别标注为"……、995、1000、1005、……"；在东亚图上，每隔 2.5 hPa 分析一条等压线，其数值为"……、997.5、1000.0、1002.5、……"，分别标注为"……、997.5、1000.0、1002.5、……"；在更小范围区域图上或气压场较弱时，每隔 2 hPa 或 1 hPa 绘制一条等压线。

因山脉的存在，常使山区气压梯度过大，出现等压线不连续的情形，可分析一条或多条地形等压线

（波状线），参见图7.2。地形等压线绘制在山脉迎风坡一侧，其走向与山脉走向大致平行，不斜穿山脉；进出地形等压线数及数值要一一对应；地形等压线每一端的几条等压线不能汇在一点上。

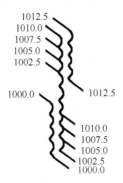

图7.2 地形等压线图例

高压中心标注蓝色的"H"，低压中心标注红色的"L"，热带气旋中心标注红色热带气旋符号"⌀"。高压中心确定在气压最高和反气旋环流中心处，低压中心确定在气压最低和气旋环流中心处；当最高或最低气压值的位置与环流中心不一致时，考虑气压的准确程度和风的记录代表性，按可靠的记录确定；当根据风和气压的记录难以确定气压系统中心时，以气压系统最内一条等压线所围的几何中心为系统的中心；如在一条闭合等压线内有两个或两个以上环流中心时，只标注在主要环流中心处；没有闭合的等压线但有明显的气旋或反气旋环流时，绘制气旋（低压）环流圈（图7.3(a)）或反气旋（高压）环流圈（图7.3(b)）。

（a）   （b）

图7.3 气旋（低压）环流和反气旋（高压）环流

在闭合高、低压中心标注的"H"或"L"正下方，用黑色笔标注气压系统的中心最大值或最小值。标注应以百帕为单位，低压中心气压值的第一位小数舍去，高压中心的第一位小数应进位为整数。

在热带气旋中心处标注红色的热带气旋符号"⌀"。根据热带气旋的等级，在热带气旋符号正上方，相应地标注红色的"TD、TS、STS、TY、STY、SuperTY"字符，在热带气旋符号正下方用黑色笔标注热带气旋中心气压数值，在该气压数值正下方用黑色笔标注热带气旋编号（以中国编号为准）。等压线数值可分析到热带气旋中心数值止，如果中间线条太密，1000 hPa以下的数值可相隔5 hPa、10 hPa、15 hPa或更大间隔分析一条等值线。

（4）等变压线、正负变压中心及强度的分析

等变压线一般分析3 h变压，高原及其附近地区可分析24 h变压。等变压线用黑色细间断线绘制，分析零变压线，一般间隔为1 hPa，变压梯度较大时可取2 hPa、3 hPa、4 hPa或5 hPa的间隔。在闭合等变压线的正北方和非闭合等变压线的两端标注等变压线的数值，只标注整数，并在数值前标注正号（＋）或负号（－），零变压线无需标注正、负号。

正变压中心用蓝色笔标出最大正变压数值，负变压中心用红色笔标出最大负变压数值，均保留一位小数。范围较大的正变压区中出现正变压较小的相对"负变压区"时，可用红色笔标注其中心的数值和正号（＋）；大片负变压区中出现负变压较小的相对"正变压区"时，可用蓝色笔标注其中心数值和负号（－）。

（5）天气现象的标注

天气现象的填图符号用规定颜色的笔标注，具体的填图符号及电码见表7.2。

表 7.2　天气现象的填图符号及电码

WW	0		1		2		3		4	
00									∿	烟
10	═	轻雾	≡	散片浅雾	≡═	浅雾	⦦	闪电	⌣·	视区内有降水未及地
20	⅃'	观测前有毛毛雨	▪]	观测前有雨	⁎]	观测前有雪	⁎•]	观测前有雨夹雪	∿]	观测前有毛毛雨或雨
30	ꙅ⊣	沙（尘）暴减弱	ꙅ⊦	沙（尘）暴无大变化	⊢ꙅ	沙（尘）暴加强	ꙅ⊣	强沙（尘）暴减弱	ꙅ⊦	强沙（尘）暴无大变化
40	(≡)	近区有雾	═≡	散片的雾	≡⊥	天顶可辨雾渐减弱	≡	天顶不可辨雾渐减弱	≡⊤	天顶可辨雾无大的变化
50	'	间歇性轻毛毛雨	''	连续性轻毛毛雨	'⸴	间歇性毛毛雨	'⸴'	连续性毛毛雨	⸴'	间歇性浓毛毛雨
60	•	间歇性小雨	••	连续性小雨	⦙	间歇性中雨	∴	连续性中雨	⦙•	间歇性大雨
70	⁎	间歇性小雪	⁎⁎	连续性小雪	⁎⁎	间歇性中雪	⁎⁎	连续性中雪	⁎⁎⁎	间歇性大雪
80	▽	小阵雨	▽	中阵雨	▽	大阵雨	⁎▽	小阵性雨夹雪	⁎▽	中或大阵性雨夹雪
90	▲	中或大冰雹	⎧⎱⎰	观测前有雷暴观测时有小雨	⎧⎱⎰	观测前有雷暴观测时有中或大雨	⎧⎱⎰	观测前有雷暴观测时有小雪或雨夹雪或霰冰雹	⎧⎱⎰	观测前有雷暴观测时有中或大雪或雨夹雪或雹霰

　　降水类中电码为 14—16、20—27 和 50—88 降水标注要求：相邻三个或三个以上测站有降水时，用绿色笔圈出降水区范围，并在该区域内画绿色斜线。该斜线与纬度线交角为 45°，斜线的走向为东北—西南向，间隔为 5～10mm。对于毛毛雨、阵雨、冻雨、雪、阵雪、雨夹雪、阵性雨夹雪、雪丸、米雪和冰丸（电码 50—59、66—88），相邻三个或三个以上测站有降水时，区域内用绿色笔加注主要的基本天气现象符号（表 7.3），但冻雨（电码 56—57 和 66—67）用红色笔标注，若相邻三个或三个以上测站有冻雨时，使用红色笔圈出其范围；相邻测站不足三站有降水时，毛毛雨、阵雨、雪、阵雪、雨夹雪和阵性雨夹雪分别在测站左侧用绿色笔标注相应的填图符号，冻雨用红色笔标注相应的填图符号，其他降水在测站上画绿色斜线；若降水区内某一个或某几个测站无降水，将其用绿色铅笔圈起，该圈内不画绿色斜线；过去 1 小时降水，视同现在降水。

表 7.3　基本天气现象符号表

天气现象	符号	天气现象	符号
毛毛雨	'	冰丸（冰粒）	⧊
阵雨	▽	雾	≡
冻雨	∿	扬沙	↟
雪	⁎	沙（尘）暴	ꙅ
阵雪	⁎▽	雷暴	⎰
雨夹雪	⁎•	飑	⩔
阵性雨夹雪	⁎▽	大风	⟋
冰雹	△	龙卷	)(
雪丸（霰）	⨯	尘卷风	(⦚
米雪	▵		

　　雷暴类中电码为 13、17、29 和 89—99 的雷暴标注要求：相邻三个或三个以上测站有雷暴时，用红色笔圈出其范围，并在该区域的中心标注雷暴的基本天气符号；若雷暴区不足三站，分别在测站左侧标注

相应的填图符号;闪电或观测一小时内有雷暴,其标注同现在雷暴的标注;当雷暴区在一般降水范围内时,若相邻三个或三个以上测站有雷暴,需用红色笔圈其范围,并标注雷暴的基本天气符号,绿色斜线可穿越;如雷暴区不足三站,除分别用红色笔标注其填图符号外,绿色斜线可穿越;同一测站当过去 3 小时雷暴与现在雷暴同时出现时,只标注现在雷暴;当过去 3 小时雷暴不与现在雷暴同时出现时,过去 3 小时雷暴用蓝色笔在测站右下角标注其雷暴符号,相邻三个或三个以上测站用蓝色笔圈出其范围。

沙(尘)暴类中电码为 09 和 30—35 的沙(尘)暴,大风(12 m/s 或其以上的风)及其他天气现象标注要求:相邻三个或三个以上测站有沙(尘)暴或大风,用棕色笔圈出其范围,并在该区域中心标注棕色的沙(尘)暴或大风的基本天气符号;不足三个站时,在测站左侧用棕色笔逐一加注其相应的填图符号;标注大风符号的风向应和实际风向一致。当风向变化较大时,要标注不同方向的风的符号,所标注的不同风向之间间隔要大于 90°;大风区和沙(尘)暴区重合时,只圈一个范围,同时标注大风和沙(尘)暴符号;如不重合,分别圈出其范围并标注相应的符号。

雾类中电码为 11—12、28 和 40—49 的雾标注要求:相邻三个或三个以上测站有雾时,用黄色笔圈出雾区范围,并在雾区内画黄色斜线;相邻测站不足三站不圈范围,在测站左侧逐一标注雾的填图符号。高山站的大风和雾可不标注。尘卷、飑和龙卷(电码为 08、18、19)在测站左侧用红笔标注其基本天气符号。

扬沙天气可视情标注,相邻三个或三个以上测站有扬沙,用棕色笔圈出其范围,并在该区域中心标注棕色的扬沙基本天气符号;不足三个站时,在测站左侧用棕色笔逐一加注其相应的填图符号。

当不同类的天气现象同时出现在同一测站时,如大风和沙暴,雷暴和大风、雷暴和沙暴、雷暴和雾等,分别按照各自类别的要求标注。

(6)主要天气系统过去位置或预计未来位置

地面天气图上一般只标注同样的前一张天气图的主要天气系统位置。锋面的过去位置使用黄色实线标注,准静止锋可不标注过去位置。高、低压压中心的过去位置分别使用黄色笔标注"H"和"L"。热带气旋中心的过去位置使用黄色笔标注,只标注热带气旋符号,不标注热带气旋编号;热带气旋中心的现在位置和过去位置使用带箭头的黑色实线相连,箭头指向现在位置;热带气旋中心的预计未来 24 小时位置使用黑色笔标注,只标注热带气旋符号,不标注热带气旋编号;现在位置和预计位置使用带箭头的黑色间断线相连,箭头指向预计位置。

7.1.1.2 高空天气图的分析

高空天气图是填绘有各地同一时刻同一等压面或等高面上高空气象要素分布的天气图,主要填绘风向风速、等压面温度、温度露点差和位势高度等。民航气象业务常用的高空天气图有 850 hPa、700 hPa、500 hPa 和 300 hPa。

高空天气图分析的基本内容包括等高线和高、低位势中心;等温线和冷、暖中心;500 hPa 及其以下高空天气图还需分析槽线、切变线、赤道辐合带、热带气旋的现在位置等。视情况分析和标注槽线、切变线和高低位势中心等的过去位置。

高空天气图分析的基本规则:

(1)等值线分析规则

在高空天气图上,等温线起始或终止应在等高线起始或终止经线内侧的一条经线上。其他分析规则同地面天气图。

(2)等高线、高低位势中心和热带气旋中心的分析

等高线使用黑色实线绘制,500 hPa 及其以下高空天气图通常每隔 4 dagpm 分析一条等高线,500 hPa 以上高空天气图通常每隔 8 dagpm 分析一条等高线。

高位势中心标注蓝色的"H",低位势中心标注红色的"L",热带气旋中心标注红色热带气旋符号"℅",在热带气旋中心外围无闭合等高线时,绘制一个气旋环流圈。

高位势中心确定在反气旋环流中心和位势高度最高处,低位势中心确定在气旋环流中心和位势高

度最低处;当最高或最低位势高度值的位置与环流中心不一致时,考虑位势高度值的准确程度和风的记录代表性,按可靠的记录确定;当根据风和位势高度值的记录难以确定高、低位势中心时,以系统最内一条等高线所围的几何中心为系统的中心;如在一条闭合等高线内有两个或两个以上环流中心时,只标注在主要环流中心处;没有闭合的等高线但有明显的气旋或反气旋环流时,绘制气旋(低位势中心)环流圈(图 7.4(a))或反气旋(高位势中心)环流圈(图 7.4(b))。

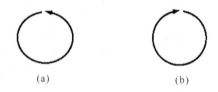

(a)   (b)

图 7.4 气旋(低位势中心)环流和反气旋(高位势中心)环流

(3) 等温线和冷暖中心的分析

等温线使用红色实线绘制,每隔 4℃分析一条等温线,数值为 4 的整数倍,负值等温线在数值前标注负号。冷中心标注蓝色"C",暖中心标注红色"W"。

(4) 槽线和切变线的分析

槽线和切变线使用棕色单实线绘制,赤道辐合带使用棕色双实线绘制,见表 7.1。

(5) 主要天气系统的过去位置

高空天气图上一般标注同样的前一张天气图的主要天气系统位置,槽线、切变线和赤道辐合带使用黄色实线标注,高、低位势中心的过去位置使用黄色笔分别标注"H"和"L"。

7.1.1.3 辅助天气图的分析

辅助天气图包括热带气旋路径图、温度对数压力图和流线图。

(1) 热带气旋路径图

热带气旋路径图上使用黑色实心小圆点标注热带气旋中心的过去位置、现在位置和预期位置,用黑色实线连接现在位置与过去位置,用虚线连接现在位置与预期位置。热带气旋中心的气压数值、日期和时间(北京时)标注在热带气旋中心位置旁边,热带气旋中心最初形成位置处的旁边标注热带气旋编号。

(2) 温度对数压力图

温度对数压力图上填绘的内容有各标准等压面和特性层上的气温、气压和风向、风速的数据;湿度仅在 200 hPa 以下填绘。

温度对数压力图上分析的内容有不稳定能量的面积和性质,温度层结曲线、露点层结曲线和状态层结曲线;必要时可分析表征大气稳定度的有关指数,如沙氏(SI)指数、K 指数等;云层及其底高;其中正不稳定能量的面积涂成红色,负不稳定能量的面积涂成蓝色。

(3) 流线图

流线图上的单站资料只填绘风向、风速。流线图上使用黑色笔绘制成矢线,流线(矢线)上每一点与该点的风向相切,流线的方向与风向一致;流线不能任意终止,但可起止于渐近线、涡旋中心、中性点等风向有急剧变化的地方;在比较平直的流场中,流线的疏密要与风速的大小成正比;流线可以汇合或离散。

7.1.2 WAFS 资料

WAFS 有两个世界区域预报中心,分别设置在华盛顿和伦敦,两个世界区域预报中心按照国际民航组织(ICAO)附件三的规定制作 WAFS 产品,通过卫星广播在全球范围进行航空气象情报资料的分发。民航气象中心(目前由华北地区气象中心代行)将接收到的资料根据各地的需求进行控制分发。WAFS 资料主要包括报文资料、图形资料和数值预报资料,产品主要有全球高空风/温度预报、对流层顶高度和最大风预报以及重要天气预报等。

7.1.2.1　报文资料

WAFS 传输的报文资料按照世界气象组织(WMO)的编码规则进行,以文本的方式传输世界各地机场的例行天气报告、特殊天气报告、机场预报和重要气象情报等。

7.1.2.2　图形资料

WAFS 以 PNG 图像格式或 BUFR 编码格式广播欧亚、北太平洋、中低纬等区域的重要天气预告图。PNG 图像格式的预告图用户可以显示打印,直接使用。而 BUFR 编码格式的预告图需要用户根据飞行的需要进行反演,生成满足航路飞行要求的区域的产品。

世界区域预报中心发布 0000,0600,1200 和 1800UTC 四个时次的重要天气预报(Significant Weather Forecasts,SIGWX),其有效时间为 24 h。为保证尽可能快且必须在发布时次 11 h 内完成产品的发布,SIGWX 预报产品以 WMO BUFR 编码格式进行发布。

SIGWX 预报产品分为两类:高层重要天气预报,高度在 FL250 和 FL630 之间;中层重要天气预报,高度在 FL100 和 FL250 之间,范围是根据地区空中航行需要而确定的有限区域。

高层和中层重要天气预告产品主要包括以下要素:预计 10 min 平均风速达到或超过 34 kt;飓风;中等或剧烈的颠簸(云中或晴空);中等或严重的积冰;大范围的沙尘暴;危险的云分布;对流层顶高;急流;火山灰;对飞行可能造成影响的放射性污染。

7.1.2.3　数值预报资料

数值预报资料主要是以 GRIB 编码的格点数据。世界区域预报中心每天四次发布全球的格点预报,预报是基于标准观测 0000,0600,1200,1800UTC 时次的天气数据加工生成的,其有效时间分别是 6 h,12 h,18 h,24 h,30 h 和 36 h。每次预报的发布应该在标准观测时间后 6 h 内尽快地完成。因此格点数据的发布是以 WMO 的 GRIB 格式进行的,为减少数据的传输量,格点在水平方向以 140 km 为间隔(相当于纬度的 1.25°),即在赤道附近数据点较多,极点附近数据点较少。

发布的主要要素有:各飞行层的高空风,温度:FL50(850 hPa),FL100(700 hPa),FL140(600 hPa),FL180(500 hPa),FL240(400 hPa),FL300(300 hPa),FL340(250 hPa),FL390(200 hPa),FL450(150 hPa)和 FL530(100 hPa);对流层顶高和温度;最大风向、风速和高度;飞行层 FL50(850 hPa),FL100(700 hPa),FL140(600 hPa),FL180(500 hPa)的湿度数据;飞行层 FL50(850 hPa),FL100(700 hPa),FL140(600 hPa),FL180(500 hPa),FL240(400 hPa),FL300(300 hPa),FL340(250 hPa),FL390(200 hPa)和 FL450(150 hPa)的位势高度数据。

发布的全球数值预报产品为便于数据储存,WAFS 将全球分为八个区域 I、J、K、L、M、N、O、P(表7.4)。中国大部分在 J 区域内。每个区域的格点的分布如表 7.5 所示。

表 7.4　WAFS 资料分布

区域	I	J	K	L
代号	100	200	300	400
代表	0°~90°N	0°~90°N	0°~90°N	0°~90°N
区域	30°W~60°E	60°~150°E	150°E~120°W	120°W~30°W

区域	M	N	O	P
代号	500	600	700	800
代表	0°~90°S	0°~90°S	0°~90°S	0°~90°S
区域	30°W~60°E	60°~150°E	150°E~120°W	120°W~30°W

表 7.5　WAFS 资料的具体格点分布

北半球列数	南半球列数	纬度	格点数	北半球列数	南半球列数	纬度	格点数	北半球列数	南半球列数	纬度	格点数
1	73	0.00	73	26	48	31.25	63	51	23	62.50	35

北半球列数	南半球列数	纬度	格点数	北半球列数	南半球列数	纬度	格点数	北半球列数	南半球列数	纬度	格点数
2	72	1.25	73	27	47	32.50	62	52	22	63.75	33
3	71	2.50	73	28	46	33.75	61	53	21	65.00	32
4	70	3.75	73	29	45	35.00	60	54	20	66.25	30
5	69	5.00	73	30	44	36.25	60	55	19	67.50	29
6	68	6.25	73	31	43	37.50	59	56	18	68.75	28
7	67	7.50	73	32	42	38.75	58	57	17	70.00	26
8	66	8.75	73	33	41	40.00	57	58	16	71.25	25
9	65	10.00	72	34	40	41.25	56	59	15	72.50	23
10	64	11.25	72	35	39	42.50	55	60	14	73.75	22
11	63	12.50	72	36	38	43.75	54	61	13	75.00	20
12	62	13.75	71	37	37	45.00	52	62	12	76.25	19
13	61	15.00	71	38	36	46.25	51	63	11	77.50	17
14	60	16.25	71	39	35	47.50	50	64	10	78.75	16
15	59	17.50	70	40	34	48.75	49	65	9	80.00	14
16	58	18.75	70	41	33	50.00	48	66	8	81.25	12
17	57	20.00	69	42	32	51.25	47	67	7	82.50	11
18	56	21.25	69	43	31	52.50	45	68	6	83.75	9
19	55	22.50	68	44	30	53.75	44	69	5	85.00	8
20	54	23.75	67	45	29	55.00	43	70	4	86.25	6
21	53	25.00	67	46	28	56.25	42	71	3	87.50	5
22	52	26.25	66	47	27	57.50	40	72	2	88.75	3
23	51	27.50	65	48	26	58.75	39	73	1	90.00	2
24	50	28.75	65	49	25	60.00	38				
25	49	30.00	64	50	24	61.25	36				

7.1.3 航空器空中报告

航空器空中报告包括航空器气象资料下传(AMDAR)资料和话音方式的航空器空中报告。世界气象组织和国际民航组织于1998年提出了将航空器气象资料下传,并通过 GTS 实现全球共享的一项国际间的合作计划——AMDAR 计划。该计划旨在推动飞机气象观测资料的应用服务和全球数据共享,以弥补洋面、高原以及沙漠地区观测资料的不足。

随着我国航空事业的快速发展,越来越多的运输飞机装备或开通了气象观测处理仪器。为响应WMO 的要求,中国气象局和中国民航局商定,利用民航已建成的地空数据链下传航空器所探测到的气象资料。2002 年 11 月份,航空器下传的气象资料通过民航气象数据库系统向国家气象信息中心转发,由国家气象信息中心向 GTS 交换。到目前为止,每天处理的飞机报告已有当初的 800 多份,提升到每天 2 万~3 万份。

AMDAR 资料的内容主要包括飞机尾号、观测时间、高度、经纬度、风向、风速、温度、飞行阶段等。特殊情况下还包括颠簸和积冰报告。

航空器气象资料的下传频率根据飞行的不同阶段,有所差别,在起飞、降落阶段相对较密,在 1 分钟左右,在巡航阶段相对时间较长,在 5 分钟左右。

话音方式的航空器空中报告是飞行中的飞行员通过话音将所遇到的重要天气如颠簸、积冰、雪暴和风切变等通报给管制员,管制员再通报给有关的航空器和气象部门。

7.2　航空天气预报

　　航空天气预报包括机场预报、着陆预报、起飞预报、区域预报、航路预报、重要气象情报、低空气象情报、机场警报和风切变警报等。由于气象要素在空间和时间上的多变性、预报技术上的限制,以及某些要素定义的局限性,预报中任何要素的具体数值可理解为在该预报时段内该要素最可能的值。同样,预报中某一要素出现或变化的时间理解为最可能的时间。气象台发布一个新的预报,意味着自动取消以前所发布的同类的、同一地点、同一有效时段或其中一部分的任何预报。

7.2.1　机场预报

　　机场预报是由机场气象台在特定的时间发布的,对机场特定时段预期气象情况的简要说明。目前我国发布的机场预报有 9 小时预报和 24 小时预报,9 小时预报每隔 3 小时发布一次,24 小时预报每隔 6 小时发布一次。国际上从 2009 年已开始发布 30 小时的机场预报,我国保留差异。

7.2.1.1　基本内容

　　机场预报的基本内容通常包括地面风、能见度、天气现象、云和在有效时段内一个或多个上述气象要素预期的重要变化;需要时也可包括气温的预期状况,即有效时段内预期的最高/最低气温及预期出现的时间。

7.2.1.2　适用范围

　　机场预报的适用范围是以该机场跑道中心点为中心,以 50 km 为半径的范围内。机场预报中的时间均为协调世界时。

7.2.1.3　发布格式

　　机场预报按照《国际民用航空公约附件三》规定的格式和顺序编报,以"TAF"为标志,按照机场预报模板(表 7.6),以报文的形式编报和发布。

表 7.6　TAF 预报模板

要素名称	详细内容	模板	举例
报告种类的标志 (M)	预报种类(M)	TAF TAF AMD(修订报) TAF COR(更正报)	TAF; TAF AMD; TAF COR
地名代码(M)	ICAO 地名代码(M)	nnnn	ZBAA
发布预报的日期和时间(M)	发布预报的日期和时间(协调世界时)(M)	nnnnnnZ	160000Z
缺报的标识(C)	缺报标识符(C)	NIL	NIL
如果缺报,TAF 结束。			
预报的日期和有效时段(M)	预报的日期和有效时段(M)	nnnnnn	160024; 080918
取消报的标识(C)	取消报标识符(C)	CNL	CNL
如果预报被取消,TAF 结束。			
地面风(M)	风向(M)	nnn 或 VRB	24004MPS;VRB01MPS; 180P49MPS;00000MPS; 24008G14MPS;
	风速(M)	[P]nn	
	重大的风速变化(C)	G[P]nn	
	测量单位(M)	MPS	

要素名称	详细内容	模板			举例
能见度(M)	主导能见度(M)	nnnn		CAVOK	0350；CAVOK； 7000；9999
天气(C)	天气现象的强度(C)	弱(－)或强(＋)	—		＋DZ；TS； －SN；MIFG；BLSA； ＋TSRASN； －SNRA； －DZ FG； ＋SHSN BLSN； FZRA； －FZDZ PRFG
	天气现象的特征和种类(C)	毛毛雨(DZ) 雨(RA) 雪(SN) 米雪(SG) 冰丸(PL) 尘暴(DS) 沙暴(SS) 雷雨(TSRA) 雷伴雪(TSSN) 雷伴冰丸(TSPL) 雷伴雹(TSGR) 雷伴小雹和/或雪丸(TSGS) 阵雨(SHRA) 阵雪(SHSN) 阵性雹(SHGR) 阵性小雹和/或雪丸(SHGS) 冻雨(FZRA) 冻毛毛雨(FZDZ)	冰晶(IC) 雾(FG) 轻雾(BR) 沙(SA) 尘(DU) 霾(HZ) 烟(FU) 火山灰(VA) 飑(SQ) 尘卷风(PO) 漏斗云(FC) 雷暴(TS) 冻雾(FZFG) 高吹雪(BLSN) 高吹沙(BLSA) 高吹尘(BLDU) 低吹雪(DRSN) 低吹沙(DRSA) 低吹尘(DRDU) 浅雾(MIFG) 碎片雾(BCFG) 部分雾(PRFG)		
云(M)	云量和云底高度或垂直能见度(M)	少云(FEWnnn) 疏云(SCTnnn) 多云(BKNnnn) 阴天(OVCnnn)	VVnnn 或 VV///	SKC 或 NSC	FEW010；VV005；SKC； OVC020；VV///；NSC； SCT005 BKN012； SCT008 BKN025CB
	云状(C)	积雨云(CB)	—		
气温(O)	要素名称(M)	TX			TX25/13Z TN09/05Z； TX05/12Z TNM02/03Z
	最高温度(M)	[M]nn/			
	最高温度的出现时间(M)	nnZ			
	要素名称(M)	TN			
	最低温度(M)	[M]nn/			
	最低温度的出现时间(M)	nnZ			

续表

要素名称	详细内容	模板			举例
在有效时段内上述一项或几项要素的预期重大变化(C)	变化或概率指示码(M)	PROB30[TEMPO]或 PROB40[TEMPO]或 BECMG 或 TEMPO 或 FM			TEMPO 1518 25007G13MPS; TEMPO 1214 17007G13MPS 1000 TSRA SCT010CB BKN020; PROB30 1214 0800 FG;
	发生或变化的时段(M)	nnnn			
	风(C)	nnn[P]nn[G(P)]nnMPS 或 VRBnnMPS			
	主导能见度(C)	nnnn		CAVOK	
	天气现象的强度(C)	弱(－)或强(＋)	—	NSW	BECMG 1214 RA; TEMPO 0304 FZRA; TEMPO 1215 BLSN; PROB40 TEMPO 0608 0500 FG;
	天气现象的特征和种类(C)	毛毛雨(DZ) 雨(RA) 雪(SN) 米雪(SG) 冰丸(PL) 尘暴(DS) 沙暴(SS) 雷雨(TSRA) 雷伴雪(TSSN) 雷伴冰丸(TSPL) 雷伴雹(TSGR) 雷伴小雹和/或雪丸(TSGS) 阵雨(SHRA) 阵雪(SHSN) 阵性雹(SHGR) 阵性小雹和/或雪丸(SHGS) 冻雨(FZRA) 冻毛毛雨(FZDZ)	冰晶(IC) 雾(FG) 轻雾(BR) 沙(SA) 尘(DU) 霾(HZ) 烟(FU) 火山灰(VA) 飑(SQ) 尘卷风(PO) 漏斗云(FC) 雷暴(TS) 冻雾(FZFG) 高吹雪(BLSN) 高吹沙(BLSA) 高吹尘(BLDU) 低吹雪(DRSN) 低吹沙(DRSA) 低吹尘(DRDU) 浅雾(MIFG) 碎片雾(BCFG) 部分雾(PRFG)		
	云量和云底高度或垂直能见度(C)	少云(FEWnnn) 疏云(SCTnnn) 多云(BKNnnn) 阴天(OVCnnn)	VVnnn 或 VV///	SKC 或 NSC	FM1230 15005MPS 9999 BKN020; BECMG 1820 8000 NSW NSC; BECMG 0608 SCT015CB BKN020;
	云状(C)	CB			

注 1:标有(M)表示每份报文中的必备部分。

注 2:标有(C)表示依气象条件或观测方式而定的部分。

注 3:标有(O)表示任选部分。

7.2.1.4 风的预报

地面风的预报包括风向和风速。风向指预期盛行的风向,当预期风向多变而不可能预报一个盛行的地面风向时,例如在微风(2 m/s 以下)或雷暴的情况下,风向可作为变量用"VRB"来表示。我国机场预报使用的风速单位是米/秒(m/s),风速大小以 1—49 的自然数表示。当预报风速小于 1 m/s 时,预报的地面风以"00000MPS"(静风)表示;当预报风速大于等于 50 m/s 时,预报的风速可表示为"P49MPS"(超过 49 m/s)。

7.2.1.5 能见度的预报

能见度预报主导能见度,即观测到的达到或超过四周一半或机场地面一半的范围所具有的最大能见度的值。按下列增量等级编报:800 m 以下,以 50 m 为一个增量等级编报;800～5000 m,以 100 m 为一个增量等级编报;5000~9999 m,以 1000 m 为一个增量等级编报;大于等于 10 km 时,都应当作 10 km(预报 CAVOK 的情况除外)。当能见度大于或等于 10 km,且没有对飞行有重要影响的云和表 7.6 中所列的重要天气现象时,能见度项不编报,以 CAVOK 代替。

7.2.1.6 天气现象的预报

如果预期冻降水,冻雾,中或大的降水(包括阵性降水),低吹尘、低吹沙或低吹雪,高吹尘、高吹沙或高吹雪,尘暴,沙暴,雷暴(伴有或不伴有降水),飑,漏斗云(陆龙卷或水龙卷)等天气现象中的一种或几种在机场出现,分别预报它们的特征和强度;

当预报上述一种或几种天气现象全部结束时,使用"NSW"表示。

7.2.1.7 云的预报

云的预报包括云量、云底高度(以下简称云高)和云状。

云量预报使用 FEW、SCT、BKN 和 OVC 表示,代表的含义分别是少云、疏云、多云和阴天,代表的云量分别为 1~2 个八分量、3~4 个八分量、5~7 个八分量、8 个八分量。如果预报无云,且不适用"CAVOK"时,使用"SKC"表示。当预期天空状况不明或变为不明,无法预报云,而机场有有效的垂直能见度的情报时,应预报垂直能见度,用"VV"紧接垂直能见度的预报数值。

云高和垂直能见度按下列增量等级预报:当云高小于或等于 3000 m 时,以 30 m 为等级预报;大于 3000 m 时,以 300 m 为等级预报;当垂直能见度小于或等于 600 m 时,以 30 m 为等级预报。

云状仅预报对飞行有重要影响的积雨云,用 CB 表示。当预报没有对飞行有重要影响的云,也不适用"CAVOK"或"SKC"时,应使用"NSC"表示。

当预报几层云层或云块时,应按下列顺序报出云量和云高:最低的云层或云块,不论其量多少,预报 FEW、SCT、BKN 或 OVC;第二层云层或云块,其量应大于 2/8,预报 SCT、BKN 或 OVC;更高一层的云层或云块,其量应大于 4/8,预报 BKN 或 OVC;积雨云可单独编报。

7.2.1.8 指示码

机场预报中的变化组指示码包括"BECMG"、"TEMPO"与"FM"。"BECMG"描述气象情况以规则或不规则的速度达到或经过特定值的预期变化,"BECMG"描述的变化时段不超过 2 h。"TEMPO"描述气象情况达到或经过特定值的预期短暂波动,每次波动持续时间不超过 1 h,并且波动所占时间应小于预期发生波动的预报时段的一半。

对地面风、能见度、天气现象、云等气象要素的变化进行指示,使用指示码"BECMG"与"TEMPO",紧接预期发生变化的时段,并用协调世界时(UTC)小时整数来表明时段的起始和终止时间。只有预期有重大变化的气象要素才列在变化指示码之后,云组除外。当云有重大变化时,所有的云组,包括预期没有变化的云层或云块都要表明。当预期盛行天气情况将有重大变化,几乎变成完全不同的情况时,有效时段宜细分成几个独立部分,用"FM"及其后紧跟的预期变化发生的时间组来表示,时间组是协调世界时(UTC)小时和分钟的 4 位数字。"FM"后面的细分时段应是独立的,所有在"FM"前面的预报情况应被"FM"后面的情况所替代。

7.2.1.9 检查、修订和取消

编制机场预报的气象台要对已发布的 TAF 报不断检查,视情况进行修订和取消。当已发布的机场预报达到修订条件时,要发布修订预报;当不能持续检查已发布的 TAF 报时,要发布取消报。修订机场预报和使用变化组的条件如下,符合某个气象要素的其中之一即可:

风:当预报平均地面风向的变化大于等于 60°,且平均风速在变化前和(或)变化后大于等于 5 m/s 时;当预报平均地面风速的变化大于等于 5 m/s 时;当预报平均地面风风速变差(阵风)增加大于等于 5 m/s,且平均风速在变化前和(或)变化后大于等于 8 m/s 时;当预报地面风的变化将经过对飞行有重要影响的数值(这些数值应由气象部门与相应的空中交通服务部门和有关航空营运人协定)时,风的变化应考虑:要求使用跑道的变化;跑道顺风和侧风分量变化将经过代表在该机场运行的典型航空器的主要飞行极限的数值。

能见度:当预报主导能见度上升并达到或经过下列一个或多个数值,或下降并经过下列一个或多个数值时:150 m、350 m、600 m、800 m、1500 m 或 3000 m;5000 m(当有大量的按目视飞行规则的飞行时)。

天气现象:当预报冻降水,中或大的降水(包括阵性降水,尘暴,沙暴中的一种或几种天气现象开始、终止或强度变化时;当预报冻雾,低吹尘、低吹沙或低吹雪,高吹尘、高吹沙或高吹雪,雷暴(伴或不伴有降水),飑,漏斗云(陆龙卷或水龙卷)中的一种或几种天气现象开始、终止时。

云:当预报 BKN 或 OVC 云量的最低云层的云高抬升并达到或经过下列一个或多个数值,或降低并经过下列一个或多个数值时:30 m、60 m、150 m 或 300 m;450 m(在有大量的按目视飞行规则的飞行时);当预报低于 450 m 的云层或云块的量的变化满足下列条件之一时:从 SCT 或更少到 BKN、OVC;从 BKN、OVC 到 SCT 或更少;当预报积雨云将发展或消失时;当预报垂直能见度上升并达到或经过下列一个或多个数值,或下降并经过下列一个或多个数值时:30 m、60 m、150 m 或 300 m。

根据本场的最低运行标准,由气象部门和航空营运人协定的其他条件。

7.2.1.10　TAF 报文示例

TAF ZBAA 130430Z 130615 31007MPS 8000 SHRA FEW005 FEW010CB SCT018 BKN025 TEMPO 1014 4000 +SHRA PROB30 TEMPO 1315 TSRA SCT005 BKN010CB

译文:北京首都机场的航站预报,发报时间 13 日 04:30(UTC),预报有效时间为 13 日 06:00(UTC)至 15:00(UTC)。地面风向 310°,风速 7 m/s,能见度 8000 m,中阵雨,有 1/8~2/8 量的云,云底高度 150 m,1/8~2/8 量的积雨云,云底高度为 300 m,3/8~4/8 量的云,云底高度为 540 m,5/8~7/8 量的云,云底高度 750 m。预计在 10:00(UTC)至 14:00(UTC)之间有短暂变化,能见度变为 4000 m,大阵雨。在 13:00(UTC)至 15:00(UTC)之间,有 30% 概率出现中等强度的雷雨,3/8~4/8 量的云,云底高度 150 m,5/8~7/8 量的积雨云,云底高度 300 m。

7.2.1.11　质量评定

航空天气预报质量不仅是衡量预报水平高低的标准,也是航空气象预报对飞行安全与效益所具备价值的直接体现。我国的《航站重要天气预报质量评定办法》(总局空发[1995]146 号)已经执行了十余年,随着国际民航组织附件三和民航气象行业标准的变化,此办法体现出与现有预报业务及用户需求不相适应之处。为进一步规范民用航空机场预报质量评定工作,科学和客观地反映预报水平,提高航空气象服务水准,加强天气预报质量管理,借鉴国内外先进的预报质量评估方法,民航气象研究制定了新版的《机场预报质量评定办法》,并同时研发了配套的机场预报质量评定系统软件,实现对机场预报质量评定的自动化和智能化。

(1)评定范围

《机场预报质量评定办法》包括《机场预报全要素评定办法》和《机场预报重要天气要素评定办法》。

民航气象中心按照《机场预报全要素评定办法》,定时对境内参加交换的机场预报逐份进行全要素评定;民用航空机场气象台按照《机场预报重要天气要素评定办法》,定时对发布的机场预报逐份进行重要天气要素评定。

(2)评定方法

《机场预报全要素评定办法》对机场预报中的风、主导能见度、天气现象、云(不含积雨云)和积雨云五个项目进行逐时评定,评定依据为机场各时刻的天气报告。评定结果有月单项要素预报准确率和月平均预报准确率。

《机场预报重要天气要素评定办法》对机场预报的重要天气进行评定,评定项目包括:

平均风速大于 P 值的风;小于 P 值的主导能见度;雷暴(TS)、水(陆)龙卷(FC)、冰雹(GR、SHGR、GS)、飑等雷暴类天气现象;中度及其以上降雪、雨夹雪;中度及其以上的液态降水、雨夹雪;冻雨(FZRA)、冻毛毛雨(FZDZ)等冻降水;云高(或垂直能见度)低于 P 值的云。其中 P 为阈值,可根据情况确定。能见度评定的阈值 P 取值为 1000 m,云评定的阈值 P 根据机场的最低运行标准来确定,风评定的阈值 P 一般设为 12 m/s,也可根据机场主要运营机型的侧风标准来确定。

9 小时预报和 24 小时预报的各项目分别逐时评定,某一时次预报项目的评定以该时次(含)至下一时次前的所有天气报告为依据,雷暴的评定依据还包括本场半径 50 km 范围内的实况或本场半径 50 km 内的雷达回波(回波强度或高度由各机场气候特点来确定)。重要天气要素的评分以命中次数、空报次数、漏报次数为基础,计算命中率、虚警率、临界成功指数。命中率、漏报率、虚警率直接用分数表示,不约分;命中率和临界成功指数越大越好,其理想得分值是 1,虚警率越小越好,其理想得分值是 0。

7.2.2 着陆预报

7.2.2.1 基本内容

着陆预报采取趋势预报形式发布。趋势预报由机场天气报告(本场例行天气报告或特殊天气报告、电码格式的例行天气报告或特殊天气报告)附带的该机场气象情况预期趋势的简要说明组成。趋势预报要指明地面风、能见度、天气现象和云等要素中一个或几个的重大变化,只有预期有重大变化的要素才列入。当云有重大变化时,要表明所有的云组,包括预期没有变化的云层或云块。当能见度有重大变化时,要表明引起能见度降低的天气现象。当预期没有变化发生时,应使用"NOSIG"表明。

在趋势预报中使用的各要素的顺序、术语、单位和等级应、要与附带该部分的天气报告中的相同。趋势预报的模板见表 7.7 和表 7.8。

7.2.2.2 有效时段

趋势预报的有效时段为 2 h,起始时间为附带该趋势预报的天气报告时间。

7.2.2.3 风的预报

趋势预报要指明地面风的下列变化:平均风向变化大于等于 60°,变化前或变化后平均风速大于等于 5 m/s;平均风速变化大于等于 5 m/s;经过对飞行有重要影响的下列数值(该值应由气象部门与相应的空中交通服务部门和有关航空营运人协定)时,风的变化要考虑:要求使用跑道的变化;跑道顺风和侧风分量变化将经过在该机场运行的典型的航空器运行标准中风的极限值。

7.2.2.4 能见度的预报

趋势预报要指明主导能见度上升并达到或经过下列一个或多个数值,或下降并经过下列一个或多个数值:150 m、350 m、600 m、800 m、1500 m 或 3000 m;5000 m(在有大量的按目视飞行规则的飞行时)。

7.2.2.5 天气现象的预报

趋势预报要指明预期的下列 1~3 种天气现象的开始、终止或强度变化:冻降水;中或大的降水(包括阵性降水);尘暴;沙暴;MH/T4016.1—2007 的 8.4.4 中的其他几种天气现象(当预期引起能见度的重大变化时)。

趋势预报要指明预期的下列 1~3 种天气现象的开始或终止:冰晶;冻雾;低吹尘、低吹沙或低吹雪;高吹尘、高吹沙或高吹雪;雷暴(伴有或不伴有降水);飑;漏斗云(陆龙卷或水龙卷)。

预报上述所列的一种或几种天气现象全部结束时,使用"NSW"表示。

7.2.2.6 云的预报

趋势预报要表明云的下列变化:当预报 BKN 或 OVC 云量的最低云层的云高抬升并达到或经过以下一个或多个数值,或降低并经过以下一个或多个数值:30 m、60 m、150 m、300 m 或 450 m;当预报低于 450 m 的云层或云块的量从 SCT 或更少变化到 BKN、OVC,或从 BKN、OVC 变化到 SCT 或更少;当预报没有对飞行有重要影响的云,也不适用"CAVOK"或"SKC"时,应使用"NSC"表示;当预期天空状况不明或变为不明,且在机场有有效的垂直能见度的观测情报时,趋势预报应指明垂直能见度上升并达到或经过以下一个或多个数值,或下降并经过以下一个或多个数值:30 m、60 m、150 m 或 300 m。

表7.7 电码格式的例行和特殊报告的趋势预报模板

要素名称	详细内容	模板			举例
趋 势 预 报 (O)[a]	变化指示码(M)[b]	NOSIG	BECMG 或 TEMPO		NOSIG； BECMG FEW020； TEMPO 25018G25MPS； BECMG FM1030 TL1130 CAVOK； BECMG TL1700 0800 FG； BECMG AT1800 9000 NSW； BECMG FM1900 0500 ＋SNRA； BECMG FM1100－ SN TEMPO FM1130 BLSN； TEMPO FM0330 TL0430 FZRA； TEMPO TL 1200 0600 BEC- MG AT1200 8000 NSW NSC； BECMG AT1130 OVC010； TEMPO TL1530 ＋ SHRA BKN012CB；
	变化时段(C)[c]		FM nnnn 或 TLnnnn 或 ATnnnn		
	风(C)[c]		nnn[P]nn[n][G[P]nn[n]]MPS		
	主导能见度(C)[c]		nnnn	CAVOK	
	天气现象：强度(C)[e]		弱(一)或 强(＋)	—	NSW
	天气现象： 特征和种类(C)[c,d,f]		毛毛雨(DZ)、 雨(RA)、雪(SN)、 米雪（SG）、冰丸 (PL)、 尘暴（DS）、沙暴 （ SS ）、 雷 雨 (TSRA)、 雷伴雪(TSSN)、 雷伴冰丸(TSPL)、 雷伴雹(TSGR)、 雷伴小雹和(或)霰 (TSGS)、 阵雨(SHRA)、 阵雪(SHSN)、 阵性雹(SHGR)、 阵性小雹和(或)霰 (SHGS)、 冻雨(FZRA)、 冻毛毛雨(FZDZ)	雾(FG)、 轻雾(BR)、 沙(SA)、 尘(DU)、 霾(HZ)、 烟(FU)、 火山灰(VA)、 飑(SQ)、 冻雾(FZFG)、 低吹雪(DRSN)、 低吹沙(DRSA)、 低吹尘(DRDU)、 浅雾(MIFG)、 碎片雾(BCFG)、 部分雾(PRFG)、 冰晶(IC)、 雷暴(TS)、 高吹雪(BLSN)、 高吹沙(BLSA)、 高吹尘(BLDU)、 沙(尘)旋风(PO)、 漏斗云(FC)		
	云量和云高或垂直能 见度(C)[g]		少云(FEWnnn)、 疏云(SCTnnn)、 多云(BKNnnn)、 阴天(OVCnnn)	VVnnn 或 VV／／／	
	云状(C)[g]		积雨云(CB)或 浓积云(TCU)		

注：标有(M)表示每份电报中的法定部分；标有(C)表示依气象条件或观测方式而定的部分；标有(O)表示任选部分。

a. 国际民用航空亚太地区航行协议规定的项目应包括在报告中。

b. 变化指示码的数目应保持最少，通常不超过三组。

c. 无论何时适用时，应包括在报告中。

d. 一组或多组，最多三组。

e. 无论何时适用时，应包括在报告中；强度为中度的，不用限定符号。

f. 降水类型毛毛雨(DZ)、雨(RA)、雪(SN)、米雪(SG)、冰丸(PL)、冰晶(IC)、雹(GR)、小雹和(或)霰(GS)可以适当结合；趋势预报中仅指示中度和大降水。

表 7.8 缩写明语格式的本场例行和特殊报告的趋势预报模板

要素名称	详细内容	模板				举例
趋势预报 (O)[a]	要素名称(M)	趋势(TREND)				TREND BECMG TL1700 VIS 800M FG;
	变化指示(M)	NOSIG	渐变(BECMG)或 短时(TEMPO)			
	变化时段(C)[b]		从(时,分)和(或)至(时,分)或在(时,分)(FMnnnn and/or TLnnnn or ATnnnn)			TREND BECMG AT1800 VIS 10KM NSW;
	风(C)[b]		风向/风速 米/秒[最大风速] (nnn/[ABV]nn[n]MPS [MAX[ABV]nn[n]])			
	主导能见度(C)[b]		能见度 米(VIS nn[n][n]M)或能见度 公里 (VIS n[n]KM)	CAVOK		TREND TEMPO TL1200 VIS 600M BECMG AT1200 VIS 10KM NSW NSC;
	天气现象:强度(C)[b]		轻度(FBL)或中 度(MOD)或严重 (SEV)	—	NSW	
	天气现象: 特征和种类(C)[b]		毛毛雨(DZ)、雨 (RA)、雪(SN)、米 雪(SG)、冰丸 (PL)、尘暴(DS)、 沙暴(SS)、雷雨 (TSRA)、雷伴雪 (TSSN)、雷伴冰丸 (TSPL)、雷伴雹 (TSGR)、雷伴小雹 和(或)霰(TSGS)、 阵雨(SHRA)、阵 雪(SHSN)、阵性 雹(SHGR)、阵性 小雹和(或)霰 (SHGS)、冻雨 (FZRA)、冻毛毛雨 (FZDZ)	雾（FG）、轻雾 （BR）、沙（SA）、 尘（DU）、霾 （HZ）、烟（FU）、 火山灰（VA）、飑 （SQ）、冻雾 （FZFG）、低吹雪 （DRSN）、低吹沙 （DRSA）、低吹尘 （DRDU）、浅雾 （MIFG）、碎片雾 （BCFG）、部分雾 （PRFG）、冰晶 （IC）、雷暴（TS）、 高吹雪（BLSN）、 高吹沙（BLSA）、 高吹尘（BLDU）、 沙（尘）旋风 （PO）、漏斗云 （FC）		TREND BECMG FM1030 TL1130 CAVOK; TREND TEMPO 250/35MPS MAX 50; TREND TEMPO FM0300 TL0430 MOD FZRA; TREND BECMG AT1130 OVC 300M;

注：标有(M)表示每份电报中的法定部分;标有(C)表示依气象条件或观测方式而定的部分;标有(O)表示任选部分。

a. 国际民用航空亚太地区航行协议规定的项目应包括在报告中。

b. 无论何时适用时,应包括在报告中。

7.2.2.7 指示码

当预期有变化发生时,电码格式的趋势预报应冠以变化指示码"BECMG"或"TEMPO"中的一个。变化指示码"BECMG"用来描述气象情况以规则或不规则的速度,达到或经过特定值的预期变化,并使用指示码"FM"、"TL"或"AT"分别紧接相应的协调世界时(UTC)小时和分钟的时间组表明预报变化发生的时段或时刻。变化指示码"TEMPO"用来描述气象情况达到或经过特定值的预期短暂波动。用指示码"FM"或"TL"分别紧接相应的协调世界时(UTC)小时和分钟的时间组表明预期短暂波动发生的时段。

"BECMG"与"FM"、"TL"或"AT"组合使用要求:当预报变化的开始和结束时间都在趋势预报时段之内时,使用"FM"和"TL"及其时间组来表明;当预报的变化从趋势预报时段的起始时间开始,但在趋势预报时段的终止时间之前结束时,省略"FM"及其时间组,只使用缩写"TL"及其时间组;当预报的变化在趋势预报时段之内开始,而在趋势预报时段的终止时间结束时,省略"TL"及其时间组,只使用"FM"及其时间组;当预报的变化发生在趋势预报时段内的某一具体时刻时,使用"AT"及其时间组;当预报变化的起、止时间与趋势预报时段的起、止时间相同,或预报变化的起、止时间都在趋势预报时段内,但具体时间不能确定时,只使用变化指示码"BECMG","FM"、"TL"或"AT"和与之结合的时间组都应省略。

"TEMPO"与"FM"或"TL"组合使用要求:当预报气象情况短暂波动的开始和结束时间都发生在趋势预报时段之内时,使用"FM"和"TL"及其时间组来表明;当预报的短暂波动从趋势预报时段的起始时间开始,但在趋势预报时段的终止时间之前结束时,省略"FM"及其时间组,只使用"TL"及其时间组;当预报的短暂波动在趋势预报时段之内开始,而在趋势预报时段的终止时间结束时,省略"TL"及其时间组,只使用"FM"及其时间组;当预报短暂波动的起、止时间与趋势预报时段的起、止时间相同时,只单独使用变化指示码"TEMPO","FM"、"TL"及其时间组都省略。

7.2.2.8　示例

METAR ZPPP 082200Z 09004MPS 6000 － TSRA SCT023CB OVC040 17/15 Q1018 BECMG AT2330 9999 NSW SCT023 BKN040＝

译文:8 日 2200 世界时,昆明机场例行天气报告;地面风向 90°;风速 4 m/s;能见度 6000 m;雷暴伴弱降水;积雨云,云底高 700 m,疏云;云底高 1200 m,阴天;气温 17℃;露点温度 15℃;修正海平面气压 1018 hPa;未来 2 小时发展趋势:世界时 2330 转变为能见度大于或等于 10 km;重要天气现象结束;疏云,云底高 700 m;多云,云底高 1200 m。

SPECI ZBAA 252240Z VRB02MPS 0600 R03/0700V0900U FG VV/// 06/05 Q1025 BECMG FM2330 0800 FG＝

译文:25 日 2240 世界时,北京首都机场的特殊天气报告;地面风向不定;风速 2 m/s;能见度 600 m;雾;03 号跑道接地地带的跑道视程变化显著,1 min 平均极小值 700 m,1 min 平均极大值 900 m,同时跑道视程在前 10 min 有上升趋势;天空不明;气温 6℃;露点温度 5℃;修正海平面气压是 1025 hPa;从 2330 世界时到 0040 协调世界时渐变为:能见度 800 m,雾。

7.2.3　起飞预报

7.2.3.1　基本内容

起飞预报描述一个特定时段的预期情况,它包含跑道综合区的预期的地面风向和风速及其变化、气温、修正海平面气压(QNH)以及气象部门与航空营运人之间协定的任何其他要素的情况。目前我国还没有要求机场气象台发布起飞预报。

7.2.3.2　有效时段和发布时间

有效时段为气象部门与航空营运人之间协定的特定时段;起飞预报应在航空器预计起飞前 3 小时内向航空营运人和飞行机组发布。

7.2.3.3　格式

起飞预报的格式由气象部门与航空营运人之间协定。起飞预报中使用的各要素的顺序、术语、单位和等级,应与同一机场内天气报告中所使用的相同。

7.2.3.4　修订

机场气象台要对已发布的起飞预报不断检查,达到修订条件时,发布修订预报。起飞预报中的地面风向和风速、温度、气压及其他任何要素的修订条件,由气象部门和航空营运人协定。该条件通常和相应的机场特殊天气报告的发布条件一致。

7.2.4　区域预报和航路预报

区域预报和航路预报分别是对特定的区域/空域和航路的特定气象要素的预报,通常包含高空风和高空大气温度、航路上重要天气现象及与之结合的云。其他要素可根据需要增加,区域预报和航路预报要覆盖所需飞行的时间和空间范围。区域预报产品包括高空风/温度预告图、重要天气预告图和低空飞行的区域预报。

7.2.4.1 高空风/温度预告图

高空风/温度预告图是在地图上用绘图方式表明某一高度层上高空风、高空温度在特定时间或时段的分布状况。高度层为固定的标准等压面高度,即:200 hPa、250 hPa、300 hPa、400 hPa、500 hPa、700 hPa、850 hPa 和 925 hPa。高空风、高空温度预告图的发布间隔为 12 h 时,有效时间分别为世界协调时(UTC)00:00、06:00、12:00 和 18:00。

(1)高空风/温度预告图的制作

预告图的底图上描绘出区域内的海岸线、主要河流、湖泊等主要地理特征;描绘出主要机场的位置,以圆点和所在城市名称的汉语拼音的第一个字母大写来识别。底图上描绘的地理网格用经纬线来表示,经线和纬线以每间隔10°的点线画出,经度和纬度数值在图上多处标注。预告图底图的投影方式,在中纬度地区使用兰勃托投影,低纬度地区使用麦卡托投影。在图上以中文和英文标明预告图的类型、日期、有效时间和制作单位的名称等。

高空风/温度预告图上制作的内容包括指定高度层上的风向、风速和温度。风速的单位一般为海里每小时(kt),温度的单位为摄氏度(℃),气压单位为百帕(hPa)。标注高空温度数据和高空风的网格点相同。风使用带风羽的风向杆来标明,风向杆的方向表示风向,风速标注的方法见表 7.9;当温度小于零度时,数字前的负号被省略,当温度大于零度时,数字前加"+"或"PS";温度不与风标重叠,底图与温度、风标重叠的部分要消隐。用于低空飞行的高空风/温度预告图格点距离不超过 500 km。用计算机编绘制的预告图,气象数据比底图资料优先,当它们重叠时,前者要消隐后者。

表 7.9 高空风和温度预告图上风速的标注方法

风速	标注
5 kt(2.5 m/s)	
10 kt(5 m/s)	
50 kt(25 m/s)	

(2)高空风/温度预告图示例(图 7.5)

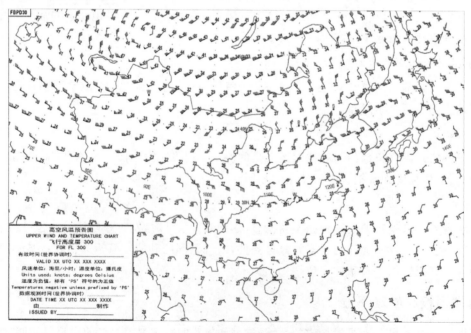

图 7.5 高空风和温度预告图的示例

7.2.4.2　重要天气预告图

重要天气预告图包括高层重要天气预告图、中层重要天气预告图和低层重要天气预告图,发布间隔为 6 h。高层重要天气预告图(SWH)指明飞行高度大于 7500 m 的高空影响飞行的重要天气现象。中层重要天气预告图(SWM)指明飞行高度小于等于 7500 m,大于 3000 m(在高原或山区可达 4500 m 或更高)的中空影响飞行的重要天气现象。低层重要天气预告图(SWL)指明飞行高度小于等于 3000 m(在高原或山区可达 4500 m,必要时可更高)的低空影响飞行的重要天气现象。

(1)重要天气预告图的制作

预告图的底图制作和标识同 7.2.4.1。重要天气预告图上,风速单位为海里每小时(kt);热带气旋、锋面、高低压中心等的移速单位为千米每小时(km/h);能见度单位为千米(km)或米(m);气压单位为百帕(hPa);急流、颠簸、积冰、云顶、云底、零度等温层等的高度,以飞行高度层表示,飞行高度层以 30 m(100 ft)为单位。

高层重要天气预告图的制作内容有:热带气旋;强飚线;中度或强烈颠簸(云中或晴空);中度或严重积冰;大范围的沙暴、尘暴;云顶高度在飞行高度 FL250 以上并与雷暴、热带气旋、强飚线、中度或强烈颠簸、中度或严重积冰、大范围的沙(尘)暴等相关的积雨云。完全确定的辐合带地面位置;与重要航路天气现象结合的锋面系统的地面位置、移向、移速;对流层顶高度、对流层顶高点高度、对流层顶低点高度;急流轴位置、高度、急流轴上最大风向、风速、急流的垂直范围;火山爆发的地点、时间、火山灰云范围;对航空器飞行有重要影响的放射性物质意外释放到大气中的位置。

中层重要天气预告图的制作内容有:热带气旋;强飚线;中度或强烈颠簸(云中或晴空);中度或严重积冰;大范围的沙暴、尘暴;在飞行高度 FL100 到 FL250 这一高度层上并与雷暴、热带气旋、强飚线、中度或强烈颠簸、中度或严重积冰、大范围的沙(尘)暴等相关的各种云;完全确定的辐合带地面位置;与重要航路天气现象结合的锋面系统的地面位置、移向、移速;急流轴位置、高度、急流轴上最大风向、风速、急流的垂直范围;火山爆发的地点、时间、火山灰云范围;云中的零度等温层高度。

低层飞行重要天气预告图的制作内容有:雷暴、热带气旋、飚线、雹、在云中或在晴空的中度或严重颠簸、山地波、航空器积冰、冻降水、大范围的沙(尘)暴、雾、降水和引起能见度低到 5 km 以下的其他现象及其影响的地区范围和高度层;云区范围、云量、云状、云顶高、云底高;小于 5 km 的地面能见度;风速大于 30 kt(≥17 m/s)的地面风;与重要航路天气现象结合的锋面地面位置及移向、移速;辐合带(线)地面位置及移向、移速;气压中心和它们未来的移向、移速;低于预报空域顶高的零度等温层高度;海面温度和海面状况;爆发火山的名称。

在重要天气预告图中,预计在预告图的有效时间将要出现的重要天气和天气系统使用符号表示。重要天气和天气系统符号见表 7.10。"CB"包含的内容应理解为所有与积雨云相结合的天气现象,即雷暴、中度或严重积冰、中度或强烈颠簸和雹。在预告图上不便标注的内容,可以在图的注释区内加以标注解释,注释区的位置不能影响预告图上其他内容的使用。具体的制作要求如下:

热带气旋:标注热带气旋中心所在位置、名称、移向和移速。热带气旋符号标在中心所在位置,热带气旋的名称使用中国气象局发布的热带气旋编号或英文名称标在热带气旋符号下方。热带气旋的移向用实心箭头表示,移速用千米每小时(km/h)为单位的整数表示,标注在移向箭头前部。

强飚线:标注强飚线所在位置,可能时标注其移向、移速。强飚线的移向用实心箭头表示,移速用千米每小时(km/h)为单位的整数表示,标注在移向箭头前部。

颠簸:标注空中颠簸区所在位置、颠簸区强度、顶高和底高。颠簸区用粗断线标注,顶高和底高标注在颠簸符号旁,顶高在上,底高在下,中间用一横线分隔。当顶高或底高超出该预告图的范围时,用 XXX 表示。

积冰:标注积冰区所在位置、强度、顶高和底高。积冰区用扇形线标注,顶高和底高标注在积冰符号旁,顶高在上,底高在下,中间用一横线分隔。当顶高或底高超出该预告图的范围时,用 XXX 表示。

大范围的沙(尘)暴:标注空中沙(尘)暴区所在位置。沙(尘)暴区用扇形线标注,沙(尘)暴的符号标注在沙(尘)暴的区域内。

风速大于 30 kt(≥17 m/s)的地面风:在出现地面风速大于 30 kt(≥17 m/s)的地方标注强地面风符号,地面风的风速在符号中用海里每小时(kt)为单位的整数表示。

雹、山地波、冻雨、雾(大范围的雾、大范围轻雾)、降水(冻雨、阵雨、毛毛雨、雨、雪)和引起空中能见度低于 5 km 的大范围的吹雪、大范围的霾、大范围的烟和山体状况不明等天气现象:这些天气现象发生的区域用扇形线标注,在区域内标注天气现象的符号,高度标注在天气现象的符号旁边,当顶高超出该预告图的范围时用 XXX 表示,底高接地时用 SFC 表示。LOC 加表示地理特征的缩写表示其具体位置。

山体状况不明是指距山体距离大于 200 m 时看不清楚其轮廓。

使地面能见度小于 5 km 的天气现象:标注使地面能见度小于 5 km 的雾、轻雾、扬沙、沙尘暴及烟等天气现象。能见度与天气现象结合在一起标注,能见度及其单位标在天气现象的左侧。能见度的单位用米(m)。当能见度小于 500 m 时,标值以 50 m 为增量;当能见度在 500~5000 m 时,标值以100 m 为增量。

积雨云:标注积雨云云区所在位置、积雨云云量、云区顶高和底高。积雨云云区用扇形线标注,积雨云的云量用下述字符表示,顶高和底高标在 CB 符号旁边,顶高在上,底高在下,中间用一横线分隔;当顶高或底高超出该预告图的范围时,用 XXX 表示。ISOL CB 云在其影响区域最大空间覆盖率不超过50%;OCNL CB 云在其影响区域最大空间覆盖率 50%~75%;FRQ CB 云在其影响区域最大空间覆盖率 75%以上;EMBD CB 云隐藏在云层中或隐藏在霾中。ISOL 一般与 EMBD 配合使用,FRQ、OCNL可以与 EMBD 配合使用,也可以单独使用,EMBD 不单独使用。

非积雨云:在中层重要天气预告图和低层重要天气预告图上标注空中非积雨云的云量、云状、云区。中层重要天气预告图仅标注云量为 BKN 或以上的云区,不标注云顶、云底高。非积雨云云区用扇形线标注。云状表示符号:CI,CC,CS,AC,AS,NS,SC,ST,CU;云量表示符号:FEW(1/8~2/8),SCT(3/8~4/8),BKN(5/8~7/8),OVC(8/8),BKN~OVC(7/8~8/8);LYR 表示云层间有间隙的、可分层的。

热带辐合带和辐合线:在高层重要天气预告图、中层重要天气预告图上只标注非常明显的、位置完全确定的辐合带(线)地面位置。在低层重要天气预告图上应标注所有的辐合带(线)地面位置及其移向、移速。移向用实心箭头表示,移速用千米每小时(km/h)为单位的整数表示,标注在移向箭头前部。

锋面系统:标注锋面系统的地面位置、移向和移速。锋面移向用实心箭头表示,标注在与锋面切线相垂直的位置,移速用千米每小时(km/h)为单位的整数表示,标注在移向箭头的前部。准静止锋的移向、移速可以不标注。

气压中心:标注气压中心的位置及未来的移向、移速。高、低压中心位置用交叉点表示,高、低气压中心属性用 H 和 L 表示,高低压中心的气压值用百帕(hPa)的整数标在交叉点的下部,移向用从交叉点出发的实心箭头表示,移速用千米每小时(km/h)为单位的整数表示,标注在移向箭头前部。

对流层顶:先标注对流层顶高点高度和对流层顶低点高度,然后在图上均匀标注对流层顶高度,在对流层顶坡度较大的区域增加标注密度。

急流:标注在该层次上最大风速超过 80 kt(40 m/s)的空中急流的急流轴位置、方向、高度和急流轴上最大风速、风向。急流轴用一条带实心箭头的粗实线描绘其位置。箭头指示急流的流向,风向、风速的标注方法与高空风和温度预告图相同。急流轴的高度用飞行高度层标注在风向风速的下方。当风速变化大于等于 20 kt(10 m/s)或高度层变化大于等于 FL30(900 m)时,用符号"‖"加以分隔。最大风速超过 120 kt(60 m/s)的急流可标注风速超过 80 kt 的垂直范围,垂直范围标在急流轴的高度下方,上下界用飞行高度层标注,中间用"/"分隔。

零度等温层高度:在符号中标注零度等温层的高度,零度等温层的高度用飞行高度层来表示。在中层重要天气预告图上只标注云区内的零度等温层高度,在低层重要天气预告图上标注空域内所有零度等温层高度。

海面温度和海面状况:在低层重要天气预告图上标注海面温度和海面状况(海浪高度)。海面温度在符号中用摄氏度(℃)为单位的整数表示,海浪高度在符号中用米(m)为单位的整数表示。

火山:标注已爆发的火山,标明火山名称、位置(经、纬度)。在低层重要天气预告图上,只标注正在喷发的火山的位置和名称。

大气中的放射性物质:当有放射性物质意外泄漏的情报时,在泄漏位置用符号标注。如果有放射性物质意外泄漏点的经纬度、泄漏的日期和时间等情报,也要标明。

表 7.10　重要天气预告图中使用的重要天气和天气系统符号

重要天气和天气系统	符号
热带气旋	 6
强飑线	 -V-V-
中度颠簸	 ∧
严重颠簸	 ♠
轻度飞机积冰	Ψ
中度飞机积冰	Ψ
严重飞机积冰	Ψ
严重沙或尘霾	S
大范围的沙(尘)暴	S
大范围的强地面风	◇40
雹	△
山地波	○
冻雨	 ∼
大范围的雾	≡
大范围的轻雾	 =
阵雨	▽
毛毛雨	,
雨	////
雪	✳
大范围的吹雪	+
大范围的霾	 ∞
大范围的烟	 ⌇
山地状况不明	⋀⋀
辐合线	 ⫘
热带辐合带	 ⊞
冷锋	 ▲▲
暖锋	 ●●
锢囚锋	▲●
准静止锋	 ●▲
急流	 ▲▲//// FL 320 220/400　　　　▲▲ FL 310

重要天气和天气系统	符号
对流层顶高点	H 460
对流层顶低点	270
对流层顶高度	380
零度等温层高度	0°:100
海面状况	10
海面温度	18
火山喷发	
大气中的放射性物质＊	

＊只标注于高层重要天气预告图

（2）预告图的修订和更正

预告图发布后,其制作单位要保持不断的检查。当所预报的要素出现变化,达到修订标准时,要制作新的预告图进行修订,并在注释区"重要天气预告图"后标注"（修订 AMD）"。如果是第 2 次或第 3 次修订,则标注"（第 2 次修订 AMD2）"或"（第 3 次修订 AMD3）"。

修订标准:对于高层重要天气预告图,当最近预期发生或不再发生颠簸和分离的、成片的或隐嵌的积雨云时;对于中层重要天气预告图,当最近预期发生或不再发生飞机积冰、颠簸、积雨云和沙暴（尘暴）时;对于任何严重影响航空器飞行的火山爆发和放射性物质意外释放到大气中,当需要标注或去除火山活动符号或放射性符号时。

当预告图需要更正时,要制作新的预告图进行更正,并在注释区"重要天气预告图"后标注"（更正 COR）"。如果是第 2 次或第 3 次更正,则标注"（第 2 次更正 COR2）"或"（第 3 次更正 COR3）"。

（3）重要天气预告图示例

图 7.6—图 7.8 分别给出高、中、低层重要天气预告图的示例。

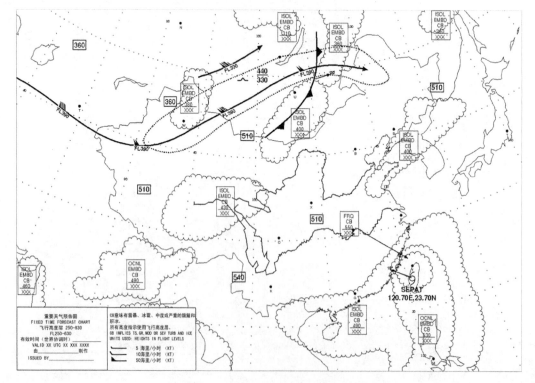

图 7.6　高层重要天气预告图的示例

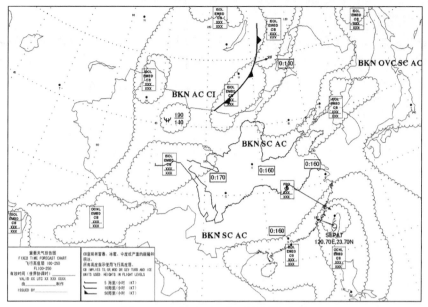

图 7.7　中层重要天气预告图的示例

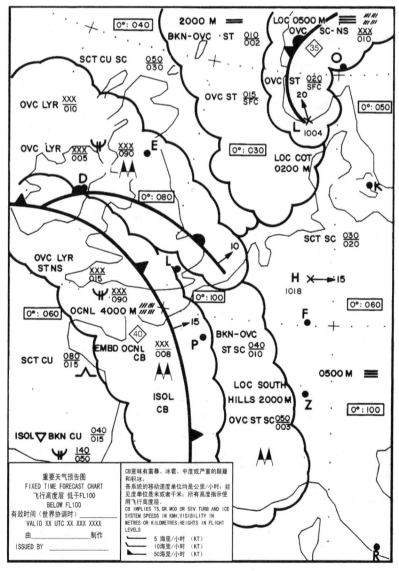

图 7.8　低层重要天气预告图的示例

7.2.4.3 低空飞行的区域预报

为飞行高度在 3000 m 以下(在高原或山区可达 4500 m 或更高)的飞行例行发布的区域预报,按照气象部门与用户协定的次数、形式、固定的时间(或有效时段)和修订标准发布和修订。目前我国民航各机场统一使用缩写明语发布低空飞行区域预报,使用 GAMET 区域预报格式和国际民航组织批准的缩写和数值。

GAMET 区域预报是由指定的气象台制作,使用缩写明语,为在飞行情报区(或分区)的低空飞行所作的并按有关的协议与邻近飞行情报区中的气象台进行交换的区域预报。

GAMET 报文示例

ZBPE GAMET VALID 220600/221200 ZBAA—

ZBPE BEIJING FIR BLW FL100

SECN Ⅰ

SFC WSPD:10/12 65KMH

SFC VIS: 06/08 3000M BR N OF N40

SIGWX:11/12 ISOL TS

SIG CLD:06/09 OVC 240/330 M AGL N OF N40 10/12 ISOL TCU 360/2400 M AGL

ICE:MOD FL050/080

TURB:MOD ABV FL090

SIGMET APPLICABLE:3,5

SECN Ⅱ

PSYS:06 L 1004 HPA N40 E110 MOV NE 25KMH WKN

WIND/T:600 M 270/70KMH PS03 1500 M 250/80KMH MS02 3000 M 240/85KMH MS11

CLD:BKN SC 750/2400 M AGL

FZLVL:900 M AGL

MNM QNH:1004 HPA

SEA:NIL

VA:NIL

译文:

由北京飞行情报区气象监视台(ZBAA)为北京飞行情报区(ZBPE)的飞行高度层 3000 m 以下发布的低空飞行区域预报;预报有效时间从 22 日 06:00(UTC)到 12:00(UTC);

第一部分:

地面风速:在 10:00(UTC)到 12:00(UTC)之间为 65 km/h;

地面能见度:在 06:00(UTC)到 08:00(UTC)之间,40°N 以北,3000 m,轻雾;

重要天气现象:在 11:00(UTC)到 12:00(UTC)之间,孤立的雷暴;

重要云况:在 06:00(UTC)到 09:00(UTC)之间,40°N 以北,阴天,云底高距地面 240 m,顶高 330 m。10:00(UTC)到 12:00(UTC)之间,有孤立的浓积云,云底高距地面 360 m,顶高 2400 m;

积冰:在飞行高度层 050 到 080 之间中度积冰;

颠簸:在飞行高度层 090 以上中度颠簸;

SIGMET 电报:第 3 份和第 5 份适用于该有效时段。

第二部分:

现在天气系统:在 06:00(UTC),在 40°N、110°E 有一个 1004 hPa 的低压中心,以 25 km/h 的速度向东北方向移动,强度在减弱;

高空风和温度:距地面 600 m,风向为 270°,风速 70 km/h,温度为 3℃;距地面 1500 m,风向为

250°,风速为 80 km/h,温度为 -2℃;距地面 3000 m,风向为 240°,风速为 85 km/h,温度为 -11℃;

云况:多云,层积云,云底高距地面 750 m,顶高为 2400 m;

零度层高度:距地面 900 m;

最低 QNH:1004 hPa;

海平面温度和海洋状况:没有;

火山灰:没有

7.2.4.4　航路预报

航路预报是为两指定机场之间的航路天气制作的预报。航路预报及其修订报使用"ROFOR"电码格式发布。目前,实际发布和应用得很少,只在一些飞行量很小的机场使用。

ROFOR 报文示例:

ROFOR 222308 KMH ZYDD ZBAA SCT100 7150/// 4100M02 31030 4110M05 32040

译文:预报有效时间为 22 日 23:00(UTC)到 23 日 08:00(UTC),丹东机场到北京首都机场的航路预报,有 3/8~4/8 量的云,云底高度 3000 m,云顶高为 4500 m,3000 m 高度气温为 -2℃,风向 310°,风速 30 km/h,3300 m 高度气温为 -5℃,风向 320°,风速 40 km/h。

7.3　航空天气警报

目前民航气象部门发布的警报包括机场警报和风切变警报。机场警报是对可能严重影响地面航空器和机场设备、设施安全的气象情况的简要说明。风切变警报是对观测到的或预期出现的风切变作简要说明,即对可能严重影响跑道面与其上空 500 m 之间的进近航径上、起飞航径上或盘旋进近期间的航空器,以及在跑道上处于着陆滑跑或起飞滑跑阶段的航空器的风切变作简要说明。因地形产生高度超过跑道上空 500 m 的有重要影响的风切变,则不受 500 m 的限制。

7.3.1　机场警报

机场警报包括出现或预期出现的下列天气现象:热带气旋(机场 10 min 平均地面风速预期达到或超过 17 m/s);雷暴;冰雹;雪(包括预期的或观测到的积雪);冻降水;霜冰或雾凇;沙暴;尘暴;扬沙或扬尘;强地面风和阵风;飑;霜;火山灰;海啸;气象部门和用户协定的其他天气现象。发布机场警报的定量标准由气象部门和用户协定。当所涉及的天气现象不再出现或预期不再出现时,要取消相应的机场警报。

机场警报可参考机场警报模板(表 7.11)形式发布,也可使用与用户协定的其他方式发布。

表 7.11　机场警报模板

内容	详细内容	模板	举例
机场地名代码(M)	机场地名代码(M)	nnnn	YUCC
电报种类的标志(M)	电报种类和相应的序号(M)	AD WRNG n	AD WRNG 2
有效时段(M)	有效时段的日期和时间(协调世界时)	VALID nnnnnn/nnnnnn	VALID 211230/211530

如果要取消机场警报,详见本模板末尾。

内容	详细内容	模板	举例
天气现象(M)	引起发布机场警报的天气现象的描述	TC nnnnnnnnnn 或 [HVY] TS 或 GR 或 [HVY] SN [nnCM] 或 [HVY] FZRA 或 [HVY] FZDZ 或 RIME(霜冰或雾凇) 或 [HVY] SS 或 [HVY] DS 或 SA 或 DU 或 SFC WPSD nn[n]KMH MAX nn[n] (SFC WPSD nn[n]KT MAX nn[n]) 或 SQ 或 FROST 或 TSUNAMI(海啸) 或 VA 或 自由文本不超过 32 个字符	TC ANDREW; HVY SN 25CM; SFC WDSPD 80KMH MAX 120; VA; TSUNAMI
观测到的或预报的现象(M)	标明天气情报是观测到并预期持续的,还是预报的	OBS [AT nnnnZ] 或 FCST	OBS AT 1200Z; OBS; FCST
强度变化(C) 或	预期强度变化	INTSF 或 WKN 或 NC	WKN
机场警报取消	对应标识的机场警报的取消	CNL AD WRNG n nnnnnn/nnnnnn	CNL AD WRNG 2 211230/211530

注:标有(M)表示每份报文中的必备部分;标有(C)表示适用时,依条件而定的部分。

7.3.2 风切变警报及告警

风切变警报可参考风切变警报模板(表 7.12)的形式发布,也可使用与用户协定的其他方式发布。可作为补充情报包括在本场例行天气报告或特殊天气报告、电码格式的例行天气报告或特殊天气报告中。

当风切变不再出现或预期不再出现时应取消相应的风切变警报。风切变警报的取消标准要依据航空器空中报告或经过各方认同的风切变消失时间间隔,由气象部门和相应的空中交通管理部门、航空营运人协定。

在使用自动地基风切变遥感或探测设备探测风切变的机场,要发布由这些系统生成的风切变告警。风切变告警要提供简明的、及时更新的探测到的下列风切变的情报:即逆风或顺风的变化达 8 m/s 或其以上,可能严重影响在最后进近航径上、最初起飞航径上的航空器以及在跑道上进行着陆滑跑或起飞滑跑的航空器的风切变;风切变告警要指明风切变所在跑道的具体区域和沿进近或起飞航径的距离。风切变告警最少每分钟更新一次。一旦逆风或顺风的变化降到 8 m/s 以下,要立即取消风切变告警。

示例:

WS WRNG B737 REPORTED SEV WS IN CLIM OUT RWY36 AT 1010=

译文:风切变警报,波音 737 报告,1010UTC 在 36 号跑道的爬升区域有严重风切变。

WS WRNG 01 160450 WS APCH RWY34 REP AT 160440 B737 SFC WIND:020/20KMH 60M WIND:030/50KMH=

译文:16 日 0450 世界时发布第一份风切变警报,在 34 号跑道进近区域,波音 737 在 0440 时报告有风切变,地面风为 20°,20 km/h,60 m 高度上的风为 30°,50 km/h。

表 7.12 风切变警报模板

要素	详细内容	模板	举例
机场地名代码(M)	机场地名代码	nnnn	YUCC
报文种类的标志(M)	报文的种类和序列编号	WS WRNG [nn]	WS WRNG 01
发布的日期、时间和有效时段(M)	以国际时发布的日期、时间,和有效时段(可能时)	nnnnnn [VALID TL nnnnnn]	211230　　　　VALID TL 211330
如果要取消风切变警报,详见本模板末尾。			
天气现象(M)	天气现象的标识和位置	[MOD] 或 [SEV] WS IN APCH 或 [MOD] 或 [SEV] WS [APCH] RWYnnn 或 [MOD] 或[SEV] WS IN CLIMB—OUT 或 [MOD] 或[SEV] WS CLIMB—OUT RWYnnn 或 MBST IN APCH 或 MBST [APCH] RWYnnn 或 MBST IN CLIMB—OUT 或 MBST CLIMB—OUT RWYnnn	WS APCH RWY12; MOD WS RWY34; WS IN CLIMB—OUT; MBST APCH RWY26; MBST IN CLIMB—OUT
观测到的、报告的或预报的现象(M)	标明天气情报是观测到或报告的并预期持续的,还是预报的	REP AT nnnn nnnnnnnn 或 OBS [AT nnnnZ]或 FCST	REP AT 1510 B747 OBS AT 1205Z;FCST
天气现象的细节(C)	引发风切变警报的天气现象的描述	SFC WIND:nnn/nnKMH（或 nnn/nnKT）nnnM（nnnFT）—WIND:nnn/nnKMH（或 nnn/nnKT） 或 nnKMH（或 nnKT）ASPEEDL nnKM（或 nnNM）FNA RWYnn 或 nnKMH（或 nnKT）ASPEEDG nnKM（或 nnNM）FNA RWYnn 或 REP ATnnnn nnnnnnnn	SFC WIND: 320/20KMH 60M WIND:360/50KMH; （SFC WIND: 320/10KT 200FT WIND:360/25KT); 60KMH ASPEEDL 4KM FNA RWY13; (30KT ASPEEDL 2NM FNA RWY13); REP AT 1510 B747
风切变警报的取消	对应于标识的风切变警报的取消	CNL WS WRNG nnnnnn/nnnnnn	CNL WS WRNG 1 211230/211330

7.4 重要气象情报和低空气象情报

7.4.1 重要气象情报

重要气象情报由国际航空气象监视台发布,针对可能影响航空器飞行安全的特定航路天气现象的出现或预期出现的情报。重要气象情报应对有关预报区域内发生或预期发生可能影响航空器飞行安全的天气现象,以及这些天气现象在时间和空间上的发展作简要说明。

7.4.1.1 基本内容

重要气象情报包含的基本内容是:雷暴、热带气旋 TC(加气旋名称)、严重的山地波(SEV MTW)、强沙暴(HVY SS)、严重颠簸(SEV TURB)、积冰、强尘暴(HVY SS)及火山灰 VA（加火山名称）。每一份重要气象情报只能包含其中任一种现象。

其中,含有对雷暴的状态描述,包括:模糊的(OBSC TS)、隐藏的(EMBD TS)、频繁的(FRQ TS)、飚线(SQL TS)、模糊并伴有冰雹(OBSC TSGR)、隐藏并伴有冰雹(EMBD TSGR)、频繁并伴有冰雹(FRQ TSGR)、飚线伴有冰雹(SQL TSGR);而对积冰现象,需要描述原因和程度,使用"严重积冰(SEV ICE)"和"由于冻雨引起的严重积冰(SEV ICE)(FZRA)"这样的描述方式;有关雷暴或热带气旋的重要气象情报中,就意味着包含有与其结合的颠簸和积冰,不再单独描述。

7.4.1.2 有效时间

重要气象情报的有效时段不超过 4 小时,有关火山灰云和热带气旋的重要气象情报的有效时段延长到 6 小时。

重要气象情报在有效时段开始前的 4 小时内发布。有关火山灰云和热带气旋的重要气象情报,在有效时段开始前的 12 小时内尽早发布。火山灰云和热带气旋的重要气象情报最少每 6 小时更新一次。

7.4.1.3 发布格式

重要气象情报使用缩写明语编制,即用国际民航组织批准的缩写和数值,按规定的格式和顺序编报。重要气象情报以"SIGMET"标明,"SIGMET"后面紧接重要气象情报序号,从当日的 00:01(UTC)起,与为该飞行情报区发布的重要气象情报的份数相对应。

7.4.1.4 重要天气情报的取消

当有关的天气现象在该地区不再出现或预期不再出现时,发布一份重要气象情报,以取消相应的重要气象情报。

7.4.1.5 重要天气情报示例

雷暴的 SIGMET 报

ZBPE SIGMET 2 VALID 221230/221600 ZBAA—

ZBPE BEIJING FIR OBSC TS OBS AT 1210Z NW OF ZBAA TOP FL250 MOV E 40 KMH WKN

译文:

北京飞行情报区气象监视台(ZBAA)发布的有关北京飞行情报区(ZBPE)22 日第 2 份重要气象情报,报文有效时段自 22 日 12:30(UTC)至 16:00(UTC)。

在北京飞行情报区,于 12:10(UTC)观测到模糊不清的雷暴,位于北京首都机场西北方向,雷暴顶高为飞行高度层 250,以 40 km/h 的速度向东移动,强度减弱。

热带气旋的 SIGMET 报

YUCC SIGMET 3 VALID 251600/252200 YUDO—

YUCC AMSWELL FIR TC GLORIA OBS AT 1600Z N2706 W07306 CB TOP FL500 WI 150 NM OF CENTRE MOV NW 10KT NC FCST 2200Z TC CENTER N2740 W07345

译文:

Donlon 国际航空气象监视台(YUDO)为 AMSWELL 飞行情报区(以 Amswell 区域管制中心的代码 YUCC 标识)发布的 25 日第 3 份重要气象情报,报文有效时段自 25 日 16:00(UTC)到 22:00(UTC)。

在 AMSWELL 飞行情报区,于 16:00(UTC)观测到热带气旋 GLORIA 位于 27°06′N,73°06′W,在中心 150 nmile 范围之内,积雨云顶高为飞行高度层 500,向西北移动,移速 10 kt,强度不变。预报 22:00(UTC)时,气旋中心位于北纬 27°04′,西经 73°45′。

火山灰的 SIGMET 报

YUDD SIGMET 2 VALID 211100/211700 YUSO—

YUDD SHANLON FIR/UIR VA ERUPTION MT ASHVAL LOC E S1500 E07348 VA CLD OBS AT 1100Z FL310/45O APRX 220KM BY 35KM S1500 E07348 — S1530 E07642 MOV ESE

65KMH FCST 1700Z VA CLD APRX S1506 E07500－S1518 E08112－S1712 E08330－S1824 E07836

译文：

Shanlon 国际航空气象监视台（YUSO）为 SHANLON 飞行情报区（以 Shanlon 区域管制中心/高空飞行情报区的代码 YUDD 标识）发布的 21 日第 2 份重要气象情报，报文有效时段自 21 日 11:00(UTC)到17:00(UTC)。

在 Shanlon 飞行情报区/高空飞行情报区，ASHVAL 火山喷发，火山位于 15°00′S、73°48′E。11:00(UTC)观测到火山灰云位于飞行高度层 310 至 450 之间，范围大约为长 220 km，宽 35 km，15°00′S、73°48′E至 15°30′S、76°42′E；向东南偏东方向移动，移速 65 km/h。预计 21 日 17:00(UTC)，火山灰云大约位于 15°06′S、75°00′E 至 15°18′S、81°12′E 至 17°12′S、83°30′E 至 18°24′S、78°36′E 范围内。

严重颠簸的 SIGMET 报

YUCC SIGMET 5 VALID 221215 / 221600 YUDO－

YUCC AMSWELL FIR SEV TURB OBS AT 1210Z YUSB FL250 MOV E 40 KMH WKN

译文：

Donlon 国际航空气象监视台（YUDO）为 AMSWELL 飞行情报区（由 Amswell 区域管制中心的代码 YUCC 标识）发布的 22 日第 5 份重要气象情报，报文有效时段自 22 日 12:15 至 16:00(UTC)。

在 YUSB 机场上空飞行高度层 250，于 12:10(UTC)观测到严重颠簸，预计以 40 km/h 的速度向东移动，强度减弱。

7.4.2　低空重要气象情报

低空气象情报是国际航空气象监视台发布的可能影响航空器低空飞行安全的特定预报区域内天气现象的发生或预期发生的情报，该情报中的天气现象未包含在为有关的飞行情报区（或其分区）的低空飞行发布的预报中。

7.4.2.1　基本内容

每份低空气象情报应包括低于 FL100（在山区为 FL150）以下出现或预期出现的影响飞行的天气现象之一，包括：大范围的大于 17 m/s(SFC WSPD 加风速和单位)地面平均风速、能见度、雷暴、山地状况不明、云况、中度积冰(MOD ICE)、中度颠簸(MOD TURB)及中度的山地波(MOD MTW)。

能见度的限定为：大范围低于 5000 m 的地面能见度(SFC VIS)，包括引起能见度降低的天气现象。

雷暴的描述，则需要区分出状态：孤立的不伴冰雹的雷暴(ISOL TS)、分离的不伴冰雹的雷暴(OCNL TS)、孤立的伴冰雹的雷暴(ISOL TSGR)、分离的伴冰雹的雷暴(OCNL TSGR)。

云况的描述则包括：云底距地面小于 300 m 的大范围多云和阴天。对于积雨云则需要附加"孤立的(ISOL CB)、分离的(OCNL CB)、频繁的(FRQ CB)"来描述其形态。

有关雷暴或积雨云的低空气象情报，不再描述与其结合的颠簸和积冰。

7.4.2.2　有效时段

低空气象情报的有效时段应不超过 4 h。

7.4.2.3　发布格式

低空气象情报应使用缩写明语编制，即用国际民航组织批准的缩写和数值，按附录 E 规定的格式和顺序编。低空气象情报应以"AIRMET"标明。"AIRMET"后面紧接低空气象情报序号，从当日的 00:01(UTC)起，与为该飞行情报区发布的低空气象情报的份数相对应。

7.4.2.4　低空气象情报取消

当有关的天气现象在该地区不再出现或预期不再出现时，发布一份低空气象情报以取消相应的低空气象情报。

7.4.2.5 低空气象情报的示例

雷暴的 AIRMET 报

YUDD AIRMET 1 VALID 151520/151800 YUSO—

YUDD SHANLON FIR ISOL TS OBS N OF S50 TOP ABV FL100 STNR WKN

译文：

气象监视台（YUSO）为 SHANLON 飞行情报区（以 Shanlon 区域管制中心的代码 YUDD 标识）发布的 15 日第 1 份 AIRMET 报，报文有效时段自 15 日 15：20（UTC）到 18：00（UTC）。

在 SHANLON 飞行情报区，观测到孤立的雷暴，位置在 50°S 以北，顶高在飞行高度层 100 以上，预计稳定少动，强度减弱。

AIRMET 报的取消报

YUDD AIRMET 2 VALID 151650/151800 YUSO—

YUDD SHANLON FIR CNL AIRMET 1 151520/151800

译文：

气象监视台（YUSO）为 SHANLON 飞行情报区（以 Shanlon 区域管制中心的代码 YUDD 标识）发布的 15 日第 2 份 AIRMET 报，报文有效时段自 15 日 16：50（UTC）到 18：00（UTC）。

SHANLON 飞行情报区的第 1 份 AIRMET 情报（有效时段 151520 至 151800）取消。

7.5 航空数值天气预报

随着计算机技术的发展，探测技术、新计算方法和气象科学本身的进步，数值天气预报技术不断改进，数值天气预报水平也不断提高。目前，数值天气预报已成为现代气象预报业务的基础和提高预报准确率与服务水平的科学途径。随着航空数值天气预报模式系统的建设和发展，航空数值预报业务将成为航空综合天气预报的基础和民航气象业务现代化的重要基础手段。

民航的数值天气预报业务主要侧重于模式产品的释用。民航气象系统获取数值天气预报产品主要通过两个途径：接收英国和美国世界区域预报中心卫星广播的 WAFS 数值天气预报产品，引接中国气象局等相关单位的全球模式数值天气预报产品。地区气象中心利用 WAFS 和中国气象局提供的数值天气预报模式数据实现航空天气预报指导产品的制作、应用与发布。随着民航气象业务现代化进程的不断推进，航空用户需求的不断提升，部分地区气象中心、机场气象台（站）陆续开展了数值天气预报的业务试验、中尺度数值天气预报模式的运行、数值天气预报模式产品针对航空用户需求的统计释用等。

本节介绍航空数值天气预报系统的模式框架和数值预报模式产品在航空中的释用。随着航空数值天气预报模式系统的建设和业务应用的推广，航空数值天气预报业务将成为航空综合天气预报的基础和民航气象业务现代化的重要基础手段。

7.5.1 航空数值天气预报模式系统

航空数值天气预报模式系统包括全球航空数值天气预报模式系统和有限区域航空数值天气预报模式系统。

（1）全球航空数值天气预报模式系统

全球航空数值天气预报模式系统是航空数值天气预报业务系统的核心和基础系统，在民航气象中心业务运行，弥补其他数值预报产品在时空密度、预报区域和航空需求针对性等方面的局限性，满足航空气象业务和发展的需求。系统为实现预报技术跨越式发展提供基础平台，为有限区域航空数值预报系统提供背景场和边值条件。

全球航空数值天气预报模式系统面向航空气象业务需求，是体现航空气象特点和用户需求的数值天气预报系统。该系统包括航空数值天气预报模式系统、资料同化系统、集合预报系统、航空数值天气预报解释应用系统以及数值预报产品的统计检验系统。该系统为空管、航空公司、机场运行部门等民航用户提供客观、精细、定时定点定量的气象服务基础产品,为民航地区气象中心及机场气象台(站)提供预报指导产品,为亚洲区域高空飞行气象情报的制作和 SIGMET 咨询信息的制作提供技术支持,是开展航空气象数值天气预报研究工作及后续业务的基础。

(2)有限区域航空数值天气预报系统

有限区域航空数值预报系统在民航地区气象中心业务运行,满足区域精细化预报和服务的需求,为机场终端区预警预报系统提供背景和基础。系统采取多尺度通用、模块化、支持多重双向嵌套、适合高性能并行计算规则的主流预报模式,并辅以成熟的变分同化技术、气象资料质量控制等前处理手段,以及航空气象指导和咨询决策服务产品制作、模式性能检验功能、历史天气过程的回报与模拟诊断功能、预报产品的实时发布等后处理手段,包括相应的系统自动侦错和应急备份等功能。

有限区域航空数值天气预报系统包括模式资料收集及处理分系统、资料同化分系统、精细化数值预报模式分系统、模式性能检验及评估分系统、模式产品后处理及可视化显示分系统、模式产品分发分系统、系统运行管理分系统等。系统具备较强的系统容错能力及必要的人工干预手段,以保障系统自动、高效、稳定的运行。所输出的产品满足国际民用航空公约附件三《国际航空气象服务》中有关航务对预报准确性的要求,为航空天气预报客观化、精细化提供支持,是民航地区气象预报业务的基础。

有限区域航空数值预报系统专用于重点地区,以地区气象中心为核心,是涵盖全地区的综合性航空数值预报支持体系,满足区域性流量管理、航空公司以及终端区高密度空中交通管制对翔实、准确的气象预报服务信息的需求。

7.5.2　数值天气预报模式产品在航空中的释用

数值天气预报模式产品为航空气象预报业务提供了更丰富的资料来源,利用格点化的模式预报产品生成多种资料场图形产品,通过诊断分析和物理量计算得到各种物理量诊断产品、气象指数和预报参数,对预报航空重要天气极为重要。本节给出一些数值预报模式产品在航空中的释用范例。

7.5.2.1　基本产品

利用模式格点资料对选定区域的基本物理量按照需要进行直接显示或叠加显示。基本产品包括风、温度、相对湿度、垂直速度、位势高度、气压、对流层顶高度及降水量等。风场的显示方式有风羽、流线、全风速等值线、风矢量等,通常与温度、湿度、对流层顶高度等叠加显示;温度、相对湿度、垂直速度、位势高度、气压、对流层顶高度及降水量通常以等值线显示,通过设定等值线的间隔、颜色、线型(虚线或点线)、最大值、最小值、阴影区等做增强显示。以下给出对流层顶高度图([彩]图 7.9)和最大风速及其所在高度图([彩]图 7.10)示例。

7.5.2.2　诊断产品

利用基本物理量的模式格点资料,通过诊断分析量和基本物理量之间的物理公式进行相应的数学计算,得到诊断分析物理量的格点数据,按照需要进行直接显示或叠加显示。常用的诊断分析物理量有涡度、散度、温度平流、温度露点差、假相当位温、假相当位温平流等,诊断计算的结果可单独显示,也可与基本产品或其他诊断产品叠加一起显示。

7.5.2.3　对流指数产品

对流指数产品常用来诊断分析和预报雷暴等强对流天气的发生。目前航空气象预报业务常有的对流指数产品有 TT 指数、气团指标(K 指数)、强天气威胁指标(SWEAT)、垂直螺旋度、500 hPa 与 850 hPa 的温度差、400 hPa 与 300 hPa 的位涡差等。

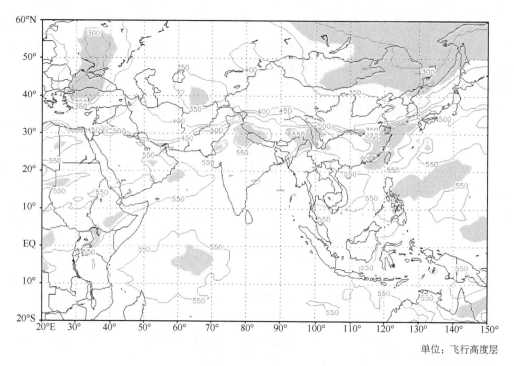

单位：飞行高度层

图 7.9　对流层顶高度图

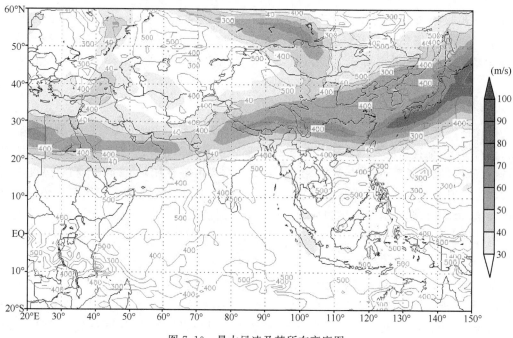

图 7.10　最大风速及其所在高度图

（1）TT 指数

$$TT = T_{850} + T_{d850} - 2T_{500}$$ (7.1)

即 850 hPa 的温度露点之和减去 2 倍的 500 hPa 温度。TT 值越大，表示越不稳定。

（2）气团指标（K 指数）

$$K = T_{850} - T_{500} + T_{d850} - (T - T_d)_{700}$$ (7.2)

式中 T_d 为温度，T_d 为露点，下标为等压面。K 值大小与可能出现的雷雨活动的关系为：$K<20$，无雷雨；$20<K<25$，孤立雷雨；$25<K<30$，零星雷雨；$30<K<35$，分散雷雨；$K>35$，成片雷雨。

（3）强天气威胁指标（SWEAT）

$$I = 12T_{d850} + 20(T-49) + 28f_8 + f_5 + 125(S+0.2) \tag{7.3}$$

式中 T_{d850} 是 850 hPa 的露点，若 $T_{d850}<0$，此项取 0；T 为 850 hPa 温度、露点的和减去 500 hPa 温度的 2 倍，若 T 小于 49，则 $20(T-49)$ 项取 0；f_8 是 2 倍的 850 hPa 风速（m/s）；f_5 是 2 倍的 500 hPa 风速（m/s）；$S=\sin(500 \text{ hPa 风向}-850 \text{ hPa 风向})$；切变项 $125(S+0.2)$ 在下列任一条件不具备时取 0：850 hPa 风向在 130°～250°之间；500 hPa 风向在 210°～310°之间；500 hPa 风向减 850 hPa 风向为正；850 hPa 及 500 hPa 的风速至少等于 7 m/s。I 值仅仅是潜在的强烈天气的指示，高 I 值不意味着当时出现强烈天气；切变项及风速项等是专门用以区别一般雷暴和强雷暴的。

（4）垂直螺旋度

在 p 坐标下，将 k－螺旋度定义为

$$H_k = -\left(\frac{\partial v}{\partial x} - \frac{\partial u}{\partial y}\omega = -\zeta\omega\right) \tag{7.4}$$

研究表明：暴雨区与垂直螺旋度有较好的对应关系。

7.5.2.4　航空气象专用产品

颠簸和积冰是影响航空安全运行上的重要天气，预报难度大，通过模式数据计算颠簸和积冰的相关指数可指导预报。

（1）颠簸指数预报

颠簸指数预报目前常用的有 L－P 指数和 EIlrod 指数（EI）。

L－P 指数预报采用计算方法参见 8.5.2.1 节中的（6）。

［彩］图 7.11 是 L－P 颠簸指数图例。图中当 $50\%\leqslant P<70\%$，预报有轻度颠簸；当 $70\%\leqslant P<85\%$，预报有中度颠簸；当 $P\geqslant85\%$，预报有严重颠簸。

EIlrod 指数（EI）的计算方法是：

首先计算出 EI

$$EI = \text{VWS} \times (\text{DEF} + \text{DIV}) \tag{7.5}$$

式中垂直风切变 $\text{VWS} = \dfrac{\Delta V}{\Delta z}$；散度 $\text{DIV} = -\left(\dfrac{\mathrm{d}u}{\mathrm{d}x} + \dfrac{\mathrm{d}v}{\mathrm{d}y}\right)$；总形变 $\text{DEF} = \sqrt{\text{DSH}^2 + \text{DST}^2}$，切变项 $\text{DSH} = \left(\dfrac{\mathrm{d}v}{\mathrm{d}x} + \dfrac{\mathrm{d}u}{\mathrm{d}y}\right)$，拉伸项 $\text{DST} = \left(\dfrac{\mathrm{d}u}{\mathrm{d}x} - \dfrac{\mathrm{d}v}{\mathrm{d}y}\right)$。

判据为：当 $4\leqslant EI<8$ 时，预报有轻度颠簸；当 $8\leqslant EI<12$ 时，预报有中度颠簸；当 $EI\geqslant12$ 以上时，预报有严重颠簸。［彩］图 7.12 是 EIlrod 颠簸指数图例。

（2）积冰指数预报

$$积冰指数 = 2\times(RH-50)\left[\frac{T(T+14)}{-49}\right] \tag{7.6}$$

式中 RH 为相对湿度，T 为温度。指数为正，代表孤立的潜在积冰区，而最可能出现积冰的区域，积冰指数接近 100。积冰指数公式的前半部分表示水滴的数量、大小，随相对湿度由 50% 到 100%，指数表现为从 0 到 100 呈线性增长。公式的后半部分用温度的二次方项来拟合所观测到的水滴增长率，该部分在 $T=-7℃$ 时为最大值 1，$T=-14℃/0℃$ 时取最小值 0，温度超出（0～$-14℃$）范围，增长率设为 0。积冰指数的最大值出现在 $RH=100\%$ 和 $T=-7℃$ 的附近区域。［彩］图 7.13 是积冰预报图例。

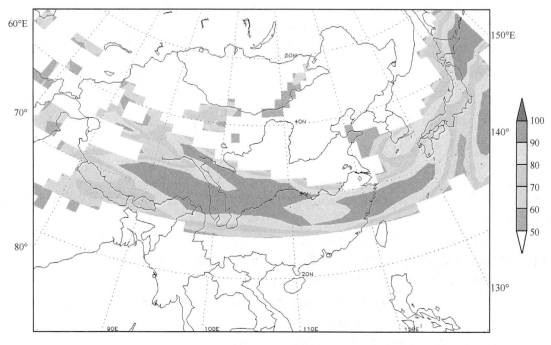

图 7.11 L—P 颠簸指数图

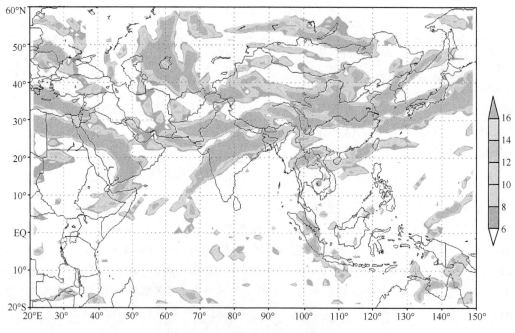

图 7.12 EIlrod 颠簸指数图

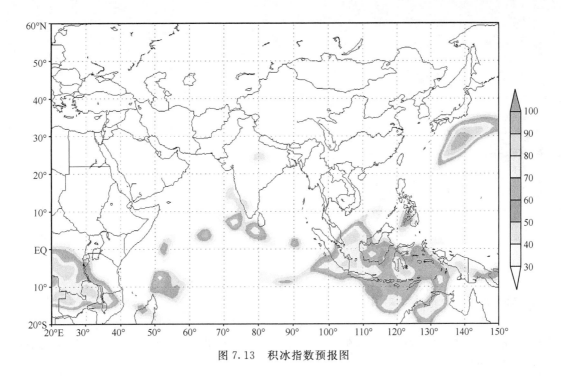

图 7.13　积冰指数预报图

参 考 文 献

世界气象组织.2001.数值天气预报产品在航空气象中的释用,世界气象组织技术手册 No.195 第二版.北京:气象出版社.

章澄昌.2000.飞行气象学.北京:气象出版社.

章国材,等.2007.现代天气预报技术和方法.北京:气象出版社.

中国民用航空局.2008.中华人民共和国航空行业标准:民用航空气象第 2 部分:预报.

中国民用航空局.2008.中华人民共和国航空行业标准:民用航空气象第 8 部分:天气图填绘与分析.

中国民用航空局空中交通管理局.2001.航空气象应用简明手册.

第 **8** 章
航空重要天气预报

气象条件对飞行有重要影响,甚至会危及飞行安全。组织航空气象保障的目的,就在于保障航空活动中正确运用气象条件,从气象上保障飞行的安全。而对影响飞行安全的气象要素和天气现象的预报是做好航空气象保障的基础。本章重点介绍对飞行有重要影响的气象要素和天气现象的预报方法。

8.1 强对流天气的预报

对流性天气包括雷暴、雷暴大风(飑)、冰雹、雷雨和龙卷等天气现象,它们一直是气象预报关注的重点。由于对流性天气尺度小、生命史短、常规设备难以观测等原因,对它们的认识和预报能力长期以来进步不大。随着雷达、卫星、GPS 观测等现代气象观测仪器和观测理论的发展,对流性天气的预报将会有较快的发展。

8.1.1 对流性天气的形成条件

对流性天气在什么条件下会出现,分析是否具备对流性天气的条件是作好对流性天气预报的基础。理论上讲对流性天气出现的基本条件有三个:1)丰富的水汽含量和水汽供应来源;2)不稳定层结;3)足够的抬升启动机制。下面介绍如何分析是否具备这样的天气条件。

8.1.1.1 大气的层结稳定度

(1)分析大气的层结稳定度状况

大气层结稳定度状况是大气对流发展的基本条件之一,分析方法通常是在 $T-\ln P$ 图上分析不稳定能量和计算不稳定指数。常用的不稳定指数有沙瓦特指数、A 指数等。

沙瓦特指数 S 是 850 hPa 的气块沿干绝热曲线上升到凝结高度后,再沿湿绝热线上升到 500 hPa 高度时的温度(T')与 500 hPa 环境温度的差值,$S=T_{500}-T'$。当沙瓦特指数为负值时,大气为不稳定,负值越大,不稳定程度越大。

使用假相当位温分析大气的对流性不稳定也可以帮助我们分析大气被整层抬升后的稳定状况。其判据可用 $\dfrac{\Delta\theta_{se}}{\Delta z}$ 表示,当 $\dfrac{\Delta\theta_{se}}{\Delta z}$ 大于零时,大气是对流性稳定的,反之大气是对流性不稳定的。对流性不稳定的大气在受到气压系统的整体抬升后,在合适的条件下同样会产生对流。

(2)预测单站上空稳定度的变化

除了分析现在的稳定度状况,还必须分析稳定度未来的演变趋势,在分析稳定度演变状况时通常着眼于以下几方面:采用天气图判断,当高空冷中心或冷温度槽与低层暖中心或暖脊相叠置时,不稳定增强,易形成大片雷暴区;当冷锋越山时,若其冷平流在山后的暖空气垫上叠加,不稳定度将大为增强,形成雷暴区;在高空槽东移,冷空气入侵之后,若中层以下有浅薄的热低压接近或出现西南暖平流时,将使不稳定性增强,导致对流天气;当低层有湿舌,上层覆盖着干空气层或者高层干平流与低层湿平流相叠置时,将增大不稳定性。

8.1.1.2 水汽条件分析

对流云中水汽凝结,不仅是降水物质本身的来源,而且它释放出的凝结潜热,也是深对流发展的能量来源。但是即使气柱中所含水汽全部凝结降落,也只有 50~70 mm 的降水,而一般大暴雨的降水量远大于这个数值。这说明必须从云体外部有丰富的水汽源源不断地供应到对流云中去,才能维持它的发展。由于中高层水汽含量少,水汽的输送主要依靠低层的水汽辐合,实质上就是低层潮湿空气的质量辐合。

据估计,供应一个大暴雨区所必须具备的水分,要求在其周围的水汽辐合区面积应达到暴雨本身面积的 10 倍以上,即大一个量级。在风暴持续期间,需要供应给风暴环流的湿空气团面积大致为风暴本身所扫过面积的 3 倍。这种水汽辐合区可以从低层天气图散度场的辐合区与湿度场相叠加或者从水汽通量散度的分析及其短期预报图中作出估计。分析表明降水中心与水汽通量散度的辐合中心有很好的对应关系。

关于如何分析对流性天气的水汽条件,与分析降水的水汽分析方法基本相同,可参看 8.2.1.1。

8.1.1.3 抬升运动(触发机制)分析

通常在对流性天气发展之前,大气层结是处在条件不稳定或者对流不稳定状态,这就要求有足够强度的抬升启动作用将低层气块或气层抬升到自由对流高度后,才能使自由对流发展,释放不稳定能量,使其由位能形式转化为垂直运动动能。这样的抬升作用可能来自天气系统本身,也可能来自地形强迫或局地热力影响等因素。所以分析抬升运动(触发机制)条件主要着眼于以下几方面:

(1)天气系统本身的抬升作用

中小尺度对流性天气系统一般都出现在相应的天气尺度系统中。天气尺度系统的上升运动速度虽然只有每秒几厘米左右,但若持续 6 h 以上,也可以使下层空气抬升约 100 hPa,并消除下层的稳定层结,达到自由对流的高度。绝大多数雷暴等对流性天气都发生在气旋、锋面或低空低涡、切变线、低压及高空槽线等天气系统中。这些天气系统的低空辐合上升运动都是较强和持续性的。此外,在水汽和下层稳定度条件适当的情况下,只要出现低层的辐合就能触发不稳定能量释放,形成对流性天气。

因此,可以从天气尺度系统着眼,制作中小尺度对流性天气的预报。这就需要仔细分析未来影响本地的锋面气旋、低压、低涡、切变线及槽等具体天气系统中不同部位辐合上升运动的强度,并预测其未来的移动和演变。在没有上述明显天气系统时,还要注意分析本站邻近区域低空流场中出现的风向或风速辐合线、负变压(高)中心区以及大气的层结稳定度情况及其演变趋势。

(2)高空气流辐散的抽吸作用

高空气流的辐散抽吸作用也会导致对流层内出现较强的上升运动。董加斌等(1998)对 1997 年 7 月 6—10 日梅雨锋暴雨过程进行诊断分析表明,该过程高空辐散气流的抽吸作用比低空的辐合作用更大。所以高空强辐散区的下方也是提供对流抬升条件的区域。

(3)地形抬升作用

主要考虑迎风坡抬升和背风波影响两种情况。气流对迎风坡坡面的相对运动越强,其抬升作用也越大。背风波作用往往会使气流过山后,在其下游特定距离的河谷或盆地上空出现上升运动,发展新的对流性天气。这种波动的波长约在 3.2~32 km。具体波长及振幅取决于大气的稳定性、气流速度、风速的垂直切变以及风向与山脉的走向等因子。这对于某些河谷及盆地地区,有一定的预报意义,需要作具体的统计分析。

(4)局地热力抬升作用

有两种情况。一是夏季午后陆地表面受日照而剧烈加热,可在近地层形成绝对不稳定层结,释放不稳定能量,发展对流天气。通常称之为"热雷暴"或"气团雷暴"。对于它的预报,需要与 $T-\ln P$ 图分析相结合,并作好午后最高气温的预测,以判断是否会出现绝对不稳定。另一种情况是由于地表受热不均匀造成局地温差,常常形成局地性垂直环流,其上升支起着抬升触发机制的作用,这在夏季沿湖泊、江河地带容易出现。白天岸上地表升温快,空气层结容易趋于不稳定而发生对流。在上午有雾笼罩的地区,午后在雾区周围也可能发生雷暴。

8.1.2　对流性天气的预报

8.1.2.1　天气学预报方法

从天气形势和天气系统的角度定性分析,进行雷暴的预报。关键是通过分析找出不同天气系统控制下产生对流性天气的特点和规律,应用这些特点和规律进行对流性天气的预报。

(1)锋面雷暴的预报

冷锋雷暴的预报

冷锋雷暴的产生,与锋面上空的天气形势有关。当 850 hPa 和 700 hPa 有明显的槽线(或切变线)配合冷锋过境时,一般有雷暴产生。两者比较靠近或重合时的空气上升运动强烈,有利于雷暴的形成。如果高空槽线位置稍导前于地面锋线,或是"前倾槽"时,此时地面锋线附近暖空气一侧里,上空受槽后的冷平流影响,使大气趋于不稳定,对雷暴生成更为有利。但如果高空槽线导前过多,则锋上为槽后的下沉气流较强的区域,对雷暴生成反而不利。空中槽线也不能落后地面锋线太远,根据华中地区的经验,两者相距不超过 2 个纬距为宜。当高空槽线与地面锋线相交时,"前倾槽"的地段,雷暴出现在高空槽后地面锋前区域,"后倾槽"的地段,则出现在地面锋后空中槽前的区域。

冷锋雷暴生成与否还与空中温压场的配置有一定的关系。当空中槽后有冷温槽,而槽前有暖舌时,雷暴较容易生成。因而,同一条冷锋的不同地段,可能由于温压场配置的不同,出现雷暴的几率也不一样。只有锋后冷平流强,锋前空气暖而湿的地段,才有利雷暴的形成,反之则不利。同样,一条冷锋在移动过程中,也不一定自始至终都有雷暴产生,具体要视冷锋在移动过程中强度的变化和锋前暖空气的稳定度和湿度条件而定。

冷锋雷暴生成与否与高空锋区的强弱也有一定的关系。据东北的经验,在比较强的对流层锋区相对应的锋段上,出现雷暴的机会较多,强度也较强。

冷锋雷暴出现的时间,大约是在冷锋过境前后 2～4 h 之内。当空中槽导前时,冷锋雷暴一般出现在空中锋后地面锋前,当空中槽后倾时,冷锋雷暴出现在地面锋后空中槽前。因此,对冷锋雷暴出现时间,主要应考虑锋面的移速,以及锋面与空中槽的配置情况。如果将冷锋过境时间预报出来则冷锋雷暴出现的时间就能较为准确地预报出来。

冷锋雷暴维持的时间也决定于冷锋的移速与 700 hPa 槽线的配置及槽线的移速。当冷锋移速较快时,雷暴维持时间较短,反之则较长。在槽线后倾的情况下,700 hPa 槽线过境的时间一般也就是冷锋雷暴结束的时间。

准静止锋雷暴的预报

在夏半年,我国长江以南地区很多雷暴的产生都与准静止锋有关。据统计,华东中部地区 6—8 月份出现的雷暴总数中,约有 40% 以上为准静止锋雷暴,春季华南地区也有 35% 以上的雷暴属于准静止锋雷暴。这种雷暴天气不像冷锋雷暴那样强烈,但持续时间长,范围也较广,常夹杂在稳定性的云层中。

准静止锋雷暴多生成在入春以后,这时的暖空气势力逐渐加强,而冷空气势力逐渐减弱,它们经常在江南地区形成"势均力敌"的状态。其天气形势是,在地面图上准静止锋常位于西南地区伸向沿海一带的倒槽之中,850 hPa 上空有锋区和切变线相配,切变线的偏南一侧西南气流较强,暖湿平流显著。在 700 hPa 和 500Pa 上,有时是西南气流,有时是伴有冷舌的小槽或低涡东移。雷暴就常产生在地面准静止锋两侧,或锋后与 850 hPa 切变线前的区域里。

准静止锋雷暴可以连续几天,随着准静止锋南北来回摆动,雷暴常反复出现。若冷空气变性,使准静止锋消,或者冷空气加强使准静止锋转为冷锋南下东移入海后,准静止锋的雷暴过程也就结束了。准静止锋雷暴常有明显的日变化,一般是在后半夜产生,白天逐渐减弱消失。这是因为静止锋上常常有稳定性的云层,白天增温小,气层比较稳定,但到夜间,云顶的强烈辐射冷却,使气层反而不稳定的缘故。其次,夜间锋后冷空气势力的加强,锋前暖空气势力减弱,有利于准静止锋向东南移,抬升条件加强,也是准静止锋雷暴多产生在夜里的原因。

准静止锋雷暴虽然可连续出现几天,但持续的时间并不长,一般在 1~2 h,很少超过 3 h。

暖锋雷暴的预报

暖锋雷暴在我国较为少见。只有在 850 hPa 或 700 hPa 图上有切变线与暖锋配合时,才有利于雷暴的产生。

在准静止锋上产生气旋波时,锋面附近也可能出现雷暴。在加深着的气旋和低压槽内的暖锋,由于气流辐合加强有利于上升运动的发展,因而这种暖锋容易产生雷暴。暖锋雷暴同准静止锋雷暴类似,也多出现在后半夜。

(2)空中槽和切变线雷暴的预报

空中槽和切变线出现时,有些地面图上有锋面与之对应,有些则无锋面对应。这里讨论无锋面对应的空中槽和切变线,它们也是我国常见的雷暴天气形势。

在夏半年空气比较暖湿的时候,槽线和切变线附近的气流辐合提供了垂直运动条件和水汽。这时,空中槽是否引起雷暴产生首先决定于气流辐合的强弱。强烈的辐合,产生较大范围的剧烈的上升运动,是雷暴形成的有利因素;微弱的辐合,则因为上升运动不大,产生雷暴的可能性就小。判断辐合的强弱,一般以槽强弱为依据,各地也有一些经验方法,主要是根据槽线前后风向和风速的分布来判断。例如,大连的经验指出:当槽线两侧平均风速值大,且风向交角近于 90°时,辐合就强,反之就弱。

空中槽的温度分布与雷暴生成也有密切的关系。冷性的空中槽,由于槽前暖舌,槽后冷区明显,冷暖平流较强,槽线附近温度梯度很大,存在着锋区,有利于垂直运动的发展,因此有利于雷暴的产生。相反的,暖性空中槽,由于槽前后为暖空气占据,一般温度梯度也小,垂直运动得不到发展,对雷暴生成不利。在实际的天气分析中,有时也出现温度槽超前于低压槽的现象。在这种情况下,如低层暖平流很强,雷暴仍有发生的可能。

槽线附近的雷暴和其他天气系统中产生的雷暴一样,也并不是处处都有,离槽线越近,越容易产生雷暴。在空中槽前,地面等压线气旋性曲率大,风的辐合明显的区域,特别是空中槽和地面低压相重合的区域,有利于雷暴的产生。

切变线在江淮地区比较多见,它的南部是太平洋高压,北部多为西风带的变性冷高,两股气流汇合时,产生强烈的水平辐合,水汽和上升运动的条件比较充分,因而切变线上也会产生雷暴天气。它的分布是零星的,常出现在地面图上等压线气旋性曲率大的区域或是 3 h 负变压大的地方。在其他地区,如华南、西南等地,夏半年出现切变线时,也常有雷暴产生。

(3)冷涡雷暴的预报

出现在我国东北和华北等地的冷涡,是造成我国北方地区夏季雷暴的主要天气系统之一。冷涡的雷暴天气有突然性,短时间内就可以从晴朗无云到雷声隆隆。冷涡雷暴有时可以连续数日。当它初生于贝加尔湖或蒙古、河套一带时,天气还不十分恶劣。但是,当冷涡移到东北或华北一带时,由于这些地区在夏半年常受太平洋高压西部控制,空气暖湿,冷涡一到,上空降温,层结变得稳定,加之低层水平辐合强烈,常在午后或傍晚产生大片雷暴。

冷涡后部,通常有暖高脊,当暖高脊较强,且向东北方向伸展时,就会有一股一股的冷空气,沿着冷涡后部的偏北气流南下。这种情况下,空中有横槽及其前部的短波槽活动,与短波槽相对应,有时地面有冷锋或切变线,雷暴就形成在槽线和冷锋附近,并随横槽和冷锋而移动,有时地面并无冷锋或切变线,雷暴大多生成在冷涡的东南方,因为那里的气流偏南,低层暖湿条件比较充分。据东北地区的经验,冷涡雷暴出现的区域同大气稳定度的分布情况有关。冷涡雷暴一般发生在 850 hPa 与 500 hPa 温差最大的区域或在它的前方。以沈阳地区为例,当该地 $T_{850}-T_{500}$ 最大的区域比周围高 2~3℃,且 $T_{850}-T_{500}$ 差值达 24℃以上时,一般就有雷暴产生。如果最大温差比周围高 5~6℃,则可在较大范围内产生雷暴。

对冷涡雷暴的预报,除考虑上述特点外,还必须分析以下几种情况:1)当冷涡中心区域进入本站时(2 个纬距以内),应考虑可能出现雷暴;2)在深厚的冷涡区域内,可以连续不断地有小槽活动,雷暴常发生在小槽前部,每一次小槽都能引起一次雷暴活动。因此,当冷涡位置没有移动时,切不可认为今日小槽过去,明日再不会发生雷暴;3)当本站在冷涡的北面时,判断本站是否有雷暴,可根据冷涡配合的地面低压是否在发展。若是地面低压在发展,这时冷涡北区一般盛行北—东北风,气旋冷区无雷暴。如地面低压不发展,冷涡的低层就会变性增暖,气层趋于不稳定,就有雷暴发生的可能。这种情况,雷暴一般都发生于迅速形成的切变线上。要是没有明显切变线时,雷暴只零星地出现。

由于冷涡是深厚系统,移动变化均较缓慢,因此冷涡雷暴可以接连出现三四天,甚至更长一些时间。

出现在我国南方的低涡主要是西南涡。西南涡生成后,有的原地填塞,有的可以东移。由于南方一般湿度较大,西南涡东移后,往往在湿舌附近生成雷暴。即雷暴一般产生在西南涡的东部和东南部,其他部位比较少见。

西南涡在东移过程中,地面可能有气旋波产生。在这种情况下,长江下游出现雷暴的可能性更大。其特点是:发展速度快,有时武汉出现雷暴,2 h后南京即可出现,有时雷暴是跳跃式的,范围较广,主要位于暖锋附近和暖区,冷锋后有时也会出现。当西南涡一个一个连续东移,雷暴产生可以维持数日。

(4)太平洋高压西部的雷暴预报

太平洋高压是影响我国夏季天气的主要系统。在华南地区,在这种形势下出现的雷暴约占夏季雷暴总数的 20%~30%。

当太平洋高压西伸或东退时,容易产生雷暴,这是因为当太平洋高压东退时,西边往往有低槽随之而来,处于槽前西南气流的地区,既有利上升运动,也有利水汽的增加,雷暴因此而发展起来。当太平洋高压西伸时,由于该地区原来一般是低压控制,天气较坏,水汽较多,高压刚西伸到时,下沉运动尚不十分强烈,而天气转晴,在热力条件作用下,对流得到发展,往往在午后会有雷暴产生。如果太平洋高压西伸不快,雷暴可连续出现两三天,但强度逐渐减弱。当它西伸较快,水汽条件不太充分时,也可能没有雷暴。如果原来已是高压控制的地区,则太平洋高压西伸,合并加强,下沉气流作用加强,不利于雷暴的形成。如果太平洋高压脊线北部有低压活动,形成南高北槽型,脊后槽前的地区常有范围较广的雷暴产生。

当太平洋高压西部等压线十分稀疏,天气系统很弱时,由于山地或海陆的影响,造成小范围风场辐合和局地环流,可以产生孤立分散的雷暴,或者在午后产生热力性雷暴。

太平洋高压脊线随高度的倾斜,对雷暴能否产生也有影响。夏季,太平洋高压一般是向北倾斜的。如果本站西南气流比较厚,在较高层次才能转为偏东气流,即本站较高层上才是太平洋高压脊或其南部控制,则由于西南气流里上升气流所达的高度高,有利于雷暴的生成。反之,西南气流所达的高度低就不利于雷暴的生成。据广州统计,当西南风上限高度高于 7000 m 时,可能有雷暴,低于 7000 m 时,一般无雷暴。

(5)热带气旋槽的雷暴预报

热带气旋槽雷暴是指在热带气旋外围环流控制下,处在其低槽内而产生的雷暴。

热带气旋本身具有高温高湿的特点,因而在热带气旋槽里有些时候也同样具有这一特点,具有较多的不稳定能量储备,只要在有利的动力条件下便可产生雷暴。

产生热带气旋低槽雷暴有下列两种形势:

自东向西移动的热带气旋,当到达海南岛附近,有时转向移动,有时停滞不前,这时向东北方向伸出一个倒槽,顶端有时可伸至长江口,午后因热力作用增强,在槽内经常生成范围广大的雷暴区,以倒槽顶及槽线附近为最多。

西太平洋热带气旋在我国台湾以东附近转向后,这时热带气旋后部的西南方向常出现"V"形槽。这时,在"V"形槽内,往往形成一条明显的辐合线,或者热带气旋西部的偏北气流引导小股冷空气南下,使热带气旋槽内造成冷锋锋生。这时,在辐合线或冷锋的作用下,往往产生雷暴,尤其是热带气旋后部的辐合线,能引起连续几天的雷雨天气。

8.1.2.2 预报指标法

天气学方法重点是分析天气形势,但实践表明在相同或相似的天气形势下,是否出现雷暴存在很大的差异。所以在天气形势分析的基础上,结合一些预报指标的分析,对提高对流性天气的预报准确率是必要的。对对流性天气的预报指标常用的是稳定度指数。常用的强对流预报指数有:沙瓦特指数、A 指数、K 指数、强天气威胁指数、全总指数、山崎指数、杰弗逊(Jefferson)指数、T^* 指数、瑞士新雷暴预报指数等。下面简要介绍两个指数。

(1)沙瓦特指数(S)

$$S = T_{500} - T' \tag{8.1}$$

式中 T_{500} 为 500 hPa 上大气的实际温度;T' 为气块由 850 hPa 干绝热上升到凝结高度后再按湿绝热线上升到 500 hPa 等压面上的温度。

据广州地区统计:

当 $S < +3℃$ 时可能℃产生阵雨;

当 $S < +0℃$ 时可能产生雷暴;

当 $S < -3℃$ 时可能产生强雷暴或冰雹;

当 $S < -6℃$ 时可能产生龙卷风。

(2)A 指数

为避免用单一层次的湿度反映整层湿度而给雷暴的预报带来较大的误差,还可引用 A 指数

$$A = (T_{850} - T_{500}) - (T - T_d)_{850} - (T - T_d)_{700} - (T - T_d)_{600} - (T - T_d)_{500} \tag{8.2}$$

从(8.2)式中可以看出 A 值越大,层结越不稳定。统计 A 指数与雷雨的关系得出:当 A 指数大于等于零时,90% 以上的个例有雷雨发生。

8.1.2.3 落区预报法

将对流天气出现时的一些物理条件表示在天气图上,根据综合这些条件的范围来确定未来对流天气出现的区域,称作对流天气的落区预报法。从大中小尺度系统的相互作用来考虑,大尺度系统对中小尺度系统的发生起着控制作用,因而可以综合各种大尺度条件来预报对流天气的发生。但是,实践表明,对流天气的环境场往往在它发生前 3~6 h 建立。为了取得好的预报效果,在应用时需先求出它们的预报量。

使用落区预报法制作预报的方法是:首先选择若干与对流发生密切相关的因子,如反映大气湿度的因子、反映大气层结稳定度的因子、反映垂直风切变的因子、反映抬升运动的因子等。根据这些因子,统计它们与雷暴出现的关系,找出各个因子的临界值(在因子的实际值大于或小于这一临界值时,有利于雷暴的产生),将各个因子有利于雷暴产生的区域勾画在同一张图上,所有有利于雷暴产生的因子区域的重合区域就作为雷暴的落区。

另外统计预报方法也可以用于对流天气的预报。尤其是利用数值预报产品解释应用方法进行对流天气的预报是目前发展较快的预报方法,其中包括 MOS 预报、PP 方法、神经网络、卡尔曼滤波等方法,在此不再赘述。

8.2 低云的预报

8.2.1 形成云的基本条件

虽然各种云形成的具体条件不同,但最基本的条件只有两个:一是空气中要有足够的水汽;二是要有使空气中水汽发生凝结的冷却过程(主要是上升运动引起的绝热冷却)。这是各类云形成的共同点。当然,水汽凝结是要有凝结核的,由于空气中凝结核总是具备的,所以,这里不单独分析它。

上述两个基本条件对于云的形成是缺一不可的。如果干空气转变为湿空气,增热过程转变为冷却过程,则对云的生成和发展有利;反之,就不利于云的生成,或使已形成的云减弱直至消失。制作云的预

报,就是应用各种图表资料,采用各种方法,通过对干和湿、冷却和增热的分析而做出来的。

8.2.1.1 大气中水汽条件的分析

大气中水汽条件的分析,主要是了解水汽的空间分布,空气接近饱和的程度以及它们随时间的变化情况。

(1)了解水汽的空间分布和空气接近饱和的程度

根据天气图上的湿度记录,就可以大致了解当时水汽的水平和垂直分布情况。当绘出各等压面图上的等温度露点差线,则可清楚地看出干、湿区的空间分布。另外,在 $T-\ln p$ 图上点绘出温压曲线和露压曲线,还可以了解该测站当时水汽的垂直分布及各高度上空气接近饱和的程度。显然,在温度露点差愈小的区域,空气愈接近饱和,愈有利于云的形成;反之,则不利于云的形成。

(2)分析水汽的空间分布随时间的变化

将不同时间的各层湿度场进行比较或在图上绘制等 $\Delta(T-T_d)_{24}$ 线,便可了解过去干、湿区变化情况,然后运用外推法对未来湿度场的变化趋势作出初步判断。为了深入了解湿度场随时间变化的原因,有必要对影响湿度变化的因子进行具体的分析。

水汽的局地变化方程可以写成:

$$\frac{\partial q}{\partial t}=-\vec{V}\cdot\nabla q-\omega\frac{\partial q}{\partial p}-c+K_q\frac{\partial^2 q}{\partial p^2} \tag{8.3}$$

式中 c 为单位质量空气中的凝结量(或凝结率),凝结时为正,蒸发时为负,K_q 是水汽的湍流扩散系数。由此得出影响水汽局地变化的因子有:

水汽的水平输送

水汽的水平输送是引起比湿局地变化的重要因子。当有湿平流时,会引起湿度增大;反之,有干平流时,会引起湿度减小。

根据天气图上的风场和湿度场,就可以了解水汽的水平输送情况。分析湿度平流和分析温度平流的方法是一样的。如图8.1就是在等压面图上分析湿度平流的示意图。对于A站来说,气流的上游方向为湿度的高值区,有比较强的湿平流,对于B站来说,就有比较强的干平流。根据我国的经验,在高压后部和空中槽前的偏南气流或是高压南部的偏东气流控制下,有利于水汽的增加,而在高压前部和空中槽后的偏北(西)气流控制下,空气往往比较干燥。这是因为我国的南部和东部面临海洋,而北部和西部都是大陆的缘故。

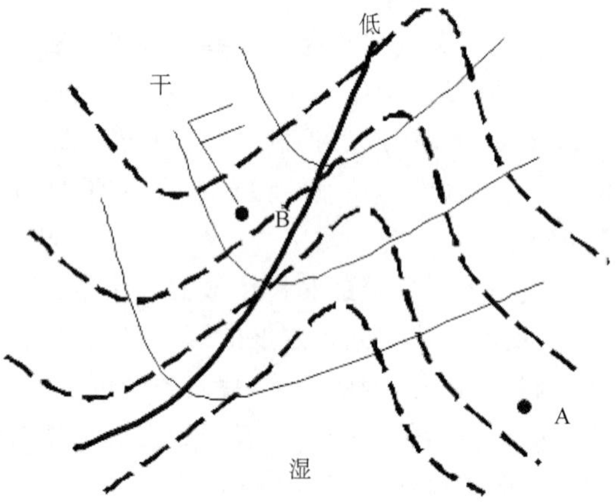

水汽的垂直输送

空气的垂直运动也是引起比湿局地变化的重要因子。

图8.1 湿度平流示意图

通常,比湿分布随高度是减小的,当有上升运动时,水汽将往上输送,上层空气的比湿将随时间增大;有下沉运动时,湿度将随时间减小。比湿垂直输送的强弱与垂直速度的大小和比湿的垂直梯度有关。系统性垂直运动的速度虽然很小,但其持续时间较长,因此仍能使比湿在垂直方向上发生明显的变化。

位于高空槽前的偏南气流常有明显的上升运动,能使相当厚气层的水汽含量增加;而入海冷高压或太平洋高压脊南部的偏东气流,其上升运动微弱(或可能有下沉运动),水汽难以上传,所以一般只对低层水汽的增加有利。

蒸发、凝结引起的水汽变化

当水汽凝结时空气中水汽减少,当水分蒸发时空气中水汽增加。故潮湿地面的蒸发和降水过程中雨滴的蒸发都可以使低层大气水汽增加,有利于低云的生成。

湍流扩散对水汽变化的影响

湍流通常出现在摩擦层内,因此它是影响大气低层水汽变化的一个重要因子。湍流交换总是使水汽由高值区向低值区输送,使水汽分布趋于均匀,它在水平方向上使湿舌或湿中心的比湿减少,使干舌或干中心的比湿增加,在垂直方向使水汽上传,在逆温层底部使水汽聚集有利于形成低云。

引起水汽变化的主要因子虽然有上述几种,但是在不同情况下,各因子所起的作用则有主次之分。在自由大气中,水汽的变化主要是由湿度平流和垂直输送造成的;在近地面层,垂直输送一般较小,湿度平流、湍流扩散和蒸发凝结对水汽变化的影响则是主要的。

8.2.1.2　大气中冷却过程的分析

大气中常见的冷却过程有绝热冷却和辐射冷却两种。辐射冷却主要发生在近地面层,除了对较低的低云有较大的影响外,一般作用不大。绝热冷却是自由大气中主要的冷却过程,它是由上升运动引起的,其影响的程度由上升速度的大小和持续时间的长短决定。当上升速度大或持续时间长时,所引起的气温变化大,对云的生消影响也大。所以大气中冷却过程的分析主要是分析垂直运动的分布及其变化。

垂直速度目前还不能直接测定,但可通过计算间接求得。预报时除了可参考数值预报的物理量图外还可以根据天气形势定性地判断垂直运动的方向和强度。日常工作中常用以下规则来定性判断:

在摩擦层内,由于地面摩擦的作用,低压区有上升运动,高压区有下沉运动,垂直速度的大小与气压系统的强度及下垫面的粗糙度成正比。当低压加深(或高压减弱)时,则上升运动加强(或下沉运动减弱);当高压加强(或低压填塞)时,则下沉运动加强(或上升运动减弱)。

在摩擦层以上,低槽前部往往有上升运动,低槽后部往往有下沉运动,当低槽加深时,槽前的上升运动随之增强,低槽减弱时,槽前的上升运动随之减弱。

地面负变压中心区有利于上升运动,正变压中心区有利于下沉运动。上升或下沉运动速度的大小与变压的强度成正比。

在暖平流区域中,有利于上升运动,在冷平流区域中,有利于下沉运动。

另外,在逆温层附近,由于空气的密度和风都有较大的差异,因而经常会产生波状运动,在波峰处上升冷却有利于成云,波谷处下沉增温不利云的生成,这样常常会出现波状云。

8.2.1.3　地形和海陆的影响

(1)山地的影响

山地对空气垂直运动影响很大。当水平气流遇到较大的山脉时,在迎风坡空气向山坡滑升而产生上升运动,有利于云的形成和发展。而在背风坡,空气沿坡作下沉运动,不利于云的形成,即使有云移来也会逐渐减弱或消散。地形引起的垂直运动所伸展的范围和高度与风向风速及山脉的范围和高度有关。风速越大,风向与山脉越接近于垂直,且山坡越陡时,则引起的空气垂直运动越剧烈。

山区的热力对流比平原强。由于山区地势起伏,地表性质、状态以及受热情况不一,因而有利于热力对流的形成和发展。所以,在山地由热力对流形成的积状云远较平原出现得早且多,强度也较强。

地形影响还可以产生一些特殊的地形云,例如在背风坡上空常常可以观测到荚状云和波状云等。

(2)海陆的影响

海陆的表面状况和性质有着明显的差异。海面平坦,热力性质比陆面均匀,海面温度变化比陆面小得多,海面上的水汽比陆面上丰富等。海陆的这些差异,使海上与陆地上的低云有一些不同的特点。

由于海面比较平坦而且热力性质比较均匀,因此通常海上白天的对流和湍流比陆地上弱,故积状云比陆地上要少。但是,海上水汽充沛,低层空气的湿度通常比较大,只要有一定强度的湍流,就可以形成层云和层积云,所以海上的层云和层积云比陆上要多一些。

由于海面温度变化比陆面小得多,所以昼间虽然接受的太阳辐射能很多,但海面增温很少,即使在午后温度最高时对流也很弱,因而不易形成积状云。但到夜间,海上空气由于湿度大,大气的辐射冷却较强烈,上层空气的温度有比较显著的降低,而靠近海面的低层空气因受海面水温的调节,气温下降很少,这就使气层的稳定度变小,有利于产生对流,因而海上的积状云夜间反而比白天多。但在海岛上的积状云发展仍和陆地上一样,主要出现在白天。

在海岸线附近,由于地势不同,当气流与海岸线有交角时,空气也会出现沿岸下滑与被迫上升的情况。另外,由于海上摩擦力小,风与等压线交角小,而陆地摩擦力大,风与等压线交角也大。因此在沿海岸线易出现局地的辐合或辐散气流,从而产生垂直运动,影响云的生消,上述情况在作低云预报时是必须考虑的。

8.2.2 低云的预报

云底高度低于 2500 m 的云一般称为低云。低云是由大气低层的水汽凝结或凝华而成的。预报低云,应着重分析大气低层的水汽条件和冷却过程。

低云直接受到地形、地表性质的影响,具有特别明显的地方性特点。例如,我国东部和南部沿海地区,由于水汽充沛,因而出现低云的频率远较内陆高,云底高度也较低,而在我国西北的内陆沙漠地区,就很少出现低云,即使出现,其云底也较高。

低云有明显的季节性特征。根据我国各地的统计,长江以南低云出现的日数,冬半年多于夏半年,冬、春两季约占全年总低云日数的 2/3 以上,而我国北方则是夏季出现低云的日数最多。

我国现行的低云短期预报方法,大多是在前期定时观测、探测资料的基础上,分析大气低层的水汽和冷却过程,结合地方性特点,依据预报员的经验及历史相关资料,预报未来 12 h 或 24 h 云的变化,具体方法有定性预报线索、分型点聚图法和统计学方法等。近年来,随着数值预报模式的业务使用,逐步发展了低云的数值预报产品解释应用预报方法。

根据我国各地出现低云时的天气系统和形成低云的主要物理过程,可大致归纳为锋面低云、平(回)流低云、扰动低云和对流性低云四种主要类型。下面分别介绍各类低云的预报方法。

8.2.2.1 锋面低云的预报

锋面是产生低云的主要系统之一。例如,南京春季各类低云中与锋面有关的占 70%,江西向塘冷锋过境有低云的占 83%,而华南静止锋附近,几乎 100% 有低云产生。锋的种类虽有不同,但各种锋面低云生成的原因大体是相同的。锋面低云可分为锋上系统性低云、锋下扰动低云和碎雨云。锋上低云是暖湿空气受锋面抬升而形成的,云状常为雨层云、层积云或积雨云。锋下扰动低云是在锋后比较潮湿的冷气团中,由于扰动作用而形成的,云状多为层积云或碎积云。锋上若有降水,雨滴降至锋下冷气团中蒸发,使冷气团的水汽增加,在湍流作用下,可形成碎雨云。

(1)锋面低云的形成预报

预报锋面低云,通常首先分析锋面低云的历史演变情况及其特点,用外推法作出未来演变的初步判断,然后,分析锋面附近的水汽条件和垂直运动情况,判断低云可能产生的变化,再参考预报指标或点聚图等作出具体明确的预报。

a. 分析锋面和锋面低云的历史演变

了解最近一段时期锋面的移动、强度变化情况,分析锋附近低云的分布特点、演变情况及其原因,如果锋面附近没有低云,要分析是缺少什么条件等。为了便于分析,可根据需要在不同时刻的地面图上勾划出低云区进行比较,并要充分利用上游站的天气实况。如果经过分析,判断锋面和锋面低云的移动、强度在短时期内无明显变化,就可外推初步确定本地是否有低云出现及其出现和维持的大致时间。

b. 分析锋面附近的水汽和垂直运动条件

锋上系统性低云

首先分析暖气团中的水汽条件。暖气团低层湿度的大小是能否形成低云的重要条件,因此,必须要仔细分析地面图和 850 hPa 图的湿度场和湿度平流情况。在锋前暖气团中如有明显的湿舌和湿度平流,则有利于锋上低云的形成和加强。反之,则不利于低云的生成。例如,冬季冷锋位于黄河以北时,由于锋前的暖空气通常是变性不久的冷气团,空气比较干燥,所以,锋上往往没有低云。但当冷锋移至长江流域一带时,常常由于锋上暖空气中水汽大量增加而产生大范围的低云。因此,分析湿度条件时,不仅要分析当时锋面附近暖气团中低层湿度的大小,而且要着重分析锋面靠近时本站湿度的大小。

　　湿度的日变化对于锋上低云的形成也有一定的影响。通常早晨或晚上的相对湿度较大,而白天的相对湿度较小,因此,当大气层结比较稳定,锋面在早晨或晚上过境时,就比较容易形成低云。

　　其次要分析锋上的垂直运动情况。锋上的垂直运动除了地形影响以外,主要由气压形势和锋的结构所决定。因此,分析锋上的垂直运动,必须分析锋面附近的气压形势和锋的结构。

　　锋面大多处于地面气压槽中,槽内辐合气流引起的上升速度的大小与槽的深浅和下垫面性质有关。槽越深,地面越粗糙,上升速度越强。低层垂直运动还与 850 hPa 气压形势有密切关系,当地面锋线处于 850 hPa 槽前时,由于槽前有上升运动,有利低云形成,反之则不利。当槽加深时有利于低云的产生和加强,当槽减弱时,不利于低云产生或使原有的低云减弱。

　　锋上抬升垂直运动与锋面的坡度和空气相对于锋面的运动有关。当锋面坡度大时抬升作用大,低云区狭窄,坡度小时抬升垂直速度小,但云区较宽。锋面移速越快,对冷锋而言抬升作用越大,越有利出现低云。

　　另外锋面及其相应的锋区强,锋两侧温差大,锋上上升运动也强,有利形成低云。

锋下扰动低云和碎雨云

　　首先分析冷气团中的水汽。锋下的低云,无论是扰动低云或是碎雨云,其形成与否都取决于冷气团中的水汽条件和垂直运动。冷气团中的水汽含量一方面与其所经之地的地表性质有关,同时也和锋上的降水有关,尤其是碎雨云,几乎完全取决于降水的强度和持续时间的长短。当降水很强、持续时间又很长时,由于降水的蒸发,冷空气中的相对湿度就迅速增大,稍经扰动即可形成碎雨云。降水停止,碎雨云也逐渐消散。如果降水前,冷空气中的相对湿度就已经很大,则更利于碎雨云的生成。但是,如果降水的云层很高,则降水物在下降过程中沿途蒸发,以致低空的水汽不会大量迅速增加,这时就不易形成锋下低云,或虽然形成,其云底高度也较高。

　　当冷空气从干燥地区移来时,其凝结高度往往高于锋面逆温的高度,如再无降水蒸发的水汽补充,则不会形成锋下低云。而当冷空气从海洋、湖泊、水网等地区移来时,则利于锋下低云的生成。

　　其次分析锋下冷气团中的湍流扰动。低层的扰动除有利于水汽的垂直输送外,在低层层结稳定的情况下,还有利于使扰动混合层上部的空气冷却,因此有利于碎雨云或扰动低云的生成。湍流强度决定于风随高度的变化和空气的层结稳定度。当地面比较粗糙,冷空气中的风速又很大时,风随高度的变化就很大,有利于湍流的发展。当冷平流很强或甚至是冷平流强度随高度增大时,冷空气的层结就会变得很不稳定而利于扰动低云的生成和发展。

　　c. 预报指标和点聚图的应用

　　利用预报指标、点聚图及统计预报等是当前预报低云的有效方法。

指标站的应用

　　预报锋面低云时,可根据锋面的不同来向,在预报站的上游选择一些指标站,寻找锋面通过指标站时的天气情况与锋面过该站时有无低云的关系,并统计它们的相关程度以作为预报的指标。例如,南京的统计发现,从北方南下的冷锋到达徐州、盐城一带如出现低云时,则冷锋过南京时出现低云的可能性很大,而当上述两站在冷锋过境时无低云,则冷锋过南京时一般也没有低云。因此,徐州,盐城两站可以作为预报南京锋面低云的指标站。

形势指标

　　从历史资料中寻找天气系统演变特征与本站低云的关系作为预报指标。例如,东北南部地区的经验表明,冷锋过境时有无低云与地面图或 850 hPa 图上锋前海上有无变性冷高压或太平洋高压脊停留有很大关系。有高压时,常有低云生成,无高压时,往往无低云。

点聚图

　　制作点聚图时,选择的参数要能反映大气低层水汽和垂直运动情况的。如地面或 850 hPa 的水汽压、比湿、露点、温度露点差等以及它们的变化量常作为反映大气低层情况的因子。本站与地面锋线(或 850 hPa 槽线)的距离、锋速、锋前后的变压等常作为反映大气垂直运动的因子。具体选择哪些因子应结合本地锋面低云的特点来考虑。通常应根据锋的类型和锋面来向的不同特点分型进行,才能取得较好的效果。

d. 雷达和卫星资料的应用

锋面云系在雷达照片和卫星云图上都有明显的反映。这些照片不仅能直观地显示出锋面云系的实际分布情况,而且也比天气图资料来得及时。尤其是雷达资料,不仅可以及时得到,必要时还可以连续开机以掌握云系的演变,是短时预报的有利工具。根据时间间隔不长的连续雷达和卫星资料,分析它的演变,再结合天气图资料,就可以较好地推断未来锋面云系的状况,为锋面低云的预报提供重要依据。

(2)锋面低云生消时间的预报

锋面低云的出现时间与锋面过境时间紧密联系。预报锋上低云的出现时间可参考当时锋面附近低云的分布情况和预报的锋面过境时间来确定。作短时预报时,利用指标站是一个有效方法。锋下扰动低云出现的时间,要视湿度条件和扰动情况而定。湿度大,扰动强,则出现得早,反之出现得晚。碎雨云的出现时间,取决于降水的性质和强度。如果是连续性降水且强度较大时,常在降水开始后不久即形成,如果降水不大,则生成较晚或无碎雨云。例如,南京春季雨后 2～5 h 开始出碎雨云,雨停后 3～5 h 云消。

锋上低云的消散时间,通常可根据 850 hPa 图上低槽过境的时间来预报。锋下扰动低云在大陆上具有明显的日变化,一般入夜湍流减弱后,云即消散。碎雨云通常在 700 hPa 图上低槽过境,降水停止后即趋于消散。但当低层湿度很大,又有湍流发展时,碎雨云也能演变为层积云或碎积云而继续存在。

锋上低云持续时间的长短,主要由锋面和相应的空中槽(700 hPa 以下)的移速来决定,移动快则短,移动慢则长。当锋面和空中槽移速不一致时,以考虑空中槽为主。锋上低云的持续时间和地面锋线与 850 hPa 槽线的相对位置也有关系。当地面锋线位于 850 hPa 槽前较远时,锋上低云区往往比较宽广,低云持续时间就较长,反之,持续时间就较短。准静止锋低云的持续时间还和冷暖空气的强度有关,当不断有冷暖空气交绥,准静止锋得以维持或加强时,则低云也随之维持,反之,若逐渐锋消,则锋面低云也将随之减弱、消散。当测站位于准静止锋附近时,要特别注意准静止锋的摆动情况,通常夜间至清晨冷空气加强,准静止锋南移,测站位于冷气团内,常多低云降水,到了中午前后,暖空气加强,准静止锋北退,测站位于暖气团内,天气通常又较好。

8.2.2.2 平(回)流低云的预报

我国沿海地区,经常在入海冷高压(脊)或海上暖高压的西部(或西南部)出现一种低云,由于这种低云都是在空气从海上到大陆的平流过程中生成的,因此,常统称为平流低云。产生低云的高压性质不同,水汽条件和冷却过程也有所不同。在实际工作中通常将暖高压西部暖湿气流所产生的低云叫做平流低云。而将入海冷高压(脊)西(或西南部)增暖变湿后的气流所产生的低云叫做回流低云。由于平流低云和回流低云的形成条件及其生消的特点大致是相同的,故一起进行讨论。

(1)平(回)流低云的一般情况

平(回)流低云在我国沿海地区一年四季均可出现,但出现最多的月份由南向北推迟,广东 1—4 月、福建 2—5 月、浙江 3—6 月、山东 5—8 月、辽东半岛 6—9 月。这种有规律的季节分布与太平洋高压的北移及冷高压入海位置随季节的变化有关。

平(回)流低云的云状多为层积云、层云或碎层云、碎积云。其主要特点是:生消迅速,经常只需20～30 min 就可由少云变为满天低云;云较薄,云厚一般为 300～500 m;云底低,回流低云一般为 600～1000 m,平流低云通常在 300 m 以下;日变化明显,大多数在夜间或早晨生成,中午减弱消散或转为对流云,但当形势稳定时也可持续出现几天。

(2)平(回)流低云形成的条件和过程

a. 平(回)流风场的建立是形成平(回)流低云的前提条件

各地出现平(回)流低云时,海上都有一个高压(脊)存在,低层风向总是在一定的范围内,且和海岸线近于垂直,低层风速比较大。有了这种平流风场,就可将海上潮湿空气或已在海上形成的海雾或低云平流至沿海地区形成平(回)流低云。当平流风场破坏后,低层气流不再来自海上,低云即随之消散。因此,平流风场是形成平(回)流低云的前提条件。

b. 平(回)流低云的水汽条件

对平(回)流低云的形成,暖湿空气是最重要的条件,平流低云产生于海上暖高压脊的西部(或西南部),由于海面的蒸发,低层水汽十分充沛,只要有合适的平流风场,潮湿空气就可平流到沿海地区。据一些台站的统计,平流低云形成前一天傍晚的地面相对湿度大多在 70% 以上,低云出现时在 90% 以上。山东高密对 182 次平流低云与当天 02 时本站 $T-T_d$ 关系的统计表明:$T-T_d \leqslant 2℃$ 的占 95%,其中 $T-T_d \leqslant 1℃$ 的占 77%,而 $T-T_d \geqslant 3℃$ 时出低云的仅占 5%。

回流低云产生于入海变性冷高的西南部或西部。由于大陆入海的冷空气通常都比较干燥,因此需要有增暖变湿的过程。冷空气变性的程度决定于海温与气温之差和冷空气经过海面的时间长短。海气温差愈大、冷空气流经海面的时间愈长,冷空气增暖变湿愈明显,愈利于低云形成,反之,则不利低云形成。

c. 形成平(回)流低云的冷却过程

平流低云的形成过程有两种:一是暖湿空气流经较冷的海面或遇冷洋流时,低层的空气冷却而形成海雾或低云,而后随气流平流至沿海地区,这种过程中以平流冷却为主。另一种是海上的暖湿空气平流至沿海地带,经夜间的辐射冷却和海岸边的辐合上升冷却而形成的,其冷却过程主要是辐射冷却和上升冷却。

生成回流低云的冷却过程主要是湍流造成的。冷空气流经较暖的海面时,因低层增暖,产生湍流混合,致使水汽上传和上升冷却而产生低云。这种低云通常是在海上就已形成,而后又平流至沿海地区。回流低云也有冷空气回归到大陆以后才生成的情况,这时,除湍流混合外,海岸边的辐合抬升和辐射冷却也起到一定的作用。回流低云也有因平流冷却而形成的情况。这时的冷高压入海后变性很多,其后部增暖变湿的空气随着偏南气流源源北上,流经较冷的海面或陆面,由于低层冷却再加上抬升便形成了低云。

d. 低层逆温层的存在

低层逆温层的存在是形成平(回)流低云的重要条件。平(回)流低云通常形成于大气低层的逆温层或等温层下。上海地区根据 20 次回流层积云出现时的层结曲线分析,发现低云都形成在逆温层下,逆温层下限的高度一般在 870~900 hPa,最高者可达 770 hPa,最低者仅为 920~930 hPa。这种低层逆温层主要是温度平流和湍流造成的;对于平流云来说,当海上暖湿空气流经冷海面或冷陆面时,常形成平流逆温,由于低层有湍流,所以逆温下限一般从离地面某一高度开始。对于回流低云来说,逆温的形成和低层风的垂直分布有密切的关系。例如上海地区,从分析 48 次回流层积云出现时单站空中风的垂直分布中发现,绝大多数在 1500 m 高度附近有明显的风向切变(只有 5 次从地面至 700 hPa 为一致的东北风),切变层下面为东北风,冷平流,切变层上面为西南或偏西风,有时有暖平流。这种风的垂直分布是由浅薄的冷高压系统和高层的偏西气流所造成。此外,逆温的形成也和低层的湍流有关。

低层逆温层往往比低云先出现,因而它可以抑制水汽向上扩散,使由湍流上传的水汽在逆温层底部聚集起来而冷却成云。

(3)平(回)流低云形成的预报

预报平(回)流低云的形成,首先应分析平(回)流天气形势能否建立,然后再分析形成低云的水汽条件和冷却过程,应用各种预报指标、点聚图等综合作出预报。

a. 平(回)流天气形势

平(回)流低云是在一定的天气形势下形成的,各地可根据本地特点按季节归纳出形成平(回)流低云的基本形势作为预报的参考。在归纳基本形势时,一般应从海上暖高中心(或脊线)的位置、冷高入海的路径及其在海上的位置以及高压和周围气压系统的配置等方面入手。同时还应归纳出各种类型形势的演变过程及该形势下低云的生消特点。例如,广东遂溪气象台依据地面图上冷高压入海的路径,将该地区冬、春两季常见的回流形势,归纳为高压从长江口入海和渤海入海两种基本类型:

高压从长江口入海

出现这种形势的前期,冷高压位置偏西,常由河套南下,至华中分裂出一个小高压中心,其势力渐趋减弱,而后沿空中引导气流在长江口一带入海。在高压入海过程中遂溪的风向不断顺转,当高压中心到达冲绳,日本一带,遂溪转为稳定的东南东风时,回流低云即开始出现。这种形势下形成的回流低云,占遂溪冬、春季回流低云总数的 70%。

高压(或脊)从渤海入海

出现这种形势的前期,有冷高压从大陆进入渤海,高压轴向大致成南北向,高脊南伸。高压入海后移动方向逐渐偏东,遂溪风向也开始顺转,当中心移到日本附近,其南伸的脊影响华南沿海时,回流低云即开始出现。此种路径下形成的回流低云占总数的 30%。

有了上述形势的归纳分类,就提供了平(回)流形势预报的一般轮廓和主要思路,在此基础上,再根据当时的天气图,具体作出形势预报,或直接依据传真图给出的地面形势预报,便可判断未来的天气形势是否有利于平(回)流低云的形成。

在分析和预报平(回)流天气形势时,不仅要考虑地面图形势,还要考虑空中等压面图形势。这是因为 850 hPa 或 700 hPa 形势和地面气压系统的移动及强度变化有关。各地的经验指出:850 hPa 的形势和平(回)流低云的形成有着密切的关系,尤其是和回流低云的形成关系更为密切。这是因为与地面冷高压相对应的 850 hPa 图上高压中心的位置、入海路径和温度场的配置情况,对低层大气的温湿分布都有很大的影响,所以对回流低云能否形成的影响也很大。例如广州地区在分析中发现,当 850 hPa 高压中心在 33°—35°N 间入海,而且在 850 hPa 高压前部为一冷温度槽时,才有利于该地区回流低云的生成。

b. 在分型的基础上找预报指标

平(回)流形势的建立只是提供了出现低云的可能性,能否出现低云还与平流的强弱及其他条件有关。所以必须进一步分析在这种形势下出现低云的条件,即找出预报指标。

找出高压中心、入海路径、海上高压脊走向与低云的关系

平(回)流低云的出现、强度、范围与入海高压位置、路径、入海地点等都有关系。例如福州地区冬季出现回流低云时,地面冷高中心位置都在 30°—35°N 之间 127°E 以西的海面;上海出现回流低云时 850 hPa 高压中心在 115°—120°E,33°—38°N 范围内。据东北地区统计,当入海高压中心在 120°—130°E,30°—40°N 以内,东北四平以南地区常可出低云。当高压在 35°N 以南入海,仅丹东地区有时受回流影响,如高压中心东移过 130°E,又无锋面和空中槽配合,低云将很快消散。

海上高压脊线走向和低云能否出现也有一定的关系。因为高压脊线走向与等压线走向有关,而等压线的走向实质上反映了低层气流的来向,如气流直接来自海面,则有利于低云的平流或生成,反之,则不利。例如,山东潍县气象台的经验指出,当入海高压脊线为东北—西南或北东北—南西南走向时,对本站出现低云最有利。又如广东遂溪气象台总结发现,当海上高压南部的等压线与纬线平行,或与海岸线成 30°~50°交角时,本站才有回流低云生成,而与海岸一致时,则不利于低云的生成。

找出本站气象要素与低云的关系

平(回)流低云出现前,在本站各气象要素的变化上是会有反映的,特别是风向、风速和湿度的反映常较明显,可以通过历史资料统计出某些与低云生成关系密切的要素的临界值作为预报的指标。例如南京地区偏东风层的厚度在 500~1500 m 时有利形成回流低云,当偏东风层厚度>2000 m 或<400 m 时,则不利出回流低云。又如锦州地区,夏季在平流形势下,低层(600 m 以下)空中风向在 140°~230°之间,风速 4~10 m/s 时有利平流低云的出现,风向≥240°时,低云很难出现。再如普兰店机场的经验是,本站风向南—东南,风速 2~5 m/s 时,出现平流碎云的可能性在 90%以上,若 14 时后相对湿度递增率每小时在 10%以上,则入夜后上平流碎云。

找出指标站气象要素与低云之间的关系

本站未出现低云时,常在低云来向上的台站的某些气象要素有较明显的反映。因此,可选择一些指标站,统计其要素变化与预报站出现低云的关系,这是做准短时预报把好气象关的有效监视手段。"和尚戴帽,碎云来到",这是三十里铺机场根据机场以南 22 km 大和尚山头的征兆做出的判断,效果很好。大孤山站有碎云,1 h 后影响丹东地区,这也是一个很好的指标。根据连云港统计:在平(回)流形势下,若 14 时地面图上青口、日照、青岛三站 $T-T_d \leqslant 5℃$,其中两站有低碎云或三站 $T-T_d \leqslant 6℃$ 且 18 时相对湿度 $>70\%$ 时,夜间或早晨易出现低云。

c. 点聚图的应用

与其他要素的预报一样,点聚图方法同样可以用在平(回)流低云的预报。

d. 统计预报方法

用统计预报方法作平(回)流低云的预报,在台站比较普遍。现以杭州 3—4 月偏东风非降水性低云为例来说明。

当 02 时地面图上冷高(或变性冷高)压中心在 32°N 以北,117°E 以东构成回流形势,且前一天 18 时至当天 04 时无降水作为定型条件。然后选取与本站产生低云关系密切的四个因子,将预报对象和预报因子"0、1"化转换以后作成预报方程,用以预报当天上午有无低云产生。四个因子是:

X_1:02 时青岛与杭州气压差。当 $p_{青岛}-p_{杭州} \geqslant 0.6$ hPa 为"1",否则为"0"。

X_2:等压线配合流场的气旋性弯曲。当 02 时地面图上 28°—31°N,118°—122°E 范围内等压线有明显气旋性弯曲或有较明显的风场切变时为"1",否则为"0"。

X_3:当天本站 03 时和 04 时相对湿度的最大值。当 $f \geqslant 90\%$ 为"1",否则为"0"。

X_4:杭州 01 时 300 m、600 m、900 m 的空中风。当任一高度的风向在 $10°\sim120°$ 内,且风速 <8 m/s 或两层(300~600 m 或 600~900 m)之间有 $\geqslant 40°$ 的风向切变或 $\geqslant 160°$ 的对头风时为"1",否则为"0"。概率回归预报方程为

$$Y = -0.247 + 0.120X_1 + 0.224 X_2 + 0.255 X_3 + 0.422 X_4 \tag{8.4}$$

预报临界值取 0.54。当 $Y>0.54$ 时预报出低云,$Y<0.54$ 时,预报无低云。

(4)平(回)流低云生消时间的预报

a. 平(回)流低云生成时间的预报

平(回)流低云多在夜间或早晨生成,其出现时间的早晚可从以下几个方面考虑:

考虑平流风场的情况。通常平流风场有利,且低层空中风较大,则低云出现得早些,反之晚些。

考虑气流来向的湿度和预报站的湿度情况。气流来向的湿度愈大,湿平流愈强,预报站傍晚的相对湿度愈大,则低云出现得愈早,反之晚些。例如丹东地区 7 月份,当预报未来有低云时,若 16 时 $(T-T_d)>5℃$ 时,下半夜出低云,而当 $(T-T_d) \leqslant 2℃$ 时,低云将在 21 时或以前出现。

应用指标站。可分为两种:一种是应用指标站某一要素的变化特征来报本站低云的出现时间。例如北京地区统计发现,在回流形势下,当青龙地面风转成大于 6 m/s 东北风时,$6\sim12$ h 后北京开始出现低云。另一种是应用气流来向上的指标站已出现低云来预报本站低云出现的时间。当指标站已经出现低云时,还可以利用当时相当于低云高度上的空中风来计算低云从指标站到达本站所需要的时间。但须注意,入夜后低云往往一面随着气流移动,一面又生成发展,因此低云实际出现常比计算时间早些。

统计资料的应用。根据历史资料统计出本地各季(月)平(回)流低云生消和持续时间供预报时参考。也可统计不同的形势特点下平(回)流低云出现的早晚。例如丹东地区统计得出,回流低云生成时间与冷高压入海位置关系密切。当冷高压中心从长白山入日本海时,从入海时间算起,该站上低云的时间是:春季为 21 h,秋季为 11 h,冬季为 10 h;当高压中心从长江口入海时,上低云时间是:春季为 32 h,秋季为 22 h,冬季为 18 h。

b. 消散时间的预报

平(回)流低云的消散有两种情况。一种是平(回)流形势基本不变的情况下,主要由于日变化的影响,大陆上的低云在中午前后减弱消散,入夜后又可重新生成。预报时首先应考虑平(回)流的强弱。一般平(回)流强,低云范围广、云层较厚,则低云的日变化不明显,平(回)流弱、云区范围小,云层薄,则日变化较明显。然后再分析本站的相对湿度条件和低层逆温层的情况,当相对湿度因气温升高而不断减小,预计低层逆温又能破坏时,低云将消散。

另一种是平(回)流形势破坏,低云随之消散,这是平(回)流低云消散的根本原因。平(回)流形势破

坏通常有以下几种情况：

有冷锋或空中槽过境,气流的来向和性质随即发生明显的变化,平(回)流低云也就消失了。

由于气旋、低槽或热带气旋的活动,使位于海上高压的脊线或等压线走向发生明显变化,致使平流风场受到破坏。例如夏季东北地区南部在平流形势下,由于蒙古气旋的活动,使得沿海地区的等压线走向由近似南北向变为近似东西向时,低层空中风向偏西,气流来自大陆,低云也就随之消失。

海上高压东移减弱,平(回)流低云随之消失。例如遂溪气象台指出,在地面图上,海上高压中心向东移过日本,强度不断减弱时,遂溪的回流低云也将逐渐减弱。如果地面西南低槽发展东伸,代替了高脊,近地面层的风向由东南变为西南时,则回流低云就会消散。又如上海气象台总结,在回流形势下,当850 hPa的高压中心移到124°E以东,华东沿海低层风向转为偏南后,回流低云便会消散。

8.2.2.3 扰动低云的预报

低层大气中,由湍流混合而形成的低云通常称为扰动低云。下面仅对形成于冷气团内的冷性扰动低云作一些讨论。

冷性扰动低云各地称呼不一,如冷涡低云、冷性低云,冷流低云、扰动性低云等,从其形成原因出发,这里把它们统称为扰动低云。

扰动低云在我国各地均有出现,但以东北、华北地区以及黄、渤海区出现较多,它的季节性明显,一般出现在11月至翌年3月,且以12月至翌年1月最多。云状为层积云或积状云,多出现在海上。东北地区冬季温度很低时,它常呈冰晶结构,很容易误认为卷云。扰动低云云高在北方一般为800~2000 m,在南方多为600~900 m。云厚的差别很大,薄时仅100~200 m或更薄,但当扰动强、湿度又大时,云层较厚,可达1000 m以上,发展旺盛时,可降阵雪。这种云生消突然、移动快、云量变化大,常可在短时间内由碧空转为满天低云或由满天低云转为少云。在大陆上,它的日变化比较明显,一般在10时左右生成,12—14时最强,17时以后消散。

(1)扰动低云的形成过程及条件

各地扰动低云虽各有其特点,但具有普遍的生消规律。下面以东北地区的扰动低云为例来说明。

东北地区产生扰动低云的基本天气形势是:空中在冷涡或冷槽控制下,等高线呈气旋性弯曲,冷平流很强,地面处于较强的蒙古高压前部,等压线呈近似南北走向。在此形势下,空中强冷平流使低层大气的稳定度减小,低层风又经常存在着显著的切变,因此有利于扰动的发展。当地面辐射逆温破坏后,地面风速明显增大,扰动增强,由于湍流混合的结果,在湍流混合层顶部形成逆温,若湿度条件具备,便在逆温层下形成扰动低云。

冬季海洋比大陆暖,当北方大陆干冷空气流到黄、渤海面后,通过湍流交换,使近海面层冷空气急剧地增温增湿,低层很快出现不稳定层结,有利对流产生。对流和冷空气南下时强风的扰动作用,促使空气上升冷却形成层积云或积状云。而在辽东半岛西部沿海和山东半岛北部沿海,地形对气流的抬升作用,对扰动低云的形成更加有利。

从上述扰动低云的形成过程中,可以看出其形成条件通常有以下几个:

a. 从地面至850 hPa(或700 hPa)冷平流随高度增强或有强冷空气移到暖海面上,使低层的层结稳定度减小,有利于湍流混合作用的发生和加强。

b. 地面风速较大(6~10 m/s),低层风随高度有显著的变化,它能加强扰动混合作用。

c. 地面的增温作用是破坏地面逆温和有助于湍流发展的重要因素。当早上有地面辐射逆温时,即使上述两条件具备,湍流也不易发展,待地面增温,逆温破坏后,湍流才能发展起来。

d. 要有一定的水汽,经扰动冷却后在湍流逆温层下能达到饱和。

e. 地形作用:气流经过山地时,有利于扰动增强,促进低云的形成。

(2)扰动低云形成的预报

从以上的分析中可以看出,空中强的冷平流是形成扰动低云的主要因子。因此预报扰动低云的形成,首先要正确分析上游地区冷空气的活动情况,冷涡或冷槽移动的方向和强度变化,以及冷涡或冷槽中冷平流的情况,然后再仔细分析低层的湍流和水汽条件。

a. 分析温压场形势

上述扰动低云基本形势的建立,是和冷空气爆发南下相联系的,因此,当冷锋过境后,就要密切注意冷涡(冷槽)的活动。一般来说。冷涡愈接近本站,低云愈容易形成。所以冷涡(或较深的冷槽)的活动,是预报扰动低云首先要考虑的问题。

低云能否形成还和空中冷平流的强弱有关。一般来说,冷平流愈强,低云愈容易形成。表 8.1 是土城子气象台根据资料统计的扰动低云与 850 hPa 冷平流交角的关系。

表 8.1　850 hPa 图上冷平流交角与低云出现频率的关系

		平流交角				
		0°~40°	41°~60°	61°~80°	>80°	冷中心附近
低云量	0~4	91	24	8	3	—
	5~10	7	17	17	27	9
总次数		98	41	25	30	9
云量≥5 的低云出现频率(%)		7	44	68	90	100

由表 8.1 可见:冷中心在土城子附近时,不管冷空气强弱,都有低云生成,此外,低云的生成和平流交角大小的关系是很明显的,平流交角愈大,出现低云的频率就愈高。

在分析温压场形势时,还要注意等高线的曲率情况。当等高线有明显的气旋性曲率,在冷涡的后部有一横槽南下,空气的辐合上升较强,对低云的生成更为有利。

b. 分析低层湍流情况

大气低层湍流能否发展是扰动低云能否生成的重要条件。湍流发展与否取决于大气的热力和动力状态,通常用理查森数来判断。定性分析与湍流发展有关的大气低层的稳定度、垂直风切变、地面风速大小及下垫面粗糙程度等因子,或统计出各因子与出现扰动低云的关系,供预报时参考。

层结稳定度主要是分析 500 hPa 以下各层平流分布及近地(海)面气层的增温情况。一般常用 $T_{850}-T_{地面}$(或 $T_{700}-T_{地面}$)表示低层层结情况,而用上游 500(或 700)hPa 负变温的大小来表示冷平流的强弱。据统计,有扰动低云时,$T_{850}-T_{地面}$ 的平均值,旅顺为 $-9.9℃$,青岛为 $-9.2℃$。鞍山地区在冷涡形势下,20 时 $T_{850}-T_{地面}>8℃$ 时,一般第二天有扰动低云产生。又如,当 08 时 700 hPa 二连、北京的 ΔT_{24} 均小于 0℃,则次日黄渤海区有低云。若北京 $\Delta T_{24}<0℃$ 而二连 $\Delta T_{24}>0℃$,说明冷空气来源已断绝,一般不利于黄渤海区产生扰动低云,即使形成也较弱。张家口地区统计 20 时二连 500 hPa $\Delta T_{24}\leqslant-6℃$,次日出现扰动低云占 85%,可见统计上游站负变温大小与本站低云的关系,对预报是有参考作用的。

垂直风切变主要是分析 2000 m 以下风速随高度变化的情况。一般上下层风速差达 10(m/s)/km 时,即可使理查森数 $Ri<1$,有利于扰动发展产生低云。鞍山经验指出,在冷涡形势下,08 时空中风如果高度差 500 m 而风速差≥4 m/s,则当天中午将出现低云。另外,当风的垂直切变加大时,有利低云形成,垂直切变减小时,对低云的形成不利。

c. 分析水汽条件

扰动低云多出现在地面冷高压前部的偏北气流中,因此湿度往往比较小。但在冬、春季温度较低,空气的饱和水汽压也较小,只要有一定的水汽在湍流逆温层下聚集起来,由于湍流混合作用使逆温层底部附近的温度降低,就可能达到过饱和而生成低云。只有空气很干燥,湍流高度低于凝结高度时,才不会有低云生成。

当气流来自降水区或本站在冷锋过境前后有降水产生时,大气低层的水汽常常比较充分,对低云的生成很有利。另外,在沿海地区,当冷空气流经海面再移向本站时,因为低层冷空气增暖增湿,湿度往往较大,也有利于低云的生成。

除以上分析外,为使预报客观化定量化,也可在分型的基础上寻找预报指标、制作点聚图或采用数理统计方法进行预报。

(3)扰动低云生消时间的预报

扰动低云的形成和扰动的强弱有着密切的关系,而扰动通常具有明显的日变化,因此低云的生消时间也具有明显的日变化。根据各地的统计,大陆上低云的生成时间多在中午附近,消失时间多在傍晚。在海上,低云常在下半夜或早晨出现,傍晚消失或减弱,日变化不如陆上明显。

日常工作中,预报低云生消的具体时间可从以下几方而考虑:

a. 分析天气形势

低云的出现时间和等压面图上的形势有密切的关系。当空中有较明显的冷涡(或冷温中心)接近本站或控制本站上空时,低云往往在上午 08—09 时即产生,有时维持到半夜才消散,当空中冷涡移走,冷平流转为暖平流时,低云随即趋于消散。

b. 考虑近地面逆温的破坏时间

近地面的逆温层(或稳定层)强时,低云的出现时间就较晚,反之,就较早。实际工作经验表明,当地面气温升至对流温度的时间,常常就是扰动低云产生的时间。

c. 考虑地面风速和风随高度的变化情况

地面风速和风随高度有显著的变化,则有利于扰动的发展,低云就出现得早,反之,则出现得晚。但如低层风速太大($\geqslant 20$ m/s)时,由于扰动强烈,空气中水汽不易聚集,对低云的生成反而不利。当地面的风速迅速减小时,低云常趋于消散。

d. 考虑水汽条件

低层湿度大,凝结高度低时,低云往往出现得早,消失得晚,云量也较多,反之,低云出现得晚,消失得早,云量也较少。

e. 指标站的应用

可利用历史资料统计本站上游地区低云生消时间与本站低云生消时间的关系,作为短时预报参考。例如在经向度较大时,郑家屯机场扰动低云非日变化消散后 $3\sim 4$ h,沈阳低云消散。

8.2.2.4 对流低云的预报

由于空气的对流作用而形成的低云,称为对流性低云(简称对流云)。它在我国各地均有出现,尤以夏季最为常见。对流云按其成因一般可分为两大类:一类主要是由于锋面或空中槽等天气系统的动力抬升而形成的;另一类是在气团内部,由于地面受热不均或地形动力抬升等原因而形成的。前一类原因形成的大多是积雨云,并常伴有雷暴等强对流天气,在后面将专门进行讨论。下面只简要介绍后一类对流云(主要是积云)的预报方法。

(1)对流云形成的条件

对流云是不稳定气团内部经常见到的一种低云。有对流时能否形成云,决定于对流高度和凝结高度的相对位置。如果对流高度低于凝结高度,上升的空气达不到凝结高度,就不会形成云,如果对流高度高于凝结高度,则在空气上升的区域里,有云形成于这两个高度之间。

在大气中对流发展过程的不同阶段,上升气流的速度和所达到的高度不同,因而形成的积状云也具有不同的特点。

当对流逐渐发展,上升气流达到的高度超过凝结高度很多时,云块变得高大臃肿,就形成了浓积云。随着对流的发展,浓积云的云顶伸展到温度很低的高空时,云顶的过冷水滴就渐渐冻结为冰晶,出现丝缕状结,这时浓积云就发展成积雨云了。

下垫面的性质和地形条件对对流云的形成与发展有着重要的作用,一般来说,潮湿地区比干燥地区容易形成和发展。例如,夏季雨过天晴时,陆地上白天很早出现对流云,就是因为水汽充足所致。山区与平原相比,热力对流易于形成和发展,所以,通常山区对流云生成早、发展旺盛。

对流性低云生成的条件归纳起来有:a. 大气低层不稳定;b. 足够的水汽;c. 适当的抬升力。夏季,水汽条件一般是具备的,所以,预报重点应放在大气低层是否有适宜的增温条件,以及有无辐合抬升等方面。

(2)对流云形成的预报

预报对流云的形成,首先是分析在预报时效内是否有利于形成对流云的天气形势出现,然后利用探空和预报指标等,经过综合的分析研究,再确定有无对流云的形成。

a. 分析天气形势

对流云的预报,首先要分析天气形势的特点及其未来的发展变化。对流云一般出现在气旋后部或反气旋前部、气压梯度较小或正在减弱的气压场中,以及有利于气流辐合的区域。气旋后部或反气旋前部是携带北方冷空气南下的地区,夏季冷空气南下后,低层因吸收地表的热量和水汽而使层结变为不稳定,所以容易形成对流云。气压梯度微弱或正在减弱的气压场中,风速很小,白天增温条件好,因此,略有抬升,便会形成对流云。夏季锋后气压梯度减小的地区,也是容易形成对流云的地区。因为夏季锋面过境时,一般都有降水,使空气中水汽增多。同时雨过天晴后的增温,常会使低层变为不稳定,略有扰动,就会产生对流云。我国夏季冷锋后,一般都有大量的对流云出现,就是这个道理。

b. 分析天气实况

当天气形势有利时,究竟有没有对流云出现,在短时预报中还要注意周围测站的实况演变。通常在山区首先有对流云生成和发展。所以,它可作为预报对流云的指标区或指标站。如果测站附近的山区对流发展不起来,那么,本站未来对流云发展的可能性更小。若山区已有对流云发展,并且不断发展增多时,未来本站上空将可能会有对流云产生和发展。

c. 分析探空资料

探空资料是预报对流云的一种重要工具。分析探空资料时,要着重分析低层大气的稳定度和湿度情况。如果预报当天的地面最高温度将高于对流温度时,就会有对流云出现,反之则不利于对流云的形成。由于低层大气的稳定度也是不断变化的,当所用的探空资料距离预报的时间比较长时,应注意探测后低层大气温度和湿度的变化,并进行适当订正,才能获得较好的效果。

(3)对流云生消时间的预报

由于热力原因而形成的对流云,其生消时间和地面气温的变化有着密切的关系,因此具有明显的日变化。在大陆上,一般 09—10 时开始出现对流云,以后云量逐渐增多,云体垂直发展也逐渐旺盛,午后14—16 时达到最盛,傍晚逐渐消散。在海上,对流云的日变化与陆地上恰好相反,往往是在夜间形成,白天消散。

上述对流云的日变化规律,只能作为预报的参考,其具体生消时间,在一定的天气形势下,视冲击力的强弱、湿度和稳定度的大小而定。当地面增温快,湿度大,而低层空气稳定度又小时,则对流云就生成得早,消失得晚,云量也较多;反之,就生成得晚,消失得早,云量也较少。当天气形势有较大变化时,低层的温度、湿度和稳定度往往也随之发生明显的变化,因此,对对流云的生消影响很大。例如,在东北地区夏季,当本站由脊前转变为脊后控制,低层风向由偏北风转为偏南风时,对流云就不易形成,如果已经生成了,也常趋于消散。

利用本站早晨的探空资料可以预报对流云的生消时间。具体方法是:首先在 $T-\ln P$ 图上确定好对流温度,然后作好地面气温的预报。如果对流温度变化不大,则当地面气温升至对流温度的时间,即为对流云形成的时间,当地面气温下降到低于对流温度的时间,即为对流云消散的时间。

上面分别讨论了四种类型的低云预报问题。应该注意,它们并不是完全孤立的,而是互相联系的,在一定条件下还会互相转化。在平(回)流形势下,如有冷锋过境,可从平(回)流低云转为锋面低云,出现锋面低云之后,如锋后冷空气势力较强,低层湿度又较大,也常会转为冷高压前部的扰动低云。因此,在制作低云预报时,不仅要掌握各类低云的特点,而且还应注意它们之间的转化规律。

由于我国幅员广阔,地形复杂,各地区出现低云的天气形势不完全一样,而且低云具有明显的地方性特征,所以各地应分析该地区低云生消演变规律,找出适合本地区的低云预报方法。

8.3 能见度的预报

能见度是指大气的能见程度,通常用距离表示,如地面水平能见度就是指:视力正常的人在当时的天气条件下,能从背景(天空)中识别出暗色目标物的最大水平距离。它对人类的生产、生活都有不同程度的影响。如在能见度很差时,飞机无法正常起降,船舶难以正常航行,高速公路关闭,给交通、旅游等行业带来很大影响。空气中悬浮物质含量的多少及性质如何,还会影响人类的身体健康等。对于飞行而言,能见度的影响很大,且能见度本身就是机场开放、关闭的条件。

8.3.1 能见度的一般特征

8.3.1.1 影响能见度的气象因子

影响能见度的因子很多,如目标物的大小,观测者的眼睛的对比阈等。但对于能见度的预报而言,关键的还是大气的透明度。大气的透明度的好坏主要由大气中的悬浮物质的多少决定。大气中的悬浮物质,主要有两类:一类是水汽凝结物,一类是固体悬浮物质,如烟粒、沙粒、盐粒等。大气悬浮物质含量的变化往往表现为天气现象的变化。如水汽凝结物的增多,往往对应于降水、雾、吹雪等天气现象,而固体悬浮物质的增加则表现为风沙、烟、霾等天气现象。反过来说,这些天气现象的生消演变,影响了大气的能见度。所以对能见度的预报,关键是对影响能见度的天气现象的预报。这些天气现象,它们各自都有自己的形成条件和演变规律。所以,在下面几节中介绍主要几种影响能见度的天气现象的生、消、演变规律。定性地讲,掌握了这些天气现象的活动规律,能见度的变化规律也就掌握了。

8.3.1.2 能见度的易变性

由于影响能见度的天气现象很多,这些天气现象又都有自身的发生发展和演变规律,因而导致能见度的变化规律非常复杂。

(1)天气形势变化对能见度的影响

在不同天气形势下,能见度有不同的变化规律,在相同的天气形势下,能见度的变化也会有很大的差异。如在某种天气形势下出现降雪天气,这时能见度一般随降雪的强度而变化,降雪大时,能见度很差,而当降雪强度变小或停止,能见度又可以迅速变好。

(2)能见度的日变化

由于许多影响能见度的天气现象有明显的日变化,所以能见度也有明显的日变化规律。如受辐射雾影响时,能见度与辐射雾的浓度密切相关,雾浓时能见度差,雾淡时能见度好。由于辐射雾一般在清晨日出时最浓,随着太阳高度角的增大,雾的浓度逐渐减小直到消失。由于辐射雾的这种日变化规律,在其影响下,能见度在清晨时最差,日出后开始逐渐变好。而在风沙天气影响下,能见度的日变化规律则表现为早晚好,午后差。这是因为午后动量下传风加大,风大风沙强,能见度差。而早晚的情况则相反,能见度相对较好。所以,对能见度日变化规律的把握,首先要分析确定影响能见度的天气现象是什么,然后根据天气现象的变化规律以及天气现象与能见度的关系,确定能见度的日变化规律。

(3)能见度的局地性

由于影响能见度的因子的局地分布差异很大,因而会导致能见度的局地差异很大。如雾引起的低能见度,在地势低洼地区和潮湿湖泊、沼泽地带,雾浓能见度差,而相对较高的高地,雾则较轻能见度相对较好。所以在一条高速公路上行驶,会有能见度忽好忽坏的现象出现。

有些现象引起的低能见度还有明显的方向性。如雾引起的低能见度,向阳方向由于光学效应能见度更差,而背阳方向要好一些。烟引起的低能见度往往在靠近城市或烟源的方向最差。在预报,特别是实际保障过程中必须注意到这种差别。如在飞行保障过程中,确定放飞时间时,必须考虑到是向阳起飞,还是背着太阳起飞。

8.3.1.3 能见度的气候特征

(1)能见度的地理分布

就总体上说,我国能见度的分布是,城市低于乡村,南方低于北方,沿海低于内陆。其中四川盆地最差,而青藏高原是能见度最好的地区。

如能见度小于 4 km 的平均日数分布图所示,四川盆地的日数最多,每年平均出现 200 d。其次是华东沿海地区,以及东北工业城市附近,每年也可出现 200 d 以上。新疆南部地区也是一个低能见度地区,平均可达 100 d 以上,这和该地区经常出现风沙、浮尘等天气现象有关。其他各地一般在 60~100 d。青藏高原是一个高能见度的地区,小于 4 km 的能见度每年出现频数在 30 d 以下。

（2）能见度的季节分布

能见度的季节变化因地区不同而有差异。就我国大部分地区来说,一般冬春两季较差,夏秋两季较好。由于冬季近地面层常有辐射逆温,大气层结稳定,烟幕和雾较多,而且北方的冷锋大风常造成风沙和吹雪天气。春季地面解冻,土壤疏松,且多气旋活动,北方的气旋前后部的大风常造成风沙、浮尘天气,南方的气旋常伴有雾和降水。这些天气现象,都影响了冬春季的能见度。而夏季,影响能见度的主要因子是降水或沙漠地区的风沙、浮尘天气,但出现的次数远比冬春季少。秋季,我国大部分地区出现秋高气爽天气,能见度一般较好。这样,就全年总体而论,冬春季的能见度比较差,夏秋季的能见度相比比较好。

8.3.2　雾的形成和消散

雾是最经常影响能见度的天气现象。它的影响范围大,且一年四季均可出现。所以雾一直是天气分析和预报的重点天气现象之一。

雾是悬浮于近地面气层中的大量小水滴或冰晶而使能见度变坏的一种天气现象。按其影响能见度的程度可分为雾和轻雾。能见度小于 1 km 的为雾,能见度在 1~10 km 的为轻雾。雾与云在本质结构上是相同的。区别在于雾接地,而云不接地。雾的伸展高度变化很大,高的可达几百米甚至 1 km 以上,低的不足 2 m,称浅雾。

虽然雾的表现形式相同,但形成原因和形成过程却不尽相同。所以雾按其形成过程可分为辐射雾、平流雾、蒸发雾、上坡雾、雨雾等。由于雾的形成过程和形成机制不同,因而其产生的条件就有很大的差别。所以作好雾的预报,必须了解有利于各种雾形成的天气形势和条件。下面首先介绍雾形成和消散的基本物理过程。

8.3.2.1　雾形成的物理过程

雾的形成过程就是近地面层水汽达到饱和而凝结成水滴或冰晶的过程。这种凝结要发生首先大气中应有充足的凝结核存在。凝结核的性质、数量、大小对水汽的凝结有很大的影响,如在人工造雾时,常用的方法就是增加大气中的高效凝结核。但在近地面层的大气中,一般认为凝结核是充分的,所以在讨论凝结时,不对凝结核问题展开讨论。

要使大气中水汽凝结成雾,必须通过某种物理过程使得大气中的水汽达到饱和。这种过程对于大气而言只能是降温或增湿。

（1）大气中的冷却过程

从热力学第一定律可知

$$\frac{\mathrm{d}T}{\mathrm{d}t} = \frac{1}{c_p}\frac{\mathrm{d}Q}{\mathrm{d}t} - \frac{RT}{c_p p}\frac{\mathrm{d}p}{\mathrm{d}t} \tag{8.5}$$

$$\frac{\mathrm{d}T}{\mathrm{d}t} = \frac{1}{c_p}\frac{\mathrm{d}Q}{\mathrm{d}t} - \frac{RT}{c_p p}\left(\frac{\partial p}{\partial t} + v \cdot \nabla p + w\frac{\partial p}{\partial z}\right) \tag{8.6}$$

(8.6)式中括号中的前两项为气压的局地变化和气流穿越等压线所引起的温度的变化,这两项都很小,可以略去。再应用静力学平衡方程,则上式可写成

$$\frac{\mathrm{d}T}{\mathrm{d}t} = \frac{1}{c_p}\frac{\mathrm{d}Q}{\mathrm{d}t} - \gamma_d \tag{8.7}$$

从(8.7)式中可以看出:温度的个别变化决定于非绝热加热和垂直运动。对于雾的形成过程而言,大气中的非绝热过程主要是净辐射加热,分子运动、湍流运动、对流运动引起的热交换,潜热交换三部分。这三种物理过程在雾的形成过程中都有作用,但对于不同的雾而言,它们的作用大小不同。如在辐射雾的形成过程中,前两种过程起主要作用,尤其是辐射过程作用更大。而对于雨雾来说,潜热交换则起主要作用。垂直运动引起的绝热冷却也有利于雾的形成。这种过程是上坡雾形成的主要物理过程。对于其

他雾而言,大气的垂直运动很小。

(2)大气的增湿过程

大气通过增湿从而达到饱和,也有利于雾的形成。对于雾的形成而言,增湿过程主要是蒸发过程。水面、植被、潮湿地表的蒸发、降水过程中的蒸发都可以使大气的湿度增加。大气中的增湿过程要得以持续,从而使空气达到饱和,必要条件是水温要大于气温。一般而言,水温和气温的差异并非很大,所以,单纯靠蒸发使空气达到饱和而形成雾、特别是大范围的雾是很困难的。但蒸发过程在雾的形成过程中与其他物理过程相伴随,一般是有利于雾的形成的,尤其在干冷空气流经冷水面冷却成雾和雨雾的形成过程中,作用更大。

8.3.2.2　雾的消散过程

雾的消散过程与形成过程相反,就是空气通过减湿或增温,相对湿度下降,从而变成不饱和。通常导致雾消散的过程主要有:

太阳辐射加强。日出以后,太阳高度角逐渐增加,太阳辐射逐渐加强,随着地面温度的升高,近地面层气温增加,有利于相对湿度减小。而且,随着近地面层温度的增高,有利于雾形成的逆温层被破坏,垂直湍流交换增强,垂直交换对雾有两方面的影响:一方面空气混合的结果,使得上层的干空气混合进入近地面层,近地面层空气饱和度下降;另一方面,垂直混合的结果,使得大气低层层结接近于干绝热。因而有利于近地面层空气获得热量,也有利于雾的消散。

风增强。随着风的加大,空气的湍流交换增强。在稳定层结中,湍流混合使热量下传,有利于雾消散,或抬升为层云。

雾沿山坡而下,下沉绝热增温而消散。雾移到暖的下界面,下部受热,雾趋于消散。雾移到低温积雪表面,由于雪面的干化效应,雾多消散。

8.3.3　辐射雾的预报

辐射雾是由于辐射冷却,近地面气温降到露点以下,水汽发生凝结(或凝华)而形成的雾。

8.3.3.1　辐射雾的特征

(1)日变化明显

辐射雾形成的主要原因是辐射冷却,由于温度的日变化明显,辐射雾强度(或者说地面能见度)也具有明显的日变化。一般辐射雾在夜间至凌晨形成,日出前后雾最浓,以后随着太阳高度角的增加,地面温度逐渐升高,雾开始逐渐消散。

(2)季节变化明显

辐射雾出现的频率各季节不一样。总体而言,秋冬季节出现的频率高,春夏较少。秋季,我国东部地区受副热带高压控制,天气晴好,夜间风速较小,有利于夜间的辐射降温,因而有利于形成辐射雾。在冬季,夜间长,辐射降温的降温量大,也易出现雾。并且,我国大部分地区,冬季太阳高度角低,白天增温速度慢,所以,雾形成后,消失得晚。如位于长江中下游的常州地区,辐射雾消散时间(能见度大于3 km)的时间,夏季为早晨北京时08,而冬季则到10时左右。

(3)局地性强

辐射雾在我国分布很不均匀,西北、内蒙古和西藏地区很少发生。而四川、贵州等地的发生频率很高,尤其是重庆市,冬季晴空的夜晚,几乎80%的天数均有辐射雾发生,故有"雾都"之称。有时连续数日,云雾弥漫,不见天日,古时有"蜀犬吠日"之说。

8.3.3.2　有利于辐射雾形成的条件

(1)冷却条件(晴夜)

辐射雾形成的主要物理过程是地面的辐射冷却,使得近地面空气降温。若夜间和清晨是晴空或少云天气,地面的辐射冷却速度快,因而近地面空气降温也快,有利于水汽的凝结(或凝华),有利于形成辐射雾。相反如果夜间是多云或阴天,则不利于地表的辐射冷却,也就不利于辐射雾的形成。

(2)湿度条件(湿度大)

近地面层空气的湿度大,温度露点差就小,只要气温稍有下降,空气就可以达到饱和。从而形成辐射雾。所以,气层湿度越大,湿层越厚,越有利于辐射雾的形成。

(3)风力条件(微风 1～3 m/s)

在有微风存在时,近地面层可以产生一定的湍流,湍流混合作用可使辐射冷却和水汽交换扩展到一定厚度(几十米甚至几百米),利于形成浓而厚的雾。若完全静风,近地面层空气在垂直方向上几乎无交换,这样通过辐射冷却达到饱和的空气只是贴地的空气,只能形成露、霜或浅雾。相反,若风力过大,湍流作用很强,一方面上层的热量下传,地面降温速度减慢。另一方面,风大混合层厚度相应也大,这时要通过辐射使整个混合层空气都达到饱和,十分困难。因而不利于形成辐射雾。历史资料统计表明,有利于形成辐射雾的风速为 1～3 m/s。

(4)层结条件(气层稳定)

在近地面层层结稳定或有逆温存在时,气层中的水汽、尘埃和杂质聚集在逆温层之下,在湍流和辐射的作用下有利于雾的形成。

8.3.3.3　有利于雾形成的天气形势

辐射雾的形成必须满足辐射雾形成的条件。什么样的地面天气形势会满足辐射雾形成的条件呢?

(1)弱高压(脊)

在弱高压(脊)内,天气一般以晴好天气为主,满足辐射雾形成的冷却条件。气压梯度较小,风力微弱,容易满足风力条件。在弱高压(脊)内,有弱的下沉运动,有利于形成下沉逆温,使得近地面层的层结稳定。所以,在此天气形势下,只要满足水汽条件,就会形成辐射雾。

(2)鞍形场和均压区

在鞍形场和均压区控制下,地面气压梯度小,风力也较小,风力条件易于满足。若天气晴好,水汽充沛,便容易形成辐射雾。

8.3.3.4　辐射雾的预报

(1)分析近地面层温湿条件

出现有利于辐射雾形成的天气形势,并非都能形成辐射雾。在实际工作中可以通过对近地面层的温湿条件进行分析,从而作出是否出现辐射雾的预报。温湿条件的分析主要分析是否有逆温层存在,湿度随时间如何变化,温度是否低于露点。

在夜间温度和露点都会随时间变化,关于温度的预报在前面的章节中已做介绍。关键的是分析露点温度的变化。露点具有一定的保守性,但也随地面蒸发、凝结和湍流交换有所变化。一般而言,白天地表蒸发、近地面层湿度增加,露点上升。下午或傍晚有降水时可以使露点升高 2～5℃。但夜间近地面层水汽的凝结和凝华可以使水汽减少,露点下降。据统计,当风速 3 m/s 时,气温在 0℃ 以上,露点降低 1℃ 左右;气温在 0℃ 以下,露点降低 1～2℃。

这样根据当晚的最低气温和预报的露点温度进行比较,如果夜间气温低于露点温度,预报本站出现辐射雾。

(2)预报指标和统计预报方法

a. 预报指标

根据辐射雾形成的条件和经验,可以从以下几个方面选取预报指标:

云量。夜间云量越少,辐射降温越强,越有利于辐射雾的形成。因此在水汽比较充分的地区,可以用云量作为预报指标。如冬季重庆,在其他条件具备时,若预报当晚平均云量小于 1 成,则可预报次日早晨有雾。

风速。各地出现辐射雾时,都有一个临界值。因此,可根据历史资料,用统计方法找出这一临界值,作为预报辐射雾的风速指标。如西安地区,夜间风速为 3 m/s 是预报辐射雾的风速指标。

湿度。夜间和凌晨出现辐射雾时,一般傍晚的湿度比较大,利用傍晚(17—19 时)相对湿度的大小,可作为辐射雾的湿度指标。如北京地区,傍晚的相对湿度大于75%,是预报辐射雾的指标。

值得注意的是,预报辐射雾时,不能单凭一个指标就下结论,而应该在天气形势分析的基础上,综合利用各种指标,充分考虑预报经验,然后作出预报结论。

b. 统计预报方法

应用统计预报方法预报辐射雾常用的有编码法、分辨法、点聚图法、各因子相关法、概率回归法、数值预报产品解释应用等。

应用统计预报方法可以结合物理意义和天气形势分析。统计预报的因子可以从与辐射雾产生关系比较密切的物理量中寻找,如温度、湿度、云量、风等,也可从数值预报的产品中寻找。

(3)辐射雾形成时间的预报

辐射雾形成的早晚决定于气温降低的速度和大气中水汽的含量。所以同样可以用分析温湿条件的方法定性预报辐射雾的形成时间。若大气中的水汽含量高,温度露点差小,则辐射雾形成得早。所以可以根据傍晚时的温度露点差和温度的降低速度估计辐射雾的出现时间。温度露点差越小,温度降低速度越快,辐射雾出现的时间越早。温度降低的速度可根据云量、风速等作出预报。

作为定量预报,可以用经验公式、点聚图等统计预报方法进行预报。如上海中心气象台,根据历史资料,推算出一个出现辐射雾时间的经验公式

$$t = (100 - f_{18}) \div \left[(f_{18} - f_1)/(18 - t_1) + A \right] \tag{8.8}$$

式中 t 是辐射雾形成时离18时的时差值;f_1 是午后开始回升的相对湿度;t_1 是 f_1 出现的时间;A 是订正系数,上海地区 A 为 $3\sim4$。

(4)辐射雾消散时间的预报

辐射雾的消散随着早上太阳高度角增加,气温增高而加快。由于北半球夏季太阳高度角大,日出后升温快,辐射雾持续时间短,而冬季则相反,辐射雾持续时间长。当天空有云时,气温升高慢,辐射雾持续时间长。无云时则相反,持续时间短。同时辐射雾持续时间还与风速有关。随着风速加大,扰动加强,逆温层破坏,辐射雾消散很快。有时当地面有冷锋过境,或槽后干冷空气侵入,空气湿度减小,也可使辐射雾急速消散。

所以对辐射雾消散时间的预报,定性分析主要根据雾的浓度,温度升高的速度,风的大小等因素。所以可以首先分析雾的浓度和范围。这可以根据雾形成距离日出的时间,一般时间越长,雾的浓度越大;雾形成时的温度与凌晨最低温度的差,差值越大雾越浓;或者根据实况和卫星云图资料判断雾的浓度和范围。在此基础上,分析温度的上升速度。可根据太阳高度角,天空的状况,风的大小等来分析。结合天气形势定性作出辐射雾消散的时间。

定量预报可从历史资料中统计出,辐射雾消散时间与季节变化的关系。如消散时间随月份变化的统计曲线。也可根据雾形成的时间来预报雾消散的时间,建立雾形成时间(距离日出的时间)与雾消散的时间(同样是距离日出的时间)之间的统计关系等方法来预报辐射雾消散的时间。

8.3.4 平流雾的预报

暖而湿的空气流经冷的下界面,逐渐冷却而形成的雾称为平流雾。如海上暖而湿的空气流到冷的大陆上,或者海洋中暖海面的空气流到冷的海面上都可能形成平流雾。

在我国平流雾主要出现在沿海地区。平流雾的水平范围很大,可达几万平方千米。垂直厚度可达 $200\sim400$ m,通常呈带状或块状分布。在海上平流雾的日变化较小持续时间可以很长,在天气形势有利的情况下可维持很长时间。如成山头曾有连续25 d出现平流雾的情况。

在我国沿海地区平流雾随季节由南向北推移,2—3月主要发生在南海沿岸,4—5月发生在东海沿岸,6—7月主要发生在黄海、渤海沿岸。平流雾的这种季节变化是与我国近海海流分布和暖湿空气的活动有密切关系的。

8.3.4.1　平流雾形成的条件

（1）冷却条件

形成平流雾首先要有冷的下界面,这是与暖湿空气相比而言的。暖湿空气与流经的下界面温差越大,空气通过与地面的热交换降温的速度越快,越有利于空气达到饱和,从而形成平流雾。所以从冷却方面考虑,形成平流雾流来的暖湿空气与下界面必须有一定的温差。

（2）平流条件

稳定的风向和适宜的风速,是形成平流雾的另一个重要条件,这样一方面可以是暖湿空气源源不断地流向冷的下界面,另一方面可以造成一定程度的湍流,使冷却的空气具有一定的厚度。如果风速太小,湍流很弱,只有近地面的空气得到冷却,即使成雾也很浅薄。但风速过大也不利于雾,因为过强的湍流交换,容易将上层的热量下传,同时将低层的水汽输送到上层。因而空气很难达到饱和。根据沿海一些气象台的统计,形成平流雾的适宜风速是 2～7 m/s。

（3）暖空气的湿度条件

平流而来的暖空气湿度大、水汽充沛是形成平流雾的重要条件。在水汽充足时,空气稍加冷却就能达到饱和。

（4）低层有较稳定的层结

平流雾出现时,低层一般都有稳定的层结,这样可以使低层水汽在稳定层下聚集,有利于平流雾的形成。逆温层一般在 850 hPa 以下,逆温层有时与地面相接。有时因湍流扰动使逆温层底距地面不远的一个高度上,当逆温层远离地面时,往往形成低云。

8.3.4.2　有利于平流雾形成的天气形势

（1）入海变性冷高压后部

由大陆入海的冷高压在海上停留一段时间后,逐渐变性,增温、增湿,然后随高压南部的偏东气流,流回到近海的冷水面或大陆上,在近海或陆地上形成平流雾。一般在此天气形势下,高压后部的近海和大陆低层大气冷却降温,而 850 hPa 附近常为暖平流区,所以在近地面层层结一般是稳定的。

这种形势多出现在春季,冷高压入海后能否出现平流雾,主要取决于冷高压的厚度和其在海上停留变性的时间。一般来说,它的厚度越大,在海上停留的时间越长,就越有利于平流雾的形成。根据统计,若冷高压厚度达 850 hPa 以上,在海上停留 3 d 以上,其西部大多会出现平流雾。

（2）副热带高压西部

入夏以后,西太平洋副热带高压逐渐北上西进,影响我国沿海地区。在其西部的偏东或偏南气流中往往有平流雾形成。在副高内部,大气层结本身比较稳定,加之暖湿空气流经冷的下界面,使大气层结更加稳定,因而层结条件对雾的形成是有利的。此时,如果副高的强度适中,其脊西缘正好伸至我国沿海地区,则有利于平流雾形成。如果副高势力很强,其脊一直伸至大陆内部,或者副高势力太弱,其脊未能伸到我国沿海,都不利于平流雾的形成。

由于副高西伸脊是暖性深厚系统,维持时间长,所以,在其脊影响下形成的平流雾,不仅范围广、厚度大,且维持时间长。短则 1～2 d,长则 5～6 d 以上。

（3）气旋和气压槽东部

气旋和气压槽东部形成的平流雾与这类系统的相对位置以及沿海上空暖湿平流的厚度有关。由江淮气旋引起的平流雾,主要出现在黄海、东海及其沿岸。由西南倒槽引起的平流雾,主要出现在华东及华南沿海。

在这种形势下出现平流雾时,沿海地区上空 850 hPa 和 700 hPa 图上,都有暖湿平流存在。如果暖湿平流层太薄,则形成平流雾的可能性较小。如果气旋东部已经出现了平流雾,气旋入海后,由于暖湿平流区域的扩大和加强,海上平流雾的范围也随之扩大。

8.3.4.3　平流雾的预报

（1）分析近地面层的温湿条件和本站周围的天气实况

在正确分析天气形势的基础上,还需进一步判断是否存在或将产生平流雾的温湿条件。如果在近地面气层中有明显的暖湿平流,而且预报区的气温低于露点温度,则容易形成平流雾。

在日常工作中,一般采用上游测站的天气实况来判断暖平流的强度及其变化。例如,丹东地区在偏南气流情况下,如果山东半岛地区 14 时的温度露点差很小,或成山头一带的露点等于或大于丹东地区的温度值,则丹东地区当晚就有平流雾形成。如果 14 时地面图上发现成山头一带有层云、层积云(云高小于 600 m)和毛毛雨,且风向为 SW—SSW,则丹东地区在 20 时左右就会出现平流雾。

(2)分析近地面气层的湍流条件

暖湿气流移来以后,能否形成平流雾还与近地面气层的湍流强弱有关。湍流弱时,水汽凝结物才能聚集在低层而成雾;湍流强时,则可能形成低云而不出现雾。

判断近地面气层湍流的强弱可用理查森数 Ri。一般在 400～600 m 以下气层内 $Ri>1$ 时,湍流较弱有利于雾的形成;而 $Ri<1$ 时湍流强不利于雾的形成。

(3)应用预报指标、点聚图等统计预报方法

通过对历史资料的分析,找出平流雾形成的规律。利用这些规律进行平流雾的预报。这些方法与其他要素预报时的方法相似,只是预报因子不同。如用预报指标法进行平流雾的预报,通常选择的要素有:气流的方向和速度、气流上游测站的温度露点差、上游测站的温度、露点与本站温度、露点的差值等。如当九仙山的风向为 SW—WSW,风速>6 m/s,并持续 24 h 以上,则当晚到次日闽北沿海将有平流雾形成。又如团岛在当日 16 时温度露点差小于 2℃,到 18 时小于 1.2℃(或相对湿度大于 88%～92%),在其他条件具备时,可预报团岛夜间有平流雾出现。

(4)平流雾生消时间的预报

目前平流雾生成时间的预报,主要是在天气形势预报的基础上,根据暖湿平流的强弱,海、气温差的大小,定性分析出现时间的迟早。在沿海地区,由于平流雾的日变化比较明显,可以利用历史资料统计,作为预报平流雾的参考。例如,青岛近海海雾最大频数发生在 04—08 时,10 时以后频数明显减小。而朝连岛从半夜到早晨的频数最大。

平流雾的消散一方面取决于地面流场的改变,使暖湿平流终止,另一方面取决于地面增温或风速增大使逆温破坏,这样使利于平流雾形成的条件不复存在,雾即消散或抬升为低云。

流场的变化往往是由于天气形势变化而引起的,在我国沿海地区,冷锋过境、气旋东移、海上高压减弱以及空中槽、脊影响等都可以使原来有利于平流雾形成的流场破坏。暖湿空气的来源被切断,平流雾很快消散。至于地面增温和风速增加,可以通过预报温度和风向、风速来掌握。

8.3.5　风沙的预报

风沙是大量尘土、沙粒被强风卷入空中,使能见度小于 10 km 的天气现象。按影响能见度的程度分为沙尘暴(能见度小于 1 km)和扬沙(能见度为 1～10 km)。沙尘暴来临时,狂风大作,飞沙走石,天昏地暗,顷刻间能见度急剧下降,有时能见度降到只有几十米。严重影响人类的生产和生活。

8.3.5.1　风沙形成的条件

风沙的形成条件有三个:

强风条件。形成较强的风沙一般风速应在 10 m/s 以上,风速大时才能将地面的尘土和沙粒吹到空中形成风沙。

要有干松的土质或沙漠。显然冻土、湿地、植被覆盖的地表,即使有强风也不能形成风沙。我国北方有很多这样的地表,所以容易形成风沙。如西北的沙漠地区,沙源丰富,土质干松,风速达到 6～8 m/s时即可出现风沙。而我国南方则很少有风沙出现。有些地区虽然本地没有沙源,但周围地区有沙源,在合适的风场条件下,也会受到风沙的影响。

大气层结不稳定,较强对流发展也有利于风沙的形成。在沙漠地区在日照的作用下很容易在大气中下层形成不稳定的层结。在大气不稳定的情况下,即使风速不大,对流作用也能将沙尘扬起形成风沙。且在不稳定的情况下,风沙可将沙源的沙尘带到很高的高度,从而影响较大的地区和持续较长的时间。

风沙具有明显的地方性、季节性和日变化。从地区上讲,风沙在我国主要发生在我国西北、华北、东北地区。其他地区罕见。风沙发生最多的是南疆地区和内蒙古西部,年平均在 30 d 以上。从季节上讲,风沙主要发生在冬、春季节,尤其是初春季节最为多见。因为在 3—4 月,北方土地开始解冻,草木还未返青。而且,冷空气势力还较强,大风天气频繁,有利于风沙的形成。另外风沙的强度存在有明显的日变化,风沙主要发生在白天,尤其是午后。这主要是由于风的日变化所造成。

从影响范围上区分,风沙可分为系统性风沙和局地性风沙。系统性风沙影响范围广,水平范围可达几百甚至上千千米,垂直可达 4～5 km,持续时间可达 5～7 d。局地性风沙多由中小尺度系统所引起,如雷暴、龙卷等。它影响范围小,通常只有几千米到几十千米。厚度只有几十到几百米,持续时间只有十几分钟到 1～2 h。

8.3.5.2　风沙的预报

分析天气形势:有利于风沙形成的天气形势与大风的天气形势是相似的。有利于出现大风,但又无降水出现,这样的天气形势有利于风沙的出现,常见的风沙形势是冷锋后冷高压前部的大风区和冷平流区。

分析地表性质:分析预报区附近的地表状况,有无沙源条件。既要分析本站的沙源条件,也要分析上游地区是否有沙源,沙源地区是否有降水产生,地表的潮湿情况如何等。

分析地面风速的大小:根据历史资料统计出本站出现风沙的临界风速,当实际风速或预报的地面风速大于临界风速时预报有风沙出现。注意各个测站的地理位置不同,周围的沙源条件不同,应根据沙源与本站的关系(远近、方向、沙源范围等),对不同的风向分别进行统计,找出各种风向的临界风速。如开封统计的不同方向的临界风速是:WNW—NW:8 m/s;N—NE:9 m/s;SE—SW:12 m/s。

指标站和经验:在风沙出现时间的预报上,在上游找指标站是一个有效的预报方法。首先统计本站出现风沙与指标站出现风沙之间时间上的关系,根据指标站风沙出现的时间来预报本站出现风沙的时间。如开封,在吹北风或北东风时,风沙在安阳站出现后 3～4 h 影响开封,而吹西风时,郑州出现风沙 1～2 h 后,风沙即可影响开封。

在风沙的预报中还必须考虑动量下传因子的影响,注意风沙的日变化规律以及气温、层结稳定度等条件的改变对风沙强度和出现时间的影响。

在风沙的预报中也有一些预报经验和谚语可以借用。如西北地区有"西发黄,快收场;东发黄,看情况"的说法。因为在这一地区,一般而言西边来的系统性风沙移速快,而东边来的风沙移速较慢。

8.4　积冰的预报

飞机积冰不但与航线上的气象条件有关,而且还与飞机速度和机型等因素有关,对于后者,在飞行前一般是知道的,在此不予讨论。飞机积冰预报主要是预测出飞行中将会遇到的气象条件。在实际工作中制作飞机积冰预报时,可首先根据飞行区的天气形势及飞行高度的温度及湿度条件,判断是否可能出现积冰。除定性预报外,也可作出定量的客观预报,如统计预报或数值预报解释应用。下面主要分析积冰出现的天气条件和天气形势,即积冰与云、天气系统和温湿条件的关系。

8.4.1　各类云积冰特征

飞机积冰主要在云中飞行时才可能产生,在温度低于 3℃ 的云中飞行,都有可能出现飞机积冰。表 8.2 为产生飞机积冰的各属云的云滴平均半径和平均含水量。

表 8.2　各属云的云滴平均半径和平均含水量统计特征

云状	St	Sc	Ns	As	Ac	Cu hum	Cu cong	Cb
云滴半径(μm)	6	8	10	5	7	9	24	20
含水量(g/m³)	0.25			0.14			0.40	

由表8.2可见,云滴半径以浓积云和积雨云为最大,高层云中的最小;云中含水量以积云和积雨云最大,高层云、高积云最小。云滴的物态,当云中温度为0～−15℃时,多为过冷却水滴;−15℃～−30℃时为过冷却水滴与冰晶共存;−30℃以下均为冰晶。

8.4.1.1 积云和积雨云

浓积云和积雨云中,上升气流强,含水量大,云滴尺度大,在此类云中飞行积冰较强,尤其是在云的中部偏上,是积冰最强的区域,且以明冰居多。积冰强弱与积雨云发展的各个阶段有关,如图8.2所示,在积云阶段,均为上升气流区,0～−20℃等温线的层次内都会发生飞机积冰;在积雨云成熟阶段,云的中下部已出现下曳气流,由于降水减少云中含水量和下曳气流作用,云中积冰层高度降低,强度减弱,积冰区可伸展到过冷却水滴和冰晶共存的层次中。

在积雨云消散阶段,云体均出现下曳气流,在0℃层以上主要由冰晶组成,在0℃层附近冰水共存的薄层中才会出现飞机积冰。

锋面积雨云的含水量和云滴,均比气团中的积雨云大些,故积冰强度也要大一些。且锋面积雨云范围较大,产生积冰对飞行的影响更大。

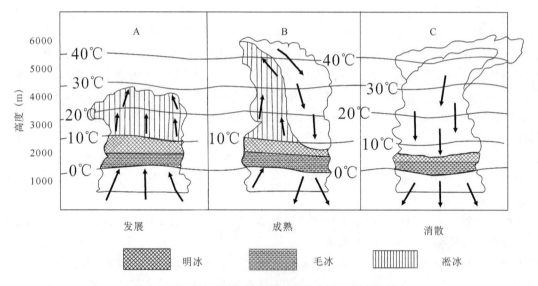

图 8.2 积雨云不同发展阶段可能发生不同积冰的部位

8.4.1.2 层云和层积云

层云和层积云是由空气的波动和湍流混合形成的,常出现于逆温层下,云中含水量中等,含水量分布由云底向上增大。云中积冰强度一般是轻到中度。冬季,由于云中多为过冷却水滴,积冰机会较多。若出现过冷毛毛雨或小雨时,则可能发生较强积冰。

8.4.1.3 高积云

高积云中的含水量和云滴分布与层积云相似,但其含水量和云滴都要小些,故通常为弱积冰,当云层很厚时,也可出现中度积冰。

8.4.1.4 雨层云和高层云

雨层云和高层云多为锋面云系,范围广,云层厚度大,故积冰区范围也较大。虽然由于含水量和云滴尺度都较小,积冰强度较弱,但如在云中长时间飞行,也会形成较厚的积冰,对无防冰装置的飞机仍会造成严重影响。

地形对积冰也有明显影响。由于地形抬升作用,在山的迎风坡上空,有利于云层生成、增厚,其中过冷却水的含量和水滴比平原或山的背风坡上空的云中都要多些和大些,因此出现飞机积冰就较为严重。

8.4.2　积冰与天气过程的关系

由于过冷却水滴出现于 0℃ 等温线以上的云中,因此凡是有利于形成云和降水的天气形势和天气系统,只要温度和湿度条件具备,均有利于产生飞机积冰,包括锋、高空槽、低涡、切变线等。微弱的积冰大多数出现在气团内部,但中等至强烈的积冰,出现在锋区的机会比气团内部要高出好几倍。主要原因在于锋面云系中,云和降水的范围扩展比较大,在其中飞行的时间长,常常是暖锋比冷锋出现强烈积冰的可能性更大些。

空中槽线和切变线附近,一般辐合较强,水汽也较充沛,由于云层中存在大量的过冷却水滴,且尺度偏大,因而有利于积冰的形成。特别是 700 hPa 的冷、暖平流较强时,积冰概率更高些。

由于低涡中气流辐合较强,常可形成大范围的云层。低涡越强,云系中的云滴半径和含水量均越大,故引起的积冰也较强,而且有些低涡天气形势可维持多日。

冷锋、暖锋和锢囚锋积冰区的分布和不同积冰类型如图 8.3 所示。从避开积冰区考虑,事先了解 0℃ 等温线的分布很重要。对于锋区来说 0℃ 等温线的高度分布比较复杂,飞越锋区时应尽量取更高的飞行高度,还要注意山区地形和锋区配合的情况。图中也标出了可供选择的飞行路径,它既考虑了温度,也考虑选择积冰区狭小的锋段。

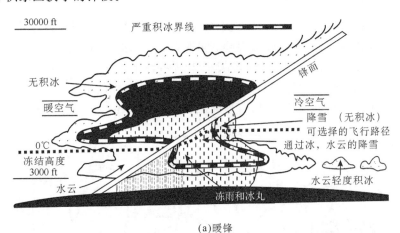

(a)暖锋

(b)冷锋

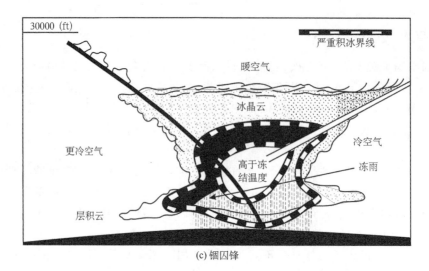

(c) 锢囚锋

图 8.3 锋面云系中可能产生积冰的区域和积冰类型

8.4.3 积冰与云中温度和湿度的关系

根据 1960—1980 年我国发生的 675 次飞机积冰报告,统计结果表明,最易发生积冰的温度范围是 −2～−10℃,其中中度积冰在 −2～−12℃ 出现频率最高,强烈积冰在 −8～−10℃ 范围内出现最多。

积冰与相对湿度的关系也很密切。相对湿度大于 70% 占积冰总数的约 90%,而且随着相对湿度增加,中度至强烈积冰的频数也增大。当温度露点差小于 5℃ 时,易发生积冰。

按照飞机积冰与温度和湿度的统计资料,可将我国飞机积冰的气候区划分为 4 个区(见图 8.4)。

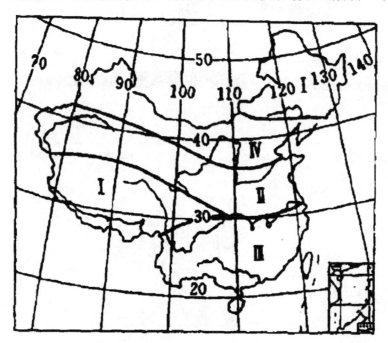

图 8.4 我国飞机积冰的气候区划

Ⅰ区:最易发生积冰。包括东北大部和青藏高原。

Ⅱ区:较易发生积冰区。该区伸展范围较广,从东部沿海横贯至最西部的中部地带。

Ⅲ区:不易发生积冰。主要是长江中下游以南地区。

Ⅳ区:最不易发生积冰区。包括华北、新疆和辽宁的部分地区。

不同季节不同高度出现飞机积冰的频率不同,一般冷季多于暖季,低空高于高空,主要集中于冬季 6000 m 高度以下,但严重积冰的概率仍是夏季多于冬季,因为夏季云中的含水量大。

8.5　颠簸的预报

飞行颠簸的预报分为定性预报和定量预报。定性预报主要根据天气形势进行定性判断,定量预报使用判据或统计预报方法进行预报。实际的航空预报中,一般先根据天气形势和空中的风场,分析飞行空域或航线上什么时间、什么地方可能存在颠簸层,然后再利用探测资料和数值预报产品计算各种指数或使用统计预报方法对颠簸的强度进行分析预报。即定性预报和定量预报相结合,有时也仅作定性预报。

8.5.1　颠簸的定性预报

定性预报主要根据天气形势结合地形、水汽、大气稳定度的分析定性分析是否有利于产生空中颠簸。要做好定性预报必须了解有利于产生颠簸的条件。

8.5.1.1　天气系统与颠簸

（1）锋面系统与空中颠簸

锋面及其附近,非常有利于湍流发展,它不仅起因于温度场和风场存在着显著差异,而且还受气流辐合变形的加强作用。

冷锋锋区颠簸强度取决于锋面强度（温度对比）、坡度、移动速度和大气层结稳定度。移速越大、坡度越大、温差越大、不稳定度越大,颠簸越强烈。在低层,受锋面附近冷气团的冲击,锋后大风与地形的共同作用,对湍流发展特别有利;空中强锋区,水平和垂直风切变以及冷锋附近常有不稳定云系产生,也有利于湍流的生成。与冷锋有关的颠簸层,在锋区两侧常不止一层,尤其是在冬季,多数在两层以上。特别当锋面移速加大（>20 km/h）时,在颠簸频率加大的同时,在冷区颠簸层也增多,可达 3～4 层。

暖锋云系中飞行相对平稳些,颠簸不强,出现频率也比冷锋小。但应注意,当暖锋云系中嵌入积雨云时,也会发生很强的颠簸,而且飞机容易误入积雨云中。

锢囚锋云系中的颠簸（强度和频率）视锢囚锋的类型和锋区中温压场的特点而异,分别与冷、暖锋区中的颠簸差异不大。

（2）高空槽、高空低涡和切变线所引起的颠簸

高空槽是大型的天气不稳定区,槽前和槽后,风切变大,风速辐合强,且有冷、暖平流配置,整层都可出现颠簸。由于明显的风切变和温度对比,在槽前有较强的颠簸。

飞机穿过高空低涡,高空风虽不大,但风向按气旋式切变旋转,可遭遇中度以上颠簸。

作为纯粹的风切变,一般风速小,但风向多变,多在夏半年系统较弱的情况下遇到。通常为弱到中度颠簸。

8.5.1.2　地形与颠簸

在山区的动力因子和热力因子的共同作用下,常出现山谷环流、山波。山地湍流发展的强弱,决定于山脉的形态和高度,相对于山体的风向、风速和风随高度的变化。

在大气层结稳定条件下,13 m/s 以上的风,偏离于垂直山坡±30°范围内吹过山脊,可引发山波。特别是高空急流与山脊垂直时,更易形成山波。波长从 2～3 km 到 40～50 km,通常接近 10 km,波幅接近障碍物高度,山波中的垂直气流可达 10～25 m/s。山波水平扰动,其波动速度最大值可比垂直上升速度高 3～4 倍。B－727 飞机的飞行员曾报告遭遇振幅 1500 m,上升速度 50～60 m/s 的山波。

由于气流与地表面相互作用,山脊背风面形成湍流区,湍流强度随风速和山体陡度增加而增大。湍流区厚度可超过障碍物高 3～4 倍,其水平范围更大,即使 1～2 km 的山体,在背风面可延伸数十千米,还可能出现严重低空风切变的危险和高吹尘。

从山顶直至对流层上部,风速逐渐增大可形成驻波,或者至少在一定时段内形成驻波。波峰处形成典型的荚状层积云和荚状高积云。荚状云若呈现边缘参差不齐或破碎形态,这是强烈混合湍流的征兆。

滚轴云的外形像小积云或碎积云。摄影探测表明滚轴云是稳定移动的,在上风方形成,在下风方消失。滚轴云的云底比山脊高度低些,但其云顶可伸展至比云底高 2～3 km 或更高。滚轴云中产生的上升气流和下沉气流的速度超过 25 m/s。滚轴流区和滚轴云及其下风方,对飞机威胁最大,颠簸最强处就出现在滚轴云区下方,它离地表面更近,危险更大。

山波的存在可借助于山波中特有的云层加以辨认。例如覆盖山顶的帽状云,山后驻立的丝缕云堤,下游各高度准静止的荚状云和外形混乱的滚轴云等。应该特别警惕的是当湿度较小时,未出现滚轴状云或全天布满云层时,往往会忽视滚轴流的存在。

山波中飞行易造成高度表误差:滚轴流区垂直气流的加速度很大,按静力平衡方程标度的高度表的读数将带有很大的误差;过山气流的风速较强时,按伯努利定律,气压与风速的平方成反比而减少,气压将急剧降低,当风速为 45 m/s 时,观测到的气压高度表的指示要比实际高度高 110 m。故在山区飞行时,要严防发生撞山事故。

8.5.1.3 晴空颠簸(CAT)

造成飞机颠簸的晴空湍流属于小尺度的运动,但实际的气象业务是从大尺度和中尺度的天气形势去预报颠簸的。对大量的飞机颠簸报告进行天气分析发现,在高空槽、脊、切变线、锋区的气流弯曲部分及急流区两侧易于发生颠簸。

晴空颠簸一般发生在空中温度水平梯度较大和风切变区域,在高空急流区附近,因为存在较强的风速切变及温度平流变化,常有晴空颠簸出现(图 8.5),晴空颠簸最有可能出现在锋面急流的极地一侧。

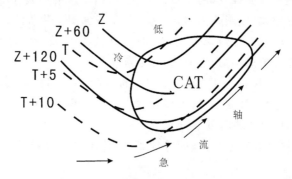

图 8.5　冷槽和高空急流产生的 CAT

锋面附近存在较大的水平风切变和温度梯度,是晴空颠簸容易出现的地方。产生晴空颠簸的高空锋区常与高空急流相配合,经常出现在急流两侧温度变化大和风的水平切变大的区域。

此外,当急流接近槽线时常能遇到晴空颠簸。一个快速移动的、两侧风切变很大的深槽中,在槽线附近可能出现晴空湍流。晴空湍流还可能出现在高空闭合的低压周围,以及低压槽线的东北区。

8.5.2 定量预报

8.5.2.1 使用指数预报颠簸

在形势分析的基础上使用颠簸指数进行颠簸的定量预报是业务中常用的方法,下面介绍几种预报指数。

(1)Ri 数

$$Ri = \frac{g}{T} \frac{\gamma_d - \gamma}{\left(\frac{\Delta u}{\Delta z}\right)^2} \tag{8.9}$$

式中 T 为气层的平均温度(K)。Ri 数越小,湍流发展越强烈,一般来说,颠簸也越强。根据平原地区的飞行经验,为 $4 > Ri > 0.5$ 时,一般飞机有轻度颠簸,当 $Ri < 0.5$ 时,有中度或强烈颠簸。

(2)I 指数

Colsou 在分析 CAT 飞机报告和高空探测资料后发现,$\frac{\Delta u}{\Delta z}$ 与中、强颠簸关系密切,为了突出垂直风

切变的作用,提出了一个预报晴空颠簸的指数 I

$$I = (\Delta u)^2 \left(1 - \frac{Ri}{Ri_c}\right) \tag{8.10}$$

式中 Ri 为理查森系数,Ri_c 为临界理查森数,可取 $0.25 \sim 0.75$,Δu 为垂直方向上浅薄气层的风速差,单位为米/秒。晴空颠簸强度与 I 指数的关系见表 8.3。

表 8.3　晴空颠簸强度与 I 指数的关系

颠簸强度	强	中	轻	无
I	27.5	10.5	-1.1	-9.5

(3)t_σ 指数

1974 年 Oard 提出了一个得自诊断 Ri 数倾向方程的 t_σ 指数,即

$$t_\sigma = \frac{\ln Ri}{\Phi} \tag{8.11}$$

式中 $\Phi = -\dfrac{\mathrm{d}\ln Ri}{\mathrm{d}t}$,称为诊断理查森数倾向,$t_\sigma$ 的意义是气层达到临界理查森数状态所需的时间。t_σ 低值区表示该区域达到湍流发展状态的时间较短,即该区域容易发生晴空湍流。实际应用表明,t_σ 低值区与中度以上晴空颠簸有较好的对应关系。

(4)T_i 指数

美国国家气象中心使用的预报 CAT 的指数 T_i 为

$$T_i = -2 \left|\frac{\partial V}{\partial \theta}\right|^{-2} \left[\frac{\partial V}{\partial \theta}\left(\frac{\partial V}{\partial \theta} \cdot \nabla\right)V - \frac{c_p}{\theta}\frac{\partial V}{\partial \theta} \cdot \Delta T\right] + \nabla \cdot V \tag{8.12}$$

式中 V 为风矢量,θ 为位温。T_i 越大,晴空颠簸的强度越强。当 $T_i > 5.1$ 时,可发生中度颠簸;$T_i < 1.7$ 时,无颠簸发生。

(5)E 指数

Dutton(1980),参考文献见后给出的预报晴空颠簸的经验指数 E 为

$$E = 1.25\beta_h + 0.25\beta_v + 10.5 \tag{8.13}$$

式中 β_h 为水平风切变 $[(\mathrm{m/s})/100\ \mathrm{km}]$,$\beta_v$ 为垂直风切变 $[(\mathrm{m/s})/1000\ \mathrm{m}]$。根据飞机试验,飞机飞行 100 km 距离所发生中度以上晴空颠簸的概率与 E 指数之间的关系如表 8.4 所示。

表 8.4　晴空颠簸概率 P 与 E 指数之间的关系

E	5	7.5	10	15	20	25	30
$P(\%)$	0.0	0.95	1.55	2.2	2.8	6.2	7.5

(6)L 指数

前苏联水文气象中心用计算机和数值预报产品作晴空湍流区的预报时,采用了考虑风、温的 L 指数

$$L = 7.26\frac{\partial u}{\partial z} + 0.718\frac{\partial T}{\partial n} + 0.133\frac{\partial u}{\partial n} - 2.52 \tag{8.14}$$

式中 $\dfrac{\partial T}{\partial n}$ 为等压面上的水平温度梯度($\mathrm{℃/100\ km}$),$\dfrac{\partial u}{\partial n}$ 为等压面上沿气流方向的风速梯度 $[(\mathrm{m/s})/100\ \mathrm{km}]$,

$\dfrac{\partial u}{\partial z}$ 为风的垂直切变 $[(\mathrm{m/s})/100\ \mathrm{m}]$。当 $L \geqslant 0$ 时应预报有强湍流,$L < 0$ 时,则预报没有强湍流。预报的总准确率为 71%。

强颠簸概率 P 与 L 指数的关系可由下式近似算出

$$P = \frac{100}{1 + \exp(-0.58L)} \tag{8.15}$$

用(8.15)式可制作颠簸的概率预报。

8.5.2.2 使用判据预报颠簸

颠簸强度与飞机空速 V、空气密度、风的切变以及温度的水平和垂直梯度及温度的局地变化关系最为密切,所以可以根据以上因子从分析和统计资料中寻找判据进行颠簸的预报。如陈华利根据风、温的探测资料确定了 6 个判据:

1)风速≥25 m/s;

2)风速垂直切变≥10(m/s)/1000 m;

3)风速水平切变≥5(m/s)/100 km;

4)风向垂直变化≥15°/1000 m;

5)风速 6 h 增强≥10 m/s;

6)气温水平梯度≥2℃/100 km。

如果飞行高度上同时满足上述 3 个以上条件,就应预报有颠簸。

8.6 低空风切变的预报

8.6.1 低空风切变的判断方法

低空风切变对飞行的影响很大,预报很困难,所以判断是否有低空风切变存在,强度如何是非常重要的。判断低空风切变目前基本上采取两个途径:一是在地面设置探测系统;二是利用飞机上的仪表判断或机载仪器探测。地面探测系统如美国的低空风切变报警系统(LLWSAS)。它是一个由计算机控制的水平风切变测量系统,中央塔台装有一个主风向风速计,其余 5 个放在机场跑道两端约 1200 m 处或适当的位置,各风向风速计的实测数据传至塔台并与主风向风速计的实测数据进行比较,由计算机算出结果。若任一风向风速计与主风向风速计的水平风切变达 7.7 m/s 以上,即在显示器上显出报警讯号。

此外,还有气压涌升计探测系统和多普勒雷达测风系统等。在起飞和着陆时,利用飞机上配置的航行仪表判断低空风切变是一种简便易行的办法。如空速表的指示值是否偏离正常值,高度表和升降速率是否出现异常,俯仰角指示器是否变化过大等都可以作为判断飞机是否遇到风切变的指示。

安装机载仪器探测低空风切变相对来说更具客观性。如美国纽约安全飞行仪表公司的机载低空风切变报警系统,它使用垂直、纵向加速度计把风切变对飞机影响的垂直部分和纵向部分结合在一起,结合机上可供应用的其他数据来计算飞机的剩余推力,当剩余推力下降到预定值时,该系统就向机组发出警报。红外辐射计系统可对雷暴型风切变的探测有几十秒的预警时间,它是利用装在机头部位的前视红外辐射计和侧视红外辐射计,探测出前方 10~20 km 和侧面 200 m 内的温度值并加以比较,根据两者的温度差确定风切变值。此外,还有机载脉冲多普勒激光雷达等。

8.6.2 低空风切变的预报

如能提前预报出飞机起飞和着陆过程中低空风切变的存在及强度,这对保障飞行安全是至关重要的。可惜目前还不能作出较为满意的预报。目前给出的多是些定性预测或统计预报方法。

国内有人用逐步回归方法得出了不同天气背景下低空风切变的预报方程。

(1)雷暴型

$$y = 32.06 - 0.345\,x_1 - 0.21\,x_2 + 0.68\,x_3 - 0.81\,x_4 \tag{8.16}$$

式中 x_1 为雷暴影响本站期间的地面最大风速(m/s), x_2 和 x_4 分别为雷暴来临前 1 h 的地面温度露点差(℃)和总温度(K), x_3 为雷暴来临前 1 h 塔层内的 $\gamma_d - \gamma$(℃/100 m)。用横坐标点聚图法,按历史拟合率最高原则定出临界值 $y_c = 2.5$;则

$y < y_c$ 报轻度以下低空风切变;

$y \geqslant y_c$ 报中度以上低空风切变。

(2)冷锋型

$$y = 2.679 + 0.293\, x_1 + 0.374\, x_2 \tag{8.17}$$

式中 x_1 为冷锋过境时的地面最大风速(m/s), x_2 为冷锋的移速(纬距/6 h)。定出 $y_c = 2.0$,则

$y < y_c$ 报轻度以下低空风切变;

$y \geqslant y_c$ 报中度以上低空风切变。

(3)逆温型

$$y = 0.6156 - 0.2421\, x_1 + 0.0015\, x_2 \tag{8.18}$$

式中 x_1 为地面 6 h 变温(℃,00—06 时), x_2 为前一天 20 时总云量,预报对象为 07—08 时最大风切变的强度。定出 $y_c = 1.9$,则

$y < y_c$ 报轻度以下低空风切变;

$y \geqslant y_c$ 报中度以上低空风切变。

用上述三个方程预报,其拟合率为 80% 左右。但对雷暴和冷锋来说,报出的是雷暴和冷锋影响本站后 3 h 内最大风切变强度,发生在哪个具体时刻尚不清楚。同时,在预报时,还用到铁塔的观测资料,这对我国来说,目前绝大部分机场不能满足这一条件。因此,低空风切变的统计预报方法目前还很难用于日常业务工作中。

在平时工作中,以下定性判则可在航空气象保障中予以参考:雷暴过境时可根据气压突变和涌升来预报强风切变的出现。气压突变(涌升)10 min 后风切变增强,强风切变持续时间不会超过 2~3 h。冷锋过境至过境以后的 5 h 内风切变最强。因此,飞行中应尽量避开冷锋影响本场的最初 3 h。

逆温条件下风切变夜间大于白天,因而夜航特别是后半夜时应注意安全。虽然逆温型风切变的强度不是很强,但由于晴好天气条件下,飞行人员往往不会特别警惕;加之强逆温时,在 100~200 m 高度之间有时出现超低空急流,如果不注意也会影响飞机起落安全。

根据对风切变的垂直分布分析,不论哪种类型低空风切变,其最大值都出现在 100 m 高度以下,因此,飞机起落过程中应特别注意 100 m 以下的高度。

参 考 文 献

陈华利.1999.飞机颠簸的预报.四川气象,**19**(3):32-33.

陈锦荣.2006.气象与飞行安全.北京:气象出版社.

迟竹萍.2007.飞机空中积冰的气象条件分析及数值预报试验.气象科技,**35**(5):715-718.

董加斌.1998.金衢盆地一次梅汛期大暴雨过程的数值试验.科技通报,**14**(2):102-107.

段炼.2005.晴空颠簸及其预报方法.中国民航飞行学院学报,**16**(6):39-41.

李子良,陈会芝.1999.飞机颠簸的气象条件分析.四川气象,**19**(2):22-23.

王小宛.2005.航线飞行工程学.北京:北京航空航天大学出版社.

王永忠.2006.大气湍流对飞机颠簸的影响.西南交通大学学报,**41**(3),279-283.

魏荷英.2001.山区气象特点及对飞行的影响.中国民航飞行学院学报,**12**(4):15-16.

章澄昌.2000.飞行气象学.北京:气象出版社.

赵树海.1994.航空气象学.北京:气象出版社.

Dutton M J O.1980.Probability forecasts of clear air turbulence based on numerical model output *Meteorological Magazine*,**109**:293-310.

第9章
航空气候业务与资料应用

随着我国航空事业的飞速发展,航班飞行量和航路飞行密度大幅增加。为确保航空飞行安全和效率,需要更准确、及时和全方位的航空气象服务,除为航空运行提供民用航空气象预报业务外,航空气候业务也是航空气象服务的重要组成部分。

9.1 航空气候概述

9.1.1 航空气候概念

天气和气候是气象学的两个重要领域,区别于表现某一瞬间或某一时段内大气状况的天气,气候是天气的长期平均状况,即十几天、几个月、几年或更长时期的天气要素和天气现象长期统计的综合表现。航空气候是航空气象要素的长期统计资料,能够表现某地区对航空飞行影响的特定天气要素的气候特征状况。航空气候资料主要包括从地面到高空的温度、风、气压等主要气象要素和低云、低能见度、雷暴、低空风切变、空中颠簸、积冰等航空重要天气现象。航空气候资料及应用是航空气象业务的重要组成部分,与日常航空天气预报业务不同,航空气候资料主要应用于民用航空机场建设、民用航空飞行程序设计、民用航空航路规划、飞行计划和短期航空气候预测等方面。因此,航空气候是保障民用航空安全运行的十分重要、不可缺少的航空气象业务的组成部分。

9.1.2 航空气候资料

在国际民用航空公约附件三《国际航空气象服务》中第八章"航空气候资料"中建议"航空气候资料一般应以至少5年时间的观测为基础,并在供应的资料中注明时期。在新建机场或现有机场增设跑道之前,应尽早开始收集与上述位置有关的气候数据"。为了规范我国民用航空气象工作,根据《中华人民共和国民用航空法》、《中华人民共和国气象法》,并参照国际民用航空公约附件三《国际航空气象服务》,制定了《中国民用航空气象工作规则》(CCAR-117R1),规范了中国从事民用航空气象活动以及其他与民用航空气象有关活动的行为。其中第十三章"航空气象资料"中明确规定航空气候资料是机场气象台、机场气象站和民航地区气象中心须妥善保存的航空气象专业气象资料的组成部分,通过机场气候表和机场气候概要形式编制,向民用航空气象用户提供。

9.1.3 航空运行中的气候资料应用

航空气候资料在航空运行中得到广泛应用。首先,国际民用航空公约附件三《国际航空气象服务》中民航气象部门有责任对收集、处理和储存观测资料等航空气候资料,并根据需求和可行程度,向其他气象当局、承运人和其他与国际航空气象应用有关的机构备供研究、调查或航务分析所必需的气象观测资料。第二,根据国际民用航空公约附件十四中,在新建机场或现有机场增设跑道之前,应收集有关的气候数据。第三,根据我国民用航空行业标准《目视和仪表飞行程序设计规范》和《国际民用航空公约》ICAO Doc8168《目视和仪表飞行程序设计》,风、气温、气压和航空重要天气现象等航空气候数据在常规飞行程序、基于性能导航程序设计中十分重要。第四,准确的高空风、温度和航空重要天气等的气候资料对于选择安全、节能环保的民航飞行航线必不可少,也有利于精确估算航空器飞行时间和飞行油量。第五,航空气候资料的统计分析也是改进和提高中长期航空气候预测和天气预报准确率的重要手段。

9.2　航空气候业务

民航气象系统开展的航空气候业务是根据国际民用航空公约附件三《国际航空气象服务》中第八章"航空气候资料"的标准和建议,以及世界气象组织编制气候资料的要求,依据《中国民用航空气象工作规则》制定的《中华人民共和国民用航空行业标准》中《民用航空气象》第七部分"气候资料整编与分析"中的要求进行的。

1997 年前,我国各民航机场气象部门根据各自方法,以《民航地面气象观测簿》、《民航地面气象观测月总簿》和《民航地面气象观测年总簿》等形式对航空气候资料进行收集和整编工作,资料内容和格式各有不同,没有系统地对气候资料进行统计和分析。1996 年 12 月,当时的民航总局空中交通管理局下发《整编民用航空气候资料的暂行规定》,开始对民航各机场气象部门的气候资料的收集、整编和统计等航空气候业务工作做出统一的要求。并且,要求对各机场建立以来的航空气候资料进行统一格式和方法的整理、统计,各级气象部门按照规定要求编写《民航机场航空气候志》、《民航机场航空气候概要》、《航线气候概要》和《区域航空气候概要》。目前,随着航空气候资料的时间序列不断增加,观测资料种类的不断丰富,资料统计方法的不断优化,各级民航气象部门也按照规定要求不断地充实航空气候资料、开展航空气候业务。

9.2.1　航空气候资料整编

航空气候资料整编中逐时气象要素值是机场地面观测整点记录,而逐时段气象要素值是机场正点地面观测值和观测记录纪要栏的记录,如:雷暴和能见度的值是从每个时段应自整点前 59 分始,至整点00 分止逐时段统计的。当机场搬迁造成观测场搬迁时,将分别统计气候资料;当观测场迁移,而机场未搬迁时,可连续统计气候资料。

9.2.1.1　年和年度划分

按"年"统计的项目,以 1 月 1 日(含)至 12 月 31 日(含)为一年进行统计,但南方地区雷暴终期可不受 12 月 31 日的限制。按"年度"统计的项目,以本年 7 月 1 日(含)至次年 6 月 30 日(含)为本"年度"进行统计,但高寒地区终期统计可不受 6 月 30 日的限制。

当 12 月份无雷暴时,仍以 12 月 31 日为界,当 12 月有雷暴时,则以 12 月的最后一个雷暴日至下一年的 2 月末选取最长无雷暴期,以该无雷暴期的前一天为上年的雷暴终期,以该终期后的第一个雷暴日为下一年的雷暴初期。当最长无雷暴期出现两次或两次以上时,则选取其中最先一个无雷暴期;最大积雪深度、降雪、吹雪、积雪、霰和雨夹雪按"年度"统计,其他项目按"年"统计。

9.2.1.2　季节可划分

季节可划分为春(3—5 月)、夏(6—8 月)、秋(9—11 月)和冬季(12—2 月),各地也可根据当地气候特点进行划分。

9.2.1.3　缺测情况处理方法

1)记录不明的情况按缺测处理;

2)24 h 观测的记录如有 8 次或 8 次以上缺测,该日不参加统计;13 h 观测的记录如有 4 次或 4 次以

上缺测,该日不参加统计;不定时观测的所有记录均参加统计;

3)若某月内有 7 d 或 7 d 以上记录缺测,该月资料不作月统计和累年月统计,但应参加年统计;

4)若某年内有一个月或 1 个月以上记录缺测,该年资料不作年统计;

5)若出现缺测,但未达到 2)、3)和 4)的条件时,应按实际有效次数、时数、日数等参加平均值的统计;

6)上述情况仅指不参加平均值的统计。而出现次数、日数及极值等项目仍应参加统计。

9.2.1.4 累年平均初期和终期的统计方法

以历年 1 月 1 日为起始日,从出现的初期当中计算出各年初期距离起始日的天数,然后累年相加,除以出现年数得平均天数,再换算对应的月和日,作为累年平均初期。以历年 1 月 1 日为起始日,从出现的终期当中计算出各年终期距离起始日的天数,然后累年相加,除以出现年数得平均天数,再换算对应的月和日,作为累年平均终期。2 月份按 28 d 计算。

9.2.1.5 持续时间及连续出现日数统计方法

雷暴持续时间的统计以观测记录中纪要栏记录为准,能见度持续时间的统计首先以纪要栏记录为准,不能确定时,则以正点观测记录统计为准。某一天气现象在某日的记录中出现,则该天气现象的出现日数计为 1 d,连续日数指某一天气现象连续出现的日数。对某一天气现象的持续时间统计,可跨日、月和年;凡跨日、月和年统计的数据,均算在上一日、月和年中,下一日、月和年不再统计。

时间应采用协调世界时(UTC),所有统计项目均以 16:00UTC 为日界进行统计。统计各种平均值、百分比等数值时,应采用四舍五入方法,保留到小数点后一位,但频率应取整。

9.2.2 航空气候资料分析

(1)某要素日平均值应按下列公式计算

$$A = \frac{\sum a_n}{n} \tag{9.1}$$

式中 A 为某要素日平均值;$\sum a_n$ 为该要素该日各次有效记录之和;n 为该要素该日有效记录次数。

(2)某要素某年某月平均值应按下列公式计算

$$B = \frac{\sum b_n}{n} \tag{9.2}$$

式中 B 为某要素某年某月平均值;$\sum b_n$ 为该要素该年该月各有效日平均值之和;n 为该要素该年该月有效记录日数。

(3)某要素累年某月月平均值应按下列公式计算

$$C = \frac{\sum c_n}{n} \tag{9.3}$$

式中 C 为某要素累年某月月平均值;$\sum c_n$ 为该要素历年该月平均值之和;n 为该要素有效记录年数。

(4)某要素累年年平均值应按下列公式计算

$$D = \frac{\sum d_n}{n} \tag{9.4}$$

式中 D 为某要素累年年平均值;$\sum d_n$ 为该要素历年年平均值之和;n 为该要素有效记录年数。

(5)某年某月某时平均值应按下列公式计算

$$E = \frac{\sum e_n}{n} \tag{9.5}$$

式中 E 为某要素某年某月某时平均值;$\sum e_n$ 为该要素该月该时各有效记录值之和;n 为该要素该月该时有效记录次数。

(6)某要素累年某月某时平均值应按下列公式计算

$$F = \frac{\sum f_n}{n} \tag{9.6}$$

式中 F 为某要素累年某月某时平均值；$\sum f_n$ 为该要素历年该月该时平均值之和；n 为有效记录总年数。

（7）某现象累年某月（某时）出现的平均日数（次数）应按下列公式计算

$$G = \frac{\sum g_n}{n} \tag{9.7}$$

式中 G 为某现象累年某月（某时）出现的平均日数（次数）；$\sum g_n$ 为历年该月（该时）该现象出现日数（次数）之和；n 为有效记录总年数。

（8）某现象累年某月（某时）出现的频率应按下列公式计算

$$H = \frac{\sum h_n}{n} \times 100\% \tag{9.8}$$

式中 H 为某现象累年某月（某时）出现的频率；$\sum h_n$ 为历年该月（该时）该现象出现日数（次数）之和；n 为该要素历年该月（该时）有效记录次数。

9.2.3　机场气候表、机场气候概要和机场气候志

9.2.3.1　机场气候表

机场气候表包括气象要素（例如气温）的平均值及其变化值，包括最大和最小值；机场重要天气现象（例如雷暴）出现的频率；一个要素特定值出现的频率；两个及两个以上要素的组合（例如低能见度和低云的组）特定值出现的频率。

9.2.3.2　机场气候概要

机场气候概要包括概述、机场航空气象要素和有关史料三部分。

第一部分"概述"中"机场的地理位置和自然环境"应包括机场的经纬度、海拔高度及其所在行政辖区的具体位置；机场跑道数量、方向、长度等；机场运行等级；机场附近的地形状况，主要山脉、河流、湖泊等的走向、海拔高度、面积及枯水、洪水、冻结期等；机场能见度目标物分布图（表）（以方位、距离为主）；该机场的主要备降场。

第二部分"机场航空气象要素"中各种物理量和天气现象的记录中，"风"的分析应包括全年盛行风向、平均风速，各风向的风速变化情况及日变化特征；大风概况；地方性风的特征及其对飞行活动的影响。

"能见度"分析应包括能见度的日变化特征；影响能见度的主要天气现象；能见度的地方性特点及其对飞行活动的影响。

"天气现象"分析应包括降水的气候特征及对飞行活动的影响；雷暴的气候特征及对飞行活动的影响；其他天气现象的气候特征及对飞行活动的影响。

"云"的分析应包括云量、云状和云高的气候特征；强对流云的气候特征及对飞行活动的影响；云的地方性特点以及对飞行活动的影响。

"气温"分析应包括平均气温、最高气温、最低气温和气温日较差的特点；气温的日变化、年变化特征和极值情况；气温与其他气象要素的关系以及对飞行活动的影响。

"湿度"分析应包括相对湿度的日变化和年变化特征；相对湿度的极值情况。

"气压"分析应包括气压的日变化和年变化特征；气压的极值情况；气压对飞行的影响。

第三部分"有关史料"应包括气象台历史沿革，如：建台期，开始观测的时间，观测项目的演变等；主要气象设备的变化情况；观测场位置迁建（移）情况；观测场周围环境变化情况；历史上观测规范的重要变动；历史资料的种类及连续性。并以表格形式列出重大灾害性天气史料和与气象有关的飞行事故史料。

9.2.3.3 机场气候志

机场气候志应包括概述、机场航空气象要素、有关史料三部分。

第一部分"概述"中机场的"地理位置和自然环境"同 9.2.3.2 节机场气候概要中的要求。

"机场气候概况"应包括全年气候概况:概括地描述机场的主要气候特征,包括所处气候带,所属气候类型,气温、降水等主要气象要素的平均和极端状况;地方性气候特点:概括地描述地理、自然环境对本机场气候的影响,以及对与飞行有关的主要气象要素的影响;各季的主要气候特点及对飞行的影响:分季节描述各季的主要气候特点,包括主要天气系统、天气过程和与飞行活动关系较密切的主要气象要素的状况;指出该季气候对飞行的影响。

第二部分"机场航空气象要素"中"风"的分析应包括全年及各时期的盛行风向,各风向的风速变化情况及日变化、年变化和年际变化特征;全年及各时期的平均风速,各风速的风向变化情况及日变化、年变化和年际变化特征;大风出现的日数、极值情况和变化特征等;地方性风的特征及其对飞行活动、地面设施的影响。

"能见度"分析应包括平均能见度的年变化、年际变化特征;各级能见度的日变化、年变化和年际变化特征;各时期能见度小于 1000 m 的日数;累年各月逐时各级能见度出现的频率;影响能见度的主要天气现象;各级能见度不同持续时间的出现次数;能见度的地方性特点及其对飞行活动的影响。

"跑道视程"分析应包括各级跑道视程的日变化特征;累年各月逐时各级跑道视程出现的频率,宜统计各级跑道灯光条件下各级跑道视程出现频率;影响跑道视程的主要天气现象;跑道视程的地方性特点及其对飞行活动的影响。

"天气现象"分析应包括:

"降水"相关内容,如:降水量的年变化和年际变化特征;降水日数的年变化和年际变化特征;月平均降水量、日降水量的变化特点降水极值情况;降雪和积雪的初终期、积雪日数、积雪深度和持续时间等;累年降雪的初、终期和积雪状况;降水的地方性特点,以及降水对飞行等活动的影响;

"雷暴"相关内容,如:雷暴日数的年变化和年际变化特征;雷暴的初期和终期,以及初终间日数;雷暴的日变化特点、持续时间以及出现时伴随的主要天气现象;冰雹日数的变化情况;雷暴、冰雹的地方性特征及其对飞行活动的影响;宜分析雷暴日数的多寡及其原因,雷暴连续出现日数的特点;还有对本机场其他影响飞行的天气现象进行描述。

"云"的分析应包括云量:低云量的日变化、年变化和年际变化特征;云状:积雨云、浓积云和其他低云的年变化和日变化特点以及对飞行的影响;云高:低云云高的年变化特征,包括各种云状的云底高度和变化特点,着重分析低于机场开放条件的云高的变化特征;云的地方性特点以及对飞行活动的影响。

"低云、能见度和跑道视程"分析应包括能见度与对应低云云高的日变化、年变化特点;跑道视程与对应低云云高的日变化、年变化特点。

"气温分析"应包括平均气温、最高气温、最低气温和气温日较差的年变化和年际变化情况;气温的日变化;累年各月逐时气温在特定范围内出现的频率;累年各月日最高气温和日最低气温在各气温界限内的出现日数;气温的极值情况;气温与其他气象要素的关系以及对飞行活动的影响。

"湿度分析"应包括相对湿度的日变化、年变化和年际变化特点;相对湿度的极值情况。

"气压分析"应包括气压的日变化、年变化、年际变化情况;气压的极值情况;气压对飞行的影响。

第三部分"有关史料"内容同 9.2.3.2 节。

9.3 航空气候资料应用

9.3.1 机场建设中的应用

在《民用航空支线机场建设标准》中规定,民航机场新建、扩建和改建项目中,机场选址不但要满足机场空域条件,其应具备的飞行条件中还要求建设的支线机场应具备较好的气象条件。这里的气象条件是指在不少于 5 年的气候资料中,风的变化和低云、低能见度、雷暴等天气要素和航空重要天气的情况,结合与机场最低飞行标准相比较,使得建设机场的可利用率不少于 90%。

在机场跑道新建和扩建中,对于机场跑道方向、方位的设计也需要航空气候资料的支持。建设机场跑道的方向、方位的确定,除了考虑飞行器进场、离场的航迹上障碍物和所飞越地区对附近居民区的影响外,还将考虑跑道风的气候特征。跑道方向、方位的选择要使跑道拥有 95% 的利用率。一般情况下,对于基准飞行场长度为 1500 m 以上的飞机,最大允许侧风为 10 m/s(37 km/h);对于基准飞行场长度为 1200~1500 m 的飞机,最大允许侧风为 6.6 m/s(24 km/h);对于基准飞行场长度小于 1200 m 的飞机,最大允许侧风为 5 m/s(19 km/h)。但飞行器的最大允许侧风分量也会受到阵风的流行方向、湍流流行方向、跑道面上污染物(水、雪和冰)情况和低云、低能见度等天气因素长期气候变化情况的影响。

9.3.2　民航飞行程序设计和航路规划中的应用

9.3.2.1　气候资料对山区飞行程序设计的影响

当设计用于山区的飞行程序时,应考虑在山区地形上空有 15.6 m/s 以上的风,在陡峭地形的背风或迎风侧会产生不同强度的颠簸,其强度取决于多个变量,如风速、相对于地形的风向、大气涡流、涡旋、波动及其他天气现象。这种颠簸的一种副作用是影响高度表性能,随大气扰动的严重程度不同,可以造成几英尺,或很大的误差,导致飞行器上气压高度表和驾驶员操纵出现问题。在会发生此种情况的地方,超障余度增加 0~10% 的基础上最多增加 100%。另外,在山区建立等待航线,使用超障余度确定等待高度时,一方面要考虑陡峭地形特征,另一方面,也要考虑山地特有的气候特征和局地气压梯度快速变化的现象,确定山地飞行的超障余度。同时,确定山区飞行最低等待高度时需要考虑伯努利效应和陡峭地形颠簸。

航空飞行程序设计专家和审批部门应注意到山地上空大风所能造成的危险,根据经验适当增加飞行高度,减少飞行器受到空中强风造成的颠簸及山区其他大气现象对飞行的影响。因此,山区飞行程序设计可以利用增加飞越中间和最后进近定位点的高度或高的方法,避免长时间在低高度上飞行。

在有可能存在大风、颠簸、高度表错误等情况的地区,飞行程序设计时应考虑航空气候数据,减小上述天气对飞行器高度表性能的影响,从而降低与障碍物碰撞的可能性。如果经验表明该地区历史上发生过颠簸及其他有关现象,则飞行等待保护区(包括缓冲区)内的等待高度在障碍物之上至少为 300 m(984 ft)到 600 m(1969 ft)或更高。

9.3.2.2　气候资料对飞行保护区程序设计的影响

在仪表飞行程序中不同航段转弯保护区的设计使用"风螺旋线和边界圆"方法对离场、复飞、最后进近定位点、(区域导航 RNAV)程序转弯(转弯大于 30°)的程序进行设计。气候资料中 95% 概率的全向风的特征会显著影响使用"风螺旋线和边界圆"方法对航段转弯保护区的设计,全向风会影响飞行器转弯角度。同样,在其他航段程序设计中,也需要考虑全向风的气候资料,当没有风的气候资料时,一般使用一个固定值 56 km/h(15 m/s)来推算飞行保护区,这样会影响航段保护区设计的合理性、精确性和安全性。在其他航段的设计中,风的气候资料同样也是影响飞行保护区的设计。

9.3.2.3　PBN 飞行程序设计

基于性能导航(PBN)是新一代航空运输系统的核心技术,有利于提升飞行效率,是空中交通管理保障的新技术手段。国际民航组织正在全球范围推广应用,目前中国民航正在部分航线推广规划 RNAV 和所需导航性能(RNP)这两种 PBN 技术的实施。

在我国现有《要求授权的 RNP 仪表进近程序设计标准》中在计算飞行器转弯速度时,当飞行器高于 100 m 时,转弯速度的计算优先使用当地气候资料中飞行航段的转弯高度上的顺风风速。而在最后进近航段采用基于气压垂直引导,在程序设计其中,用机场 5 年内最冷月份的日最低温度平均值计算飞行器最后进近航段的下滑角度。

9.3.3 飞行计划阶段的应用

航空公司在运行中,在首先考虑飞行安全的前提下,会利用科学合理的方法节约运行成本,提高经济效益。在航线规划阶段,在选择航路和飞行高度时,会利用预选航路上各个可能飞行高度上常年的风和气温的气候资料,结合各种机型空气动力参数,计算得出最省油的飞行航路和飞行高度。同时,还需要了解各个季节影响航路和降落站飞行安全的航空重要天气发生的气候特征。

9.3.4 航空气象服务中的应用

随着我国航空事业的飞速发展,每日航班飞行量和航路飞行密度大幅增加。为确保航空飞行安全和效率,必然要求更准确、及时和全方位的航空气象服务。除为提供民用航空天气预报业务外,航空气候业务也是航空气象服务的重要组成部分。航空气候资料的收集、整编作为航空气候业务的重要工作也是航空气象业务的基础性工作,通过日常收集的机场、进近和终端区与航空气象相关的长期重要气象数据,通过检验、整编后形成航空气候资料。航空气候资料不但包括前面所说的机场气候表、机场气候概要和机场气候志所包含的气象要素和天气现象及其简单统计结果,还包括终端区重要天气现象、航路危险天气和高空航路附近气压层上的气温和风等记录。

这些航空气候资料不但应用在机场建设、民航飞行程序设计和航路规划、飞行计划阶段等方面,还在航空气象服务中得到广泛的应用。首先,航空气候资料是气象人员、飞行人员、管制人员深入了解和熟悉某地区航站、终端区和航路长期气候变化趋势,也是准确把握天气特征、提高天气预报和中长期航空气候预测准确率和提高服务质量的重要资料,还是未来加大飞行密度、改进飞行程序、提高飞行效率、制定规划所需要参考的重要气象信息。航路、终端区、机场气候资料还是配备通讯、导航等空管设备和天气探测设备等飞行保障设备时需要参考的信息。例如,按照规定如果终端区每年平均雷暴日大于50 d,且平均日起降飞机在 100～300 架次,则应配备多普勒雷达一部,还可以配置风切变探测系统等探测设备,否则一般配置天气雷达即可。

本章的叙述进一步表明航空气候业务及其资料应用作为航空气象业务的组成部分,在现代航空运输中得到了广泛的应用。近年来随着全球气候增暖,全球的气候发生了很大变化,高温、酷暑、低温、冰冻、雾霾、旱涝等极端天气和气候事件发生频繁,人类的生产、生活和经济活动受到严重影响,在如此频发的气象灾害面前全球的航空运输业更表现出其脆弱性。由于全球气候的变化,影响航空飞行的天气的演变规律也发生了巨大的变化。如何在全球气候变化过程中找出天气演变规律,为航空飞行提供高质量的航空气象服务是航空气象业务部门面临的首要问题。我们需通过开展航空气候业务,合理利用航空气候资料,充分研究与分析,抓住影响航空飞行安全的重要天气的变化规律,才能提高航空气象预报的准确率,提供高效的气象服务产品,从而为我国的航空运输的安全、顺畅、高效提供更好的气象保障。

参 考 文 献

中国民用航空局.2001.航空器机场运行最低标准的制定与实施规定.
中国民用航空局.2007.中华人民共和国民用航空行业标准:目视和仪表飞行程序设计规范.
中国民用航空局.2008.中华人民共和国民用航空行业标准:民用航空气象第3部分:服务.
中国民用航空局.2008.中华人民共和国民用航空行业标准:民用航空气象第7部分:气候资料整编与分析.
中国民用航空局空中交通管理局.2007.民用航空气象资料管理办法.
中国民用航空局空中交通管理局.2007.要求授权的 RNP 仪表进近程序设计准则.

第10章
飞行气象情报发布与交换

飞行气象情报发布与交换在民用航空气象服务中起着重要的作用。民航气象服务机构将预报产品和观测结果以飞行气象情报的形式传递给航空气象用户,供航空气象用户通过飞行气象情报来了解当时的天气情况和未来天气的演变趋势。所以,能否及时、准确地将飞行气象情报传递到航空气象用户手中,是衡量航空气象服务水平的重要标准。

一直以来,国际民航组织和世界气象组织都在改进飞行气象情报的制作和提供方式,力求让由航空气象服务部门提供的飞行气象情报方便用户使用、重点突出、提高传输效率。我国民航气象部门也十分重视这方面的工作,特别是近二十年,随着国际上飞行气象情报的改进,我国航空气象部门所提供的飞行气象情报也紧跟这些改进,无论是种类还是提供的形式、方式都有很大的变化。自从使用了民航气象数据库系统后,飞行气象情报的传输效率得到了很大的提高。本章主要是介绍现阶段有关飞行气象情报的发布和交换规定,这些规定今后会随着其他条件的变化而改进的。

10.1　飞行气象情报的种类和发布规定

气象情报的种类非常多,航空气象用户所需要的气象情报只是其中一部分。民航气象服务机构提供给航空气象用户的产品是针对航空气象用户的需求,将观测、收集和分析后的结果制作成可以通过飞行气象情报发送系统传递的信息,并将这些信息提供给用户。

民航气象服务机构要对其发布的飞行气象情报进行检查,当符合修订条件,需要进行修订或者更正时,有关机构要及时发布相应的修订或者更正的飞行气象情报。

10.1.1　飞行气象情报的种类

目前,国内民航气象服务机构发布的飞行气象情报包括机场天气报告、机场预报、着陆预报、起飞预报、航路预报、区域预报、重要气象情报、低空气象情报、机场警报和风切变警报。其中,起飞预报、机场警报和风切变警报主要提供给所在机场的用户使用,其他的飞行气象情报需要与所在机场以外机构进行交换。

机场天气报告、机场预报、着陆预报、航路预报是以电码格式制作与发布的;区域预报的高空风/温度预告图和重要天气预告图主要是以图形的形式制作与发布,GAMET 形式的区域预报则以缩写明语的形式制作与发布;重要气象情报、低空气象情报是以缩写明语的形式制作与发布;机场警报和风切变警报与告警可以使用缩写明语的形式制作与发布,也可以使用与用户协定的其他方式制作与发布。

民航气象服务机构制作与发布飞行气象情报,要符合以下三个行业标准的规定:《中华人民共和国民用航空行业标准》民用航空气象第 1 部分:观测和报告;《中华人民共和国民用航空行业标准》民用航空气象第 2 部分:预报;《中华人民共和国民用航空行业标准》民用航空气象第 6 部分:电码。

10.1.2 飞行气象情报的发布规定

10.1.2.1 机场天气报告

机场气象台(站)在整点或者半点采集数据后立即发布机场例行天气报告。当天气达到机场特殊天气报告标准时,机场气象台(站)要发布机场特殊天气报告。

配备气象自动观测系统或者自动气象站的机场气象台(站)应当每天 24 小时连续发布时间间隔为 1 h 的机场例行天气报告。繁忙机场需要每天 24 小时连续发布时间间隔为 0.5 h 的机场例行天气报告。

对非繁忙机场,当本机场有飞行活动时,机场气象台(站)应当不迟于与本机场有关的飞行活动前 2.5 h 开始发布非自动生成的机场例行天气报告,直至飞行活动结束;其他时间可以发布由气象自动观测系统或者自动气象站自动生成的机场例行天气报告。

10.1.2.2 机场预报

9 h 的机场预报在交换时使用 FC 作为飞行气象情报类型的标识,24 h 和 30 h 的机场预报在交换时使用 FT 作为飞行气象情报类型的标识。

机场气象台(站)负责发布有效时间为 9 h 的机场预报,具体的有效起始时间为世界协调时 00、03、06、09、12、15、18 和 21,并且在每日与该机场有关的第一个飞行活动开始前 2～3 h 发布第一份机场预报,之后在每份机场预报的有效起始时间前 1 小时 10 分钟至 2 小时之间发布机场预报。机场预报要按上面所列的有效时段每隔 3 h 发布一份,直至当日飞行活动结束。另外,发布第一份机场预报的有效时段应当包含该机场飞行活动的开始时间,有效时段的起始时间要最接近飞行活动的开始时间。当连续三份或者三份以上机场预报的有效起始时间之间该机场没有飞行活动时,可以只发布其中最后一份机场预报,但要在飞行活动开始前 2～3 h 之间发布。

根据《民用航空飞行气象情报发布与交换办法》,本章附录 10.1《参加国际交换的机场》所列的机场气象台,要发布为国际和地区飞行提供的机场预报,该预报的有效时间为 24 h 或 30 h,24 h 和 30 h 的机场预报有效起始时间为世界协调时 00、06、12 和 18,发布时间不迟于预报有效起始时间前 2 小时 10 分钟,不早于预报有效起始时间前 6 h,最好不要早于预报有效起始时间前 3 h。

当机场气象台(站)不能对其发布的机场预报进行持续检查时,也就是说,没有实况等资料对机场预报进行准确性检查时,应当发布机场预报取消报。

当预计天气将达到修订标准、需要更正或需要取消时,机场预报修订报、机场预报更正报或机场预报取消报的有效时段与所修订的、所更正的或所取消的机场预报的有效时段一致。

10.1.2.3 着陆预报

国内提供给航空气象用户的着陆预报是采用趋势预报的形式,与所附着的机场天气报告一起发布和交换。自动生成的机场天气报告不附带着陆预报。

10.1.2.4 起飞预报

起飞预报由机场气象台(站)按与相关使用部门之间的协议发布,供本机场范围内使用。

10.1.2.5 航路预报

当低空飞行密度较小时,或者低空飞行密度较大,但有关机场气象台(站)不能得到低层区域预报时,由指定的机场气象台发布特定范围内飞行高度在 3000 m(含)(高原地区为 4500 m(含))以下的起飞机场至第一降落机场的航路预报(ROFOR)。航路预报的有效时段要覆盖相关飞行活动的整个过程,发布时间不迟于相关飞行活动开始前 2 h。

当预计航路天气将达到修订标准或需要更正时,发布修订或更正的航路预报,其有效时段与所修订或所更正的航路预报的有效时段一致。

10.1.2.6　区域预报

预告图形式的区域预报的范围、层次、有效时间、发布格式和发布时间应该符合《民用航空飞行气象情报发布与交换办法》附件六《预告图范围、层次、有效时间、发布格式和发布时间》的要求。

民航地区气象中心发布本地区低层高空风/温度预告图,并综合本地区机场制作的低层重要天气预告图及其修订或者更正的预告图,发布本地区低层重要天气预告图及其修订或者更正的预告图。

民航气象中心负责发布指定范围的中层和高层高空风/温度预告图,并根据各民航地区气象中心制作的中层重要天气预告图及其修订或者更正的预告图,制作发布全国范围的中层和高层重要天气预告图及其修订或者更正的预告图。

缩写明语形式的区域预报只在有关机场气象台(站)不能得到低层预告图形式的区域预报时使用,负责制作低层重要天气预告图的机场气象台可以发布规定区域的缩写明语形式的低空区域预报。

当需要支持低空气象情报的发布时,区域预报以 GAMET 形式发往本飞行情报区及相邻有关飞行情报区的气象监视台。GAMET 形式的区域预报每隔 6 h 发布一次,有效时段为 6 h,不迟于有效时间开始前 1 h 发布。

10.1.2.7　重要气象情报和低空气象情报

气象监视台负责发布重要气象情报(SIGMET)和低空气象情报(AIRMET)。

如果发布的重要气象情报是关于火山灰云和热带气旋影响该飞行情报区的,要在有效时段开始之前 12 h 内尽早发布;如果这些现象已经存在,但尚未发布有关重要气象情报时,应尽快发布。火山灰云和热带气旋的重要气象情报至少每隔 6 h 更新一次。

其他重要气象情报,在预期的天气现象发生前 4 h 内发布。如果这些现象已经存在,但尚未发布有关重要气象情报时,应尽快发布。

当已经发生的或者预期发生的天气现象不再发生或者预期不再发生时,发布有关的重要气象情报取消报或者低空气象情报取消报。

10.1.2.8　机场警报

机场气象台(站)负责发布机场警报,当机场范围内发生或者预期发生重要天气时,机场气象台(站)要按照协议向有关部门发布机场警报。

10.1.2.9　风切变警报

当机场跑道区、进近着陆区及起飞爬升区发生或者预期发生风切变时,机场气象台(站)要按照协议向有关部门发布风切变警报。

10.2　飞行气象情报的国内交换

飞行气象情报的国内交换是国内民航飞行气象服务能否正常的重要一环。目前,国内飞行气象情报的交换主要依靠民航气象数据库系统,少部分未配备民航气象数据库系统的机场气象台(站)需要的飞行气象情报,通常由民航地区气象中心通过航空固定电信网或者其他有效方式转发,或者根据规定由机场气象台(站)向民航地区气象中心自行索取。

民航气象中心将收到的境内机场的飞行气象情报,通过民航气象数据库系统与民航地区气象中心交换,民航地区气象中心将收到的境内机场的飞行气象情报,通过民航气象数据库系统与机场气象台(站)交换。

另外,华北地区气象中心、华东地区气象中心、中南地区气象中心将接收到的由世界区域预报中心(WAFC)发送的飞行气象情报存入民航气象数据库,供国内用户使用。

当使用报文格式交换飞行气象情报或者编辑公报时,应当符合《民用航空飞行气象情报发布与交换办法》的要求。在公报中,未收到的飞行气象情报用"NIL"代替。

发布机场天气报告、机场预报和航路预报的更正报时,在其报头时间组后加注"CCA"(对同一份报的后续更正依次为"CCB"、"CCC"、……)字样。

发布机场预报和航路预报的修订报时,在其报头时间组后加注"AAA"(对同一份报的后续修订依次为"AAB"、"AAC"、……)字样。

机场例行天气报告(METAR)公报编辑发送后收到的 METAR,在报头时间组后加注"RRA"(依次为"RRB"、"RRC"、……)字样后转发。机场天气报告(METAR 和 SPECI)的更正报应当立即转发。

10.2.1 机场天气报告

机场气象台(站)通过民航气象数据库系统、AFTN 或者其他有效手段将本机场天气报告(METAR 和 SPECI)发往本地区气象中心和民航气象中心。

民航气象中心将收到的境内机场的机场天气报告向民航地区气象中心分发。民航地区气象中心负责收集本地区民用机场的机场天气报告,并编辑例行天气报告公报。同时,将收到的境内机场的机场天气报告向本地区机场气象台(站)转发,或者根据协议由机场气象台(站)自行索取。

10.2.2 航空器空中报告

机场气象台(站)收到话音方式的航空器空中报告,应当立即填写相关的航空器空中报告记录表,通过传真或者其他有效方式发送给本飞行情报区气象监视台、本地区气象中心和民航气象中心。

民航气象中心每小时将国内例行航空器空中报告编辑成公报,向地区气象中心发送,收到特殊航空器空中报告时,将立即转发。地区气象中心将收到的国内例行航空器空中报告公报向本地区机场气象台(站)转发。

10.2.3 机场预报

机场气象台(站)通过民航气象数据库系统、AFTN 或者其他有效手段将机场预报发往本地区气象中心和民航气象中心。当机场气象台被指定替其他机场制作机场预报时,该机场预报还应当同时发往该机场预报对应的机场气象台(站)。

民航气象中心将收到的境内机场预报与民航地区气象中心交换。民航地区气象中心将收到的境内机场的机场预报向本地区机场气象台(站)转发,或者根据协议由机场气象台(站)自行索取。

另外,民航气象中心把有效时间为 9 h 的机场预报和有效时间为 24 h 或 30 h 的机场预报编辑成机场预报公报,不迟于预报有效起始时间前 1 h,分别发往香港机场气象台和台北飞行气象情报收集中心。

10.2.4 着陆预报

着陆预报与所附着的机场天气报告一起交换。

10.2.5 航路预报

指定发布航路预报的机场气象台,通过 AFTN 或者其他有效方式将航路预报发往起飞机场气象台(站)、本地区气象中心和民航气象中心。

10.2.6 区域预报

指定制作和发布区域预报的机场气象台,将制作的指定时次和区域的低层重要天气预告图及其修订或者更正的预告图,通过有线传真或者其他有效方式,发往本地区气象中心。

地区气象中心将本地区低层高空风/温度预告图、低层重要天气预告图及其修订或者更正的预告图发往民航气象中心和本地区机场气象台(站)。民航气象中心将收到由各地区气象中心制作的低层高空风/温度预告图以及低层重要天气预告图及其修订或者更正的预告图,与民航地区气象中心交换。

民航气象中心综合各地区气象中心制作的中层重要天气预告图及其修订或者更正的预告图,发布全国范围的中层和高层重要天气预告图及其修订或者更正的预告图,与指定范围的中层和高层高空风/温度预告图一起,与民航地区气象中心交换。

民航地区气象中心将收到的全国范围中层和高层重要天气预告图及其修订或者更正的预告图、中层和高层高空风/温度预告图,向本地区机场气象台(站)转发,或者根据协议由机场气象台(站)自行索取。

民航气象中心对收到的世界区域预报中心(WAFC)的区域预报产品进行处理后,向地区气象中心分发。

负责制作缩写明语形式区域预报的机场气象台,通过 AFTN 或者其他有效方式,将缩写明语形式的区域预报发往有关机场气象台(站)、本地区气象中心和民航气象中心。

10.2.7　重要气象情报和低空气象情报

气象监视台将所发布的重要气象情报和低空气象情报发往责任区内的机场气象台(站)、境内气象监视台和民航气象中心。气象监视台的责任区见本章附录 10.2《气象监视台代码和责任区》。气象监视台要将收到其他气象监视台发布的重要气象情报和低空气象情报,转发给责任区内未配备民航气象数据库系统的机场气象台(站)。

民航气象中心将收到的有关重要气象情报和低空气象情报与民航地区气象中心交换。地区气象中心将收到的重要气象情报和低空气象情报,向本地区配备民航气象数据库系统的机场气象台转发。

10.3　飞行气象情报的国际交换

飞行气象情报的国际交换是国际飞行气象服务的重要资料来源。国际间交流的飞行气象情报包括机场天气报告、机场预报、重要气象情报、火山灰和热带气旋咨询报和航空器空中报告。

国际交换的飞行气象情报通常是以公报的形式进行交换。亚太地区的飞行气象情报交换分为定期交换和不定期交换,定期交换主要是按规定时间和目录进行的资料交换。不定期交换主要是交换一些非例行报告的资料和答复请求报索取的资料等。

在亚太地区,由地区气象情报交换(ROBEX)中心负责收集、编辑和交换责任区内的气象情报。同时,地区气象情报交换中心要按规定的时间将收集编辑好的气象情报发送给地区气象情报数据库(RODB),由地区气象情报数据库将有关信息与国际民航组织其他地区进行资料交换。目前,亚太地区所设的地区气象情报数据库有曼谷、东京、新加坡、布里斯班和南迪(斐济)五个。另外,由英国和美国提供的四个卫星组成的广播系统也可以进行全球范围的另一种形式的飞行气象情报交换。

国内飞行气象情报与国际交换主要由民航气象中心负责,民航气象中心负责收集、编辑相关的公报,按规定时间通过中国民航飞行气象情报收集中心发往境外有关地区飞行气象情报收集中心,再通过有关飞行气象情报收集中心收集境外机场的资料。

民航气象中心将收到的境外有关机场飞行气象情报,向民航地区气象中心转发,地区气象中心再向机场气象台(站)转发。

有少量机场气象台(站)需要与境外气象服务机构直接进行飞行气象情报交换时,该机场气象台(站)可通过 AFTN 与相关的境外气象服务机构直接进行有关资料交换。

10.3.1　机场天气报告

根据需要与境外气象服务机构直接进行飞行气象情报交换的机场气象台(站),可通过 AFTN 将机场天气报告(METAR 和 SPECI)直接发往相关的境外气象服务机构。

民航气象中心将收到的境外有关机场天气报告向民航地区气象中心转发。民航地区气象中心将收到的境外有关机场天气报告向本地区的机场气象台(站)转发,或者根据协议由机场气象台(站)自行索取。

民航气象中心将参加国际交换的国内机场例行天气报告编辑成例行天气报告公报,不迟于整点后5分钟或者半点后5分钟,发往境外有关飞行气象情报收集中心。

10.3.2 航空器空中报告

民航气象中心每小时将国内的例行航空器空中报告编辑成公报,发往境外指定的飞行气象情报收集中心。

10.3.3 机场预报

根据需要机场气象台(站)可通过 AFTN 将机场预报直接发往相关的境外气象服务机构。

民航气象中心将收到的境外机场预报向地区气象中心转发。地区气象中心将收到的境外机场预报向本地区机场气象台(站)转发,或据协议由机场气象台(站)自行索取。

民航气象中心负责将参加国际交换的有效时间为 24 h 或 30 h 的机场预报(FT)编辑成机场预报公报,不迟于预报有效起始时间前 2 h,发往境外有关飞行气象情报收集中心。

机场预报公报编辑发送后收到的参加国际交换的机场预报,民航气象中心在其报头时间组后加注"RRA"(依次为"RRB"、"RRC"、……)字样后立即转发;更正报、修订报立即转发。

10.3.4 着陆预报

着陆预报与所附着的机场天气报告一起交换。

10.3.5 重要气象情报

气象监视台要按照本章附录10.3《重要气象情报交换表》将发布的重要气象情报发往境外相关气象监视台。

民航气象中心将收到的境外有关重要气象情报向地区气象中心转发。地区气象中心将收到的境外重要气象情报提供给本地区机场气象台(站)。

10.4 飞行气象情报的索取

机场气象台(站)可通过 AFTN、有线传真或者其他有效方式依次向本地区气象中心和民航气象中心索取未收到的有关飞行气象情报,按规定可以直接向境外有关机场气象台(站)索取飞行气象情报。

10.4.1 飞行气象情报数据库 AFTN 地址

ZBBBYPYX	中国民航飞行气象情报收集中心、民航气象中心(北京)
ZBBBYZYX	华北地区气象中心数据库(北京)
ZSSSYZYX	华东地区气象中心数据库(上海)
ZGGGYZYX	中南地区气象中心数据库(广州)
ZUUUYZYX	西南地区气象中心数据库(成都)
ZLXYYZYX	西北地区气象中心数据库(西安)
ZYTXYZYX	东北地区气象中心数据库(沈阳)
ZWWWYZYX	新疆地区气象中心数据库(乌鲁木齐)

10.4.2 AFTN 请求格式

10.4.2.1 请求一个机场的一种类型的情报

RQM/TTCCCC=

10.4.2.2　请求两个或者多个机场的一种类型的情报

RQM/TTCCCC1,CCCC2,……,CCCCn＝

注:一个请求最多包括 10 个机场。

10.4.2.3　请求一个机场的两种或者多种类型的情报

RQM/TT1CCCC,TT2,……,TTn＝

注:一个请求最多包括 6 种类型的情报。

10.4.2.4　请求一个以上机场的两种或者多种类型的情报

RQM/TT1CCCC1/TT2CCCC2/TT3CCCC3＝

注:一个请求最多包括 6 种类型的情报。

10.4.2.5　请求地区编号为 KK 的飞行气象情报公报

RQM/TT1AA1KK1,……,TT6AA6KK6＝

注:一个请求报最多有 6 个公报。

10.4.2.6　其他请求方式

RQM/TTCCCCn＝(n 是所请求的最新电报份数;n≤3)

RQM/TTCCCC,GGgg1,……,GGggn＝(GGgg 是观测的标准时间)

RQM/TTAAii,GGgg1,……,GGggn＝(GGgg 是有效时间)

注:请求飞行气象情报的类型(TT)见附录 10.4《飞行气象情报的类型(TT)》。

10.5　飞行气象情报交换的非常程序

当承担飞行气象情报传输任务的有关系统无效时,采用以下方式及时传输有关资料,以保证各航空气象用户能及时收到相关信息。

当民航气象数据库系统无效时,民航气象中心将收到的有关机场天气报告、航空器空中报告和机场预报,通过 AFTN 或者其他有效方式立即转发给地区气象中心;并通过有线传真或者其他有效方式,将高空风/温度预告图及重要天气预告图转发各地区气象中心,或者由各民航地区气象中心自行索取。

当民航气象数据库系统无效时,地区气象中心将机场天气报告、机场预报和高空风/温度预告图以及重要天气预告图通过 AFTN、有线传真或者其他有效方式转发给本地区有关机场气象台(站),或者由机场气象台(站)自行索取;并将获得的航空器空中报告,通过 AFTN 或者其他有效方式向本地区有关机场气象台(站)转发。

当民航气象中心所在地的 AFTN 系统故障时,民航气象中心立即通过民航气象数据库系统向各地区气象中心索取机场例行天气报告(公报)、特殊天气报告(SPECI)和机场预报(公报)。

民航气象中心不能正常接收世界区域预报系统产品时,要通过民航数据库系统从中南地区气象中心、华东地区气象中心索取世界区域预报系统的产品。

10.6　特殊格式的报文

目前,《国际航空气象电码》(WMO Publication No. 306,Manual on Codes)是世界航空气象界最通用的电码,《中华人民共和国民用航空行业标准》民用航空气象第 6 部分:电码也基本采用《国际航空气象电码》的方式编报。但一些国家如俄罗斯、美国、加拿大等国家所采用的单位和编发规则与《国际航空气象电码》有些不同的地方。另外,各国可根据本国的实际情况编发 RMK(附注)组。以下列举了一些国家的报文示例。

10.6.1 俄罗斯的报文

1)俄罗斯的报文中使用机场天气报告 RMK(附注)组内容 $R_R R_R E_R C_R e_R e_R B_R B_R$ 表示跑道状况。$R_R R_R$ 代表跑道编号。E_R 表示跑道堆积物。C_R 表示跑道被污染的范围。$e_R e_R$ 表示跑道堆积物的深度。$B_R B_R$ 表示摩擦系数/刹车。

当机场因严重积雪关闭时,用缩写"SNOCLO"取代跑道状况组。如果污染情况在机场的唯一跑道或全部跑道不再存在,本组报告最后六位数用"CLRD//"取代。详细的编码可参考《中华人民共和国民用航空行业标准》民用航空气象第 6 部分:电码中资料性附录 J《国际航空气象电码》机场天气报告的电码格式。

例 1:METAR UNNT 100900Z 23005G08MPS 9999 FEW050CB OVC200 26/13 Q0999 NOSIG RMK 25090070＝

25090070　　表示 25 号跑道,干的,跑道 51%～100%被污染,厚度小于 1 mm,刹车系数 70。

2)颠簸或积冰的种类和厚度,我国机场预报中已明确取消发布该内容,目前只在航路预报中发布。

在机场预报中,有两组 $6I_c h_i h_i h_i t_L$ 和 $5B h_B h_B h_B t_L$ 分别表示积冰和颠簸的种类和厚度。其中 $h_i h_i h_i$ 表示最低积冰层的高度,$h_B h_B h_B$ 表示最低颠簸层的高度,t_L 表示气层厚度。

例 2:TAF UHPP 100450Z 1006/1106 13008G17MPS 5000 SHRA BR SCT005 OVC010 OVC100 650100 550000 TEMPO 1006/1106 1000 SHRA BR OVC003 690100 590000＝

650100 550000 和 690100 590000 都表示颠簸或积冰的种类和厚度。

650100　　表示云中中度积冰,最低高度 300 m,至云顶。

550000　　表示云中中度频繁颠簸,最低高度小于 30 m,至云顶。

3)云高的编报方式有点不同,但不影响使用。

例 3:METAR UUEE 161230Z 22007G12MPS 9999 SCT063TCU BKN200 16/M00 Q1011 NOSIG＝

BKN200　　云高标注不同。

10.6.2 美国、加拿大等地的报文

1)主导能见度在机场天气报告和预报中用法定英里编报。需要时,跟分数组(即见度为大于 1 的分数时,先是整数组,然后空格再接分数组亦即能见度的小数部分),其后紧跟字母 SM(表示能见度的单位)。当主导能见度小于 7 mile 时,导致能见度变化的天气现象必须编报。唯一的例外是当观测有火山灰、低浮尘、沙或雪时,即使能见度不小于 7 mile,也必须对这些天气现象进行编报。其他国家能见度的单位用米或千米。

例 6:TAF PANC 100535Z 1006/1106 18008KT P6SM －RA SCT040 BKN070 OVC150 TEMPO 1006/1012 －RA BKN040 OVC070

FM101200 17008KT P6SM SCT030 OVC070 PROB40 5SM －RA BR SCT015 BKN030 OVC050

FM101800 22010KT P6SM SCT030 BKN060 OVC100 PROB40 －SHRA SCT030 OVC050＝

18008KT 表示风向为 180°,风速 8 kt。

P6SM 表示能见度 6 法定英里以上。

2)在 TAF 中编报 FM 组时应重新起一行,FM 组不使用简语 NSW。

例 7:TAF CYVR 100538Z 1006/1106 09003KT P6SM SKC

FM101600 29008KT P6SM SCT060 BECMG 1103/1105 09003KT＝

3)气压组使用单位不同,附注组中附有海平面气压。

例 8:METAR KCLE 100651Z 0000KT 6SM HZ SCT250 17/14 A2977＝

METAR CYVR 100700Z 12005KT 30SM SKC 16/09 A3002 RMK SLP167＝

气压组 A2977 用指示码 A 开头后跟四个阿拉伯数字,分别代表 10 英寸、1 英寸、1/10 英寸和 1/100 英寸汞柱高。小数点一般不编报。

SLP167 表示海平面气压 1016.7 hPa。有些测站还包括海平面气压,在注释组中用简语 SLP 表示,其后紧跟以百帕为单位的海平面气压值。

4)在人工观测站用 SKC 编报。在自动观测站,当 12000 ft 以下没有探测到云,使用简语 CLR。

5)机场天气报告的跑道视程和附注组不同。

METAR KMKL 021250Z 23018KT 290V360 1/2SM R31/2600FT SN BLSN FG VV008 00/M03 A2991 RMK RAESNB42 SLPNO T01820159＝

1/2SM	能见度是 1/2 法定英里
R31/2600FT	31 号跑道的 RVR 值是 2600 ft
RAESNB42	雨在 42 分时结束,雪在 42 分时开始
SLPNO	海平面气压不可用
T01820159	温度 18.2℃,露点 15.9℃

6)风切变组(WSxxx/xxxxxKT)。TAF 报里,非对流性的低层(≤2000 ft(约 600 m))的风切变,"/"前的三位数字表示风切变高度,单位为 100 ft(约 30 m),"/"后五位数字前面指定高度的风向和风速,单位为节(kt)。

7)在美国不使用 CAVOK 代替当能见度大于 10 km,5000 ft(1500 m)或者最高的最低飞行高度(两者取其大)以下无云,无积雨云,无降水,雷暴,尘暴,沙暴,浅雾,轻雾,雾,低吹尘,低吹沙,或低吹雪等天气现象的天气情况。

附录 10.1　参加国际交换的机场

FT/SACI31

北京 ZBAA,天津 ZBTJ,太原 ZBYN,石家庄 ZBSJ,上海虹桥 ZSSS,上海浦东 ZSPD,杭州 ZSHC,广州 ZGGG,大连 ZYTL,沈阳 ZYTX,乌鲁木齐 ZWWW,喀什 ZWSH

FT/SACI32

厦门 ZSAM,福州 ZSFZ,南宁 ZGNN,昆明 ZPPP,深圳 ZGSZ,汕头 ZGOW,青岛 ZSQD,成都 ZUUU,西安 ZLXY,桂林 ZGKL,乌兰巴托 ZMUB

FT/SACI41

呼和浩特 ZBHH,长沙 ZGHA,海口 ZJHK,武汉 ZHHH,合肥 ZSOF,南京 ZSNJ,重庆 ZUCK,兰州 ZLLL,哈尔滨 ZYHB,长春 ZYCC,郑州 ZHCC,三亚 ZJSY

附录 10.2　气象监视台代码和责任区

气象监视台		责任区域	
名称	四字代码	名称	四字代码
北京	ZBAA	北京飞行情报区	ZBPE
上海	ZSSS	上海飞行情报区	ZSHA
广州	ZGGG	广州飞行情报区	ZGZU
武汉	ZHHH	武汉飞行情报区	ZHWH
海口	ZJHK	三亚飞行情报区	ZJSA
成都	ZUUU	成都飞行情报区	ZUUU
西安	ZLXY	西安飞行情报区	ZLXY
沈阳	ZYTX	沈阳飞行情报区	ZYSH
乌鲁木齐	ZWWW	乌鲁木齐飞行情报区	ZWUQ

附录 10.3　重要气象情报交换表

收报单位		发报单位						
		北京 ZBAA	上海 ZSSS	广州 ZGGG	海口 ZJHK	昆明 ZPPP	沈阳 ZYTX	乌鲁木齐 ZWWW
澳大利亚	YBBBYPYX	S	S	S	S	s	S	S
斐济	NFFNYPYX	S	S	S	S	s	S	S
日本	RJTDYPYX	S	S	S	S	s	S	S
新加坡	WSSSYPYX	S	S	S	S	s	S	S
泰国	VTBBYPYX	S	S	S	S	s	S	S
孟加拉	VGZRYMYX			S		s		
朝鲜	ZKPYYMYX	S	S				S	
印度	VIDPYPYX					s		
伊朗	OIIIYPYX							s
哈萨克斯坦	UAAAYMYX							s
老挝	VLVTYMYX			S	S	s		
蒙古	ZMUBYMYX						S	S
缅甸	VYYYYMYX			S	S	s		
尼泊尔	VNKTYMYX			S	S	s		
巴基斯坦	OPKCYPYX						S	S
韩国	RKSIYPYX	S	S				S	
塔吉克斯坦	UTDDYMYX						S	
越南	VVNBYMYX			S	S	s		
香港	VHHHYMYX	S	S	S	S	s	S	S
澳门	VMMCYMYX	S	S	S	S	s	s	s
台北	RCTPYMYX	S	S	S	S	s	s	s

注：1. 北京、上海、广州、海口国际气象监视台发布热带气旋 SIGMET(WC)；

　　2. 所有国际气象监视台发布火山灰 SIGMET(WV)；

　　3. 所有国际气象监视台发布除热带气旋和火山灰以外的其他天气现象的 SIGMET(WS)。

附录 10.4　飞行气象情报的类型(TT)

FA——AREA FCST 明语区域预报

FC——TAF 机场预报(有效时间 9 小时)

FR——ROFOR 航路预报

FT——TAF 机场预报(有效时间 24 小时)

FV——火山灰咨询情报

FK——热带气旋咨询情报

GA——GAMET 低空区域预报的明语电报

SA——METAR 机场例行天气报告

SP——SPECI 机场特殊天气报告

UA——AIPEP 航空器空中报告

WA——AIRMET 低空气象情报

WC——SIGMET 热带气旋的重要气象情报

WS——SIGMET 除热带气旋和火山灰以外的重要气象情报

WV——SIGMET 火山灰的重要气象情报

参 考 文 献

ICAO Asia and Pacific Office. 2008. ROBEX Handbook. Bangkok.

U. S. Department of Transportation Federal Aviation Administration. 1999. Aviation Weather Formats：METAR/TAF.

国际航空气象电码（WMO Publication No. 306，Manual on Codes）.

中国民用航空局 . 2008. 中华人民共和国民用航空行业标准：民用航空气象第 4 部分：电码 .

中国民用航空局空中交通管理局 . 2009. 民用航空飞行气象情报发布与交换办法 .

第11章
航空气象服务

航空气象服务是指航空气象部门为用户提供履行其职责所必需的气象情报、咨询讲解和用户培训,目的是保证航空飞行的安全、正常和效率。航空气象服务具非显性的特点,需要通过用户的使用来显现服务的效益。中国作为航空运输周转量第二大国,若在节能减排、保护全球环境上做出贡献,必须在减少能源浪费、降低废气排放上想办法,限于未来一段时间内人类在航空器的设计方面很难实现"零排放"的完美境界,因此只能通过及时的气象探测、准确的航空气象预报、立体的预警预测网络,利用气象科学的预测功能,来达到节能减排的目的,提高可观的经济效益。

航空气象部门的用户主要是指与航空飞行有直接或间接关系的各部门,包括:执行航班飞行任务的航空公司,即飞行机组、国内航空公司的运行签派和国外航空公司的签派代理机构;为航空器飞行和着陆提供跑道和停机设施、为旅客登机和下机提供航站楼有关服务的机场运行部门;为航班飞行正常实施指挥调度的空中交通管制部门;提供与飞行有关的机场信息资料的情报服务部门;出现重大飞行事故时的搜寻和救援部门等。

航空气象部门提供的气象情报分为最新气象情报和历史气象情报(资料)。最新气象情报指直接用于当时的航班飞行任务并覆盖该飞行时间段内的气象情报;历史气象情报(资料)指非实时的、超出24小时有效时间的存档资料,如机场气候表、机场气候概要、天气要素历史观测资料、航线天气资料、气象要素统计资料等,可用于事件或事故调查、咨询以及技术总结等。

11.1　服务对象

由于各用户在实施航空运行时各司其职,紧张而有序,因此对航空气象情报的需求也不尽相同,如果不考虑每个用户的需求而将气象情报全部提供出去,让用户在众多的信息中选取所需的情报,势必会造成用户在实际业务运行中的不便,为此航空气象部门通常将服务对象分为七类,即航空公司运行签派(或代理)部门和飞行机组、空中交通管制部门、搜寻和救援部门、飞行情报服务部门、机场运行管理部门、通用航空飞行部门以及其他与民用航空活动有关的部门。此外,随着航空飞行与经济效益的联系愈来愈紧密,航空设备技术保障部门也愈来愈重视危险性天气如台风、雷暴、冰雹以及积冰积雪等对设备的影响,因此航空气象部门在预计出现危险性天气时,还为航空设备技术保障部门提供实时的气象服务。

11.2　服务内容

航空气象资料种类繁多,为满足用户能够拿到及时、有效的气象资料,按照上述的分类分别对用户提供其所需的气象产品和咨询服务。

11.2.1　为航空公司运行控制部门和飞行机组提供的气象服务

航空公司是航空气象部门的主要用户之一,向航空公司运行签派(或代理)部门和飞行机组成员提供的气象情报,主要用于:航空公司运行签派(或代理)部门做飞行前计划、飞行中的重新计划、飞行机组成员离场前使用。

航空公司在制作飞行计划时,会将高空风和高空温度、高空湿度、飞行高度层的位势高度、对流层顶的飞行高度层和温度、最大风的风向、风速及飞行高度层、重要天气现象以及积冰和颠簸区域高空湿度和飞行高度层的位势高度等预报产品集成相应的系统中。

为飞行机组离场前提供的气象情报称为飞行气象文件,采用图形预告图和电码报文形式以纸质提供,内容包括:高空风/温度预告图;重要天气预告图;起飞机场的预报/报告以及重要天气警报等;着陆机场的预报和报告;备降机场的预报和报告;与全航路有关的重要气象情报及尚未编入重要气象情报电报的特殊空中报告;若低空飞行,还需要提供与低空飞行有关的低空气象情报。可以展示给飞行机组的资料有:气象卫星云图和天气雷达回波图像。

飞行机组在飞行过程中,除了从管制指挥人员处了解有关的气象信息外,可以在特定的时间调到特定的频率,通过对空气象广播(VOLMET)或对空气象数据链(D−VOLMET)、航站自动情报服务(ATIS)等方式得到相关的航空气象信息。

11.2.2　为空中交通管理部门提供的气象服务

空中交通管制部门是航空气象部门的另一主要用户,若以机场塔台所在的位置作为圆锥体的顶点,将管区看成是圆锥体的底面,即从地面到高空、从机场到航路发散出去看成一个倒立的圆锥体,则塔台管制、进近管制、区域管制的工作就是沿着锥面从小范围螺旋式分层次有叠加地上升到大范围,指挥着飞机飞行过程中的不同阶段,因此,对气象服务的需求也有所差异。

为塔台管制提供的气象服务侧重于本机场范围内的天气情况,尤其是实时的天气变化,因此一般来说,航空气象部门为塔台的指挥席位提供本机场实时更新的预报、自动观测数据的实时显示、气象卫星云图显示、本场实时的地基天气雷达图像以及当地协定的其他气象情报。

为进近管制提供的气象服务侧重于飞机离地或落地前低空范围内的天气情况,除与塔台的指挥席位上同样要提供实时显示的自动观测数据、气象卫星云图显示外,航空气象部门还为进近管制提供该区域的地基天气雷达图像(拼图)、重要气象情报、低空气象情报、机场警报;影响该区域的热带气旋情报;火山灰云、喷发前火山活动和(或)火山喷发的情报;在进近管制指挥系统(计算机)中,将区域内高空各层次风/温的数值预报产品插值到各飞行标准层上,通过相关模式的计算,还提供风切变警报及告警、积冰和颠簸等潜在的资料信息显示。

为区域管制提供的气象服务侧重于在高空航路上飞行的天气情况,因此区域管制需要:该管制区内各个机场达到最低天气标准的天气报告、飞行情报区或管制区内其他的气象信息,以便在预定落地机场天气不好时选择有利的备降场;气象卫星云图;该管制区域内实时的地基天气雷达图像(拼图);火山灰云、喷发前火山活动和(或)火山喷发的情报;潜在的积冰和颠簸情报;有关热带气旋情报;根据区域管制的需要,还可以提供邻近飞行情报区及其机场的上述情报。在区域管制指挥系统(计算机)中,将该管制区域高空各层次风/温数值预报产品插值到各飞行标准层上,提供参考。

空中交通流量管理的目的,是在需要或预期需要超过空中交通管制(ATC)系统的可用容量期间内,保证空中交通最佳地流向或通过这些区域。因此为空中交通流量管理(ATFM)提供的气象服务,侧重于根据流量管理的需要,提供 24 小时或更长的精细化气象预报产品,包括风向风速、能见度、重要天气现象起止时间等的预报。

11.2.3　为搜寻和援救服务单位提供的气象服务

指定或区域内的航空气象部门负责为搜寻和援救服务单位提供所需的气象服务,并在整个搜寻和救援活动中与搜救服务单位保持联络,同时,该气象部门应该对航空器出事前最后已知时间段的气象观测数据、起飞时和航路上提供的气象情报等进行封存,以备调查。如果需要,还应该联系相关单位,取得所需的海洋气象资料等。

提供给搜寻和援救服务单位的气象服务,包括失踪航空器最后已知位置的气象情报和该航空器预定航路上的气象情报,即航路上的重要天气现象;云量、云状、云底高和云顶高,尤其是积雨云的情况;能见度和使能见度降低的天气现象;地面风和高空风;地面状况,尤其是积雪或积水状况;与搜寻地区相关的海面温度、海面状况、浮冰和海流(如果有);海平面气压数据等。

根据请求,提供给搜寻和援救服务单位的气象服务还可以包括:搜寻区域内实时的和预期的天气状况;进行搜寻的航空器的起、降机场及备降场至搜寻区域飞行航路上实时的和预期的天气状况;从事搜寻援救活动的船舶所需要的气象情报。

根据协议,在格式和方式上提供符合搜寻和援救服务单位需求的气象情报。

11.2.4 为飞行情报服务单位提供的气象服务

飞行情报服务单位负责将本机场所有与飞行有关的需要告知飞行机组的情况,以通报的方式对外发布。

为飞行情报服务单位提供的气象情报,主要用于编制航行通告或火山灰通告,包括民用航空气象服务工作的建立、撤销和重要变更或者设施和设备等预期的重要变更;火山活动的情况、现象以及对航空器运行的影响等。

11.2.5 为机场运行管理部门提供的气象服务

机场运行管理部门负责当地机场资源包括跑道的建设和维护、旅客的医疗急救以及消防应急等任务,为维持整个机场业务的正常运行,需要了解相关的气象信息。

为机场运行管理部门提供的气象服务一般包括本机场重要天气警报、紧急事件发生时所需要的气象情报等。根据协议,提供与机场运行有关的气象情报,提供实时观测数据;机场范围的特定时效、特定要素的预报;用于制定机场运行标准的有关气象要素资料;用于机场设施建设所需的当地气候资料。

11.2.6 为通用航空飞行部门提供的气象服务

提供通用航空飞行部门用于飞行前计划和飞行中重新计划的气象情报,以及为通用航空飞行机组离场前提供的气象情报主要包括:现时和预期的高空风/温度的情报;航路上的重要天气现象情报;起飞机场、预定着陆机场和备降机场的例行报告和特殊天气报告;起飞机场、预定着陆机场和备降机场的机场预报及修订预报;重要气象情报和与整个航路有关的尚未编入重要气象情报电报的特殊空中报告;若有低空飞行,还需要提供有关的低空气象情报。

根据协议,还可以提供地面能见度;云量、云状、云底高和云顶高;海洋状况;海面温度;平均海平面气压;降水;潜在的积冰、颠簸的区域及垂直范围等气象情报。

按照协定的格式,为通用航空飞行机组离场前提供所需的气象情报。

11.2.7 为民航政府部门和运行协调决策机制提供的气象服务

针对全国范围内影响航班飞行安全与正常的天气情况,民航气象系统通过视频天气会商系统共同讨论,重点关注危及航空飞行安全的天气现象和/或气象要素。当遇有大范围影响枢纽机场航班飞行的天气时,组织召开临时天气会商。若某地区出现影响本地区的危险性、复杂性天气时,可以进行区域内各机场气象台之间的会商,也可进行区域间的会商。用户可以通过此窗口,方便快捷地了解全国的天气状况及其变化趋势。

11.2.8 为其他有关部门提供的气象服务

按协定的内容、格式和提供方式,为其他与民用航空活动有关的部门提供所需气象服务。

11.3　服务手段

航空气象服务主要采取电话咨询/传真服务、现场服务、网络服务、民航气象视频天气会商系统、对空气象广播(VOLMET)或地空气象数据链(D－VOLMET)服务、航站自动情报服务(ATIS)等手段。后两种手段所服务的用户主要是在空中飞行的机组成员。

11.3.1　电话咨询或传真服务

针对 11.2.1 至 11.2.2 中所提到的用户公布航空气象服务咨询电话,用户可以通过电话了解所需的天气情况。根据服务协议,向长期需要航空气象咨询服务的用户,在固定时间内由航空气象部门提供所需的服务。若无协议,一般情况下,不提供电话咨询和传真服务。

目前已经有部分机场的航空气象部门采用自助语音气象服务电话、分组群发手机短信等方式,为用户提供气象信息,其中手机短信主要用于当地机场范围内发生或结束危险性、复杂性天气时的通知。

11.3.2　现场服务

一般在候机楼或航管楼内设立专门的气象服务室,或者在航空公司设立专门的气象服务席位,按照气象台与有关航空公司运行签派(或代理)部门协定的时间,向航空公司运行签派(或代理)部门和飞行机组成员提供气象情报。

为飞行前计划提供的气象服务只限于从本地出发至国内机场降落站或至国境线外第一降落站。在没有气象台的机场,需要按气象当局与有关承运人的协定提供气象情报。

在管制大厅设置气象服务席位,提供管制指挥人员相关的气象讲解、展示和咨询服务。

根据协议,在协定的时间提供气象讲解、展示和咨询服务。

11.3.3　网络服务

网络服务包括了专业航空气象局域网、Internet 航空气象信息网以及手机移动气象站等方式,其中专业局域网是根据航空气象部门与相关用户的协商,为用户安装显示终端,提供相关气象情报,包括:机场天气报告和特殊天气报告;机场天气预报和趋势着陆预报;重要气象情报以及与全航路有关的适用的特殊空中报告;由地区航行协议规定的 GAMET 区域预报和低空气象情报;本场的机场警报;气象卫星图像;自动观测实时显示;地基天气雷达资料以及其他根据协议需要显示的气象信息等。

11.3.4　对空气象广播和地空数据链气象服务

中国民航在全国区域范围内建设有两个对空广播站,分别设在华北地区气象中心和中南地区气象中心,播送内容包括主要机场最新的机场例行天气报告、趋势预报和机场预报,主要服务用户为航路上飞行的机组,在北京时间 08 时至 24 时期间,在固定的时间和频率上,采用中英文双语播放,在中国境内上空飞行的机组可以收听到所需要的气象信息。

在民航气象中心(北京)、中南地区气象中心(广州)建立两个独立运行地空数据链(D－VOLMET)信息服务中心,北京主用、广州备用。通过 D－VOLMET 提供最新的航路上相应情报区内相关机场的气象实况、气象预报、重要气象情报(SIGMET)、低空气象情报(AIRMET)以及其他的重要气象资料等。D－VOLMET 信息的发布覆盖全国所有航空公司运行的飞机,不限制飞机的实际运行区域(即允许在国外飞行的国内航空公司飞机索取 D－VOLMET 信息,且要求系统能够进行自动服务),任何时间,飞行于任何空域的飞机均可下传 D－VOLMET 信息服务请求,要求地面提供 D－VOLMET 信息,而信息服务系统采用主动服务模式,即地面系统主动跟踪飞机飞行动态,结合飞机飞行计划确定飞机的飞行趋势,当出现重要气象信息时,地面系统主动分析该气象信息影响的飞行区域,结合飞机飞行趋势向可能受到该气象现象影响的飞机主动发送该气象资料,地面将通过机载打印机直接传输气象信息,机组可在打印机上接收到地面的服务信息。

11.3.5 民航气象视频天气会商系统

民航气象系统建立了民航气象中心—地区气象中心—机场气象台间的视频天气会商系统,按照视频天气会商机制,民航气象中心组织全国性的天气会商工作,地区气象中心组织本地区的天气会商。该系统对航空公司等用户开放,用户可通过参与会商,便捷地了解和掌握全国范围的重要天气情况及其变化趋势。

11.3.6 航站自动情报服务

航站自动情报服务(ATIS),是管制部门为进场和离场航空器提供的广播方式的服务,采用专用的VHF频率,对于国际航空服务的机场,使用中英文双语广播,其中包括气象情报,在相关信息如机场名称、着陆跑道号、决断高度等之后按照如下顺序广播:地面风向风速,包括重要变化;能见度和跑道视程(RVR)(如适用);当时天气;低于 1500 m(5000 ft)或低于最高扇区的最低高度(以较大者为准)的云、积雨云、天空被遮盖时的垂直能见度(如有);气温;露点温度;高度表拨正值;任何可提供的有关进近、起飞和开始爬高区内的重要天气现象的情报;趋势预报。

11.4 服务的作用

航空气象部门通过对用户提供上述的气象服务,以达到最终服务于用户,为民航事业的发展起到促进作用,为空管部门提高安全管制的能力和流量管理能力、为航空公司在降低运行成本节能减排并减少因天气原因造成的航班延误、为机场选址、为运输机场提高复杂天气条件下的运行效率、为搜救工作的顺利开展、为通用航空的发展、为旅客公众快捷舒适出行和为社会经济效益的提高等各方面作贡献。

11.4.1 航班的飞行安全与正常

由于环境、气候、跑道长度等的影响,每个机场每条跑道都有各自的起飞和降落的最低运行标准天气标准。塔台管制席位在指挥飞机起飞或降落时,需要参考实时的气象自动观测系统的数据,尤其是当时跑道上的风向和风速情况。按照规定,风速小于等于 1 kt 时,被认为对飞行没有影响;当风速在 1 kt 以上时,对飞机的配载、起飞和降落的速度都有影响。当风向与跑道的方向有夹角时,会形成侧风,若夹角成 90°,将对飞机产生正侧风,风速大时会严重影响到飞机的正常起降,在这种情况下,航空气象部门会及时提醒指挥人员注意,同时会对外发布预期的变化。

同样低能见度也是影响飞机起降的重要气象要素,预计或已经出现低于标准的能见度时,航空气象部门会密切监视变化情况,提前发出警报或预期的变化,使塔台管制席位可以参考天气预报的信息指挥飞机是备降还是空中等待。

无论是机场范围内还是航路上有重要天气,航空气象部门都会及时通知相关的管制席位,管制席位会根据气象部门提供的服务作为参考依据,进行飞机流量的控制或采取相应的应急措施。

对于负责监控、协调和了解全国民航日常运行情况的民航运行协调决策机制,在组织专机和重要飞行任务的保障、承办抢险救灾等特殊飞行、参与处置劫机和飞行事故紧急突发事件和协调配合民用航空器搜寻救援工作等过程中,对航空气象服务有迫切的需求,为此,气象部门在具体承担民航运行协调决策机制组织工作的民航运行管理中心设立气象服务席位,监视全国天气形势和各主要机场天气变化趋势,预计或遇到影响航班正常的天气出现时,直接为运行协调决策部门提供机场和航路天气咨询服务,为运行决策提供有力的参考依据。

11.4.2 航空公司的经济效益

航空公司一般需要的气象情报有实时的气象信息、历史气候资料和预报产品,实时气象信息主要用于机组在飞行过程中能提前掌握和了解航路和降落站以及备降场的气象情况;历史气候资料对于航空公司开辟新的飞行计划、制定航班时刻表大有用处;而预报产品可以集成到航空公司的运行签派应用系统中,直接用于航班的飞行计划和飞行路线的制作,从合理调配的决策阶段入手,寻求运营效益,进而达到节约油耗、减少航班返航备降等,不仅获得经济效益,还能起到节能减排的作用。

高空风/温度方面的气候资料对于航空公司在制定航班飞行计划、确定飞行路线时十分必要,可以大致了解季节性的高空风速、风向情况,常年存在的急流的位置、高度及强度。

飞行机组在起飞前进行准备工作时,向气象部门详细了解飞行区域天气情况,特别是对有可能产生雷暴天气的区域,会了解雷暴的性质、位置、范围、强度、高度、移向移速、变化趋势等,同时还会考虑绕飞方案及注意事项,只要有可能,飞行人员会根据得到的气象信息尽量避开雷暴活动区,即采取推迟起飞时间、改变航线及飞行高度、空中等待、绕飞、改降、返航等。

11.4.3　机场建设、航空设施建设以及搜救工作

11.4.3.1　机场建设与运行

在机场建设的选址、调研和设计阶段,气候资料起着重要的参考作用,尤其是当地的盛行风向对机场跑道方向的选择有关键性的影响,若不考虑盛行风方向而选择错误的跑道方向,有可能会导致日后的机场跑道,要常年饱受盛行风的影响而无法正常地接收或放行飞机。

在机场的日常运作中,夏季的暴雨、冬季的降雪和积冰都会成为影响机场业务正常运行的因素,因此机场运行部门根据航空气象部门提供的气象预报,在暴雨、降雪来临或结束之前,组织人力和物力,采取有效的应急措施,可以大大提高机场在非正常天气情况下的运作能力,并且可以节约成本、降低损耗。

11.4.3.2　航空设备设施

民航空管系统实行雷达管制,依靠着先进的雷达导航,空管指挥人员能够更科学更有效地利用空域,为空中飞行的机组提供保驾护航的作用,为日益增长的航班量提供安全可靠的环境。

在雷雨季节,空管导航设备很容易遭到雷击,虽然民航的设备保障部门配备了先进的防雷装置,千方百计地避免设备遭雷击事件的发生,但严重损害导航设备使用的情况还是不可避免地一再发生,导航设备是管制指挥人员的"千里眼",一旦遭到破坏,必然会影响航班飞行的正常。因此,航空气象部门利用天气雷达,为设备保障部门提供有效的气象服务,一旦在天气雷达图上发现了雷雨回波,提前通知设备保障部门的值班人员,对方可以及时采取相应的措施,降低遭到雷击的可能性。

在冬季的冰冻灾害中,在持续低温情况下会造成外场设备表面附着积冰,不利于设备的维护和保养,如 2008 年冬季我国南方大范围、长时间的冰雪天气,极易损坏传输线缆,设备保障部门提前了解天气的状况,可以加大对设备的巡视、检查和维护,及时解决出现的问题,保证设备的正常运行。

11.4.3.3　搜寻和救援工作

当航空器出现意外事件需要进行搜寻和救援工作时,航空气象部门除了为实施搜寻救援的单位提供实时的气象资料外,必须及时对发生事件时和发生事件之前一段时间内的天气资料进行封存,绝对不允许擅自涂改、销毁相关资料。需要封存的资料包括:事件发生区域内机场的当时气象自动观测系统的数据;在事件发生期间的一段时间内发布的特殊天气报告、预报、趋势着陆预报以及在事件发生期间可能使用到的气象信息。这些气象资料在进行事件调查时对可能发生的原因都会有直接或间接的影响,为下一步的调查工作起到了重要的参考作用。

11.4.4　气象服务案例

随着我国航班飞行量的增加,繁忙机场每日起飞、降落和空中飞越航班已达上千架次,危险性、复杂性的天气对飞行的影响愈来愈大,因此航空气象预报的重要性逐渐上升到重要的位置,航空公司、空管指挥部门、机场应急指挥部门等在日常的业务运行中对天气的关注、与航空气象部门的联系也愈来愈多,也逐渐对航空气象部门提出愈来愈高的用户需求。航空气象部门通过与航空用户间的沟通和征求

意见,不断改进气象服务的内容、创新气象服务的方式,目的都是为了提高航空气象服务水平,更好地满足用户的需要,更好地为航班的飞行安全提供参考。

以下是几个案例,这样的情况在全国民航各机场气象服务部门每天都在发生着,从案例中可以窥视一斑,大概了解航空气象服务对航空用户所起的作用。

案例 1:

2008 年 8 月 14 日下午,受快速发展南下的 500 hPa 切变线的影响,某机场于 13:30 至 16:50 期间,突然遭到强雷雨袭击,3 h 累计降水量达到 60 mm。从上午 11:14 预报员发出第一份天气警报开始至 15:50 发布雷雨结束的预警为止,共发布手机预警短信 3 份,发布各类天气预警十几份,为航空公司及时调配飞机和空中交通管制提供了有力的参考依据。

案例 2:

2008 年 8 月 18 至 20 日严重影响香港的台风"鹦鹉",预报员为港龙航空公司签派代理进行了详细的讲解和提醒,为港龙航空公司航班运行的安全、正常提供了可靠的保证。为此香港港龙航空公司北京办事处专门发来感谢信,感谢气象服务岗位为他们提供了及时、准确的天气预报及周到的气象服务。

案例 3:

2009 年 7 月 15 日下午,预报员根据机场东南方向来的积雨云提前发布了两份天气通报。于 15:59 开始发布雷雨警报,预报雷雨将于 16:30 影响本场。于 16:25 通知塔台:本场有 13~14 m/s 的东南阵风,持续时间约十几分钟。于 16:42 发布本场风切变警报。塔台收到风切变警报后,停止放行航班约 10 分钟左右。天气实况:16:30 本场出现雷雨,大于 10 m/s 的阵风持续约 15 分钟,最大风速 13 m/s。

案例 4:

2009 年 10 月 1 日,受冷锋云系影响,某机场出现雷雨天气;夜间 20:46 出现大雾天气,持续到次日 7:38。在此次天气过程中,预报员缜密分析,认真研究,提前 24 小时预报出次日本场将出现雷雨天气的预报结论,并及时对外发布。考虑降水后湿度较大,夜间辐射降温情况,于 20:16 发布了大雾机场警报,各航空公司根据气象部门发布的天气预报,取消当天夜间的 22 架航班。天气实况表明当日预报雷雨、大雾的强度和持续时间准确,造成了 8 架航班备降。由于天气通报及时、预报准确,减少了飞机返航、备降、复飞等情况的发生,为航空公司减少经济损失提供了技术支持。

案例 5:

2010 年 2 月 10 日,某机场遭遇强降雪天气,预报员准确预报出大雪开始和停止时间。降雪开始前一个多小时通知相关的单位,发出机场警报。深夜 02 时许,在大雪停止前一个多小时,通知机场有关部门,为机场跑道及时除雪赢得了宝贵时间。

案例 6:

2010 年春节后第一周,某地区连续遭遇多日的雾及雷雨天气。2 月 22 日至 24 日,受海上雾影响,该地区沿海所有机场均出现迷雾、低云天气;24 日夜间至 25 日,受冷暖空气交汇影响,该地区中部又出现较大范围雷雨区。在这几次天气过程中,预报员不仅准确预报出雾、雷雨等灾害性天气的生消时间,而且及时向相关航空用户发布传真及短信通报,接听咨询电话上百个,耐心答复飞行员、管制员甚至旅客的来电咨询。

参 考 文 献

2008.《国际民用航空公约》附件 11《空中交通服务》.

2008.《国际民用航空公约》附件 3《国际航空气象服务》第 9 章和第 10 章.

中国民用航空局.2008.中华人民共和国民用航空行业标准:民用航空气象第 3 部分:服务.

附录 1:术语

术语	定义
标准大气	根据探测数据和理论计算,制定的一种比较接近实际大气平均状况垂直分布特性的大气,称为标准大气,又称参照(考)大气。它的主要用途是作为飞行器的设计和计算以及气压高度表的校准等。
场面气压	航空器着陆地区(在跑道上)最高点的气压(QFE)。
尘暴	强风或强烈的扰动气流将地面大量尘粒猛烈地卷入空中而使能见度降低到 1000 m 以下的物理现象。
垂直能见度	垂直方向上的最大能见距离。
大气透射仪	用于测量两点之间空气透射率的仪器。
低空气象情报	国际航空气象监视台发布的可能影响航空器低空飞行安全的特定航路天气现象的发生或预期发生的情报,该情报中的天气现象未包含在为有关的飞行情报区(或其分区)的低空飞行发布的预报中(AIRMET)。
低空飞行区域预报	由指定的机场气象台制作,使用缩写明语,为在飞行情报区(或分区)的低空飞行所作的并按有关的协议与邻近飞行情报区中的气象台进行交换的区域预报(GAMET area forecast)。
对飞行有重要影响的云	云底高度在 1500 m 或最高的最低扇区高度(两者取其大)以下的云,或任何高度的积雨云或浓积云。
对空气象广播	为飞行中的航空器提供的例行广播,视情况,包括现在机场天气报告、机场预报和重要气象情报(VOLMET)。
对空气象数据链服务	通过数据链提供现在机场例行天气报告、机场特殊天气报告、机场预报、重要气象情报、没有包含在重要气象情报中的特殊空中报告和可得到的低空气象情报(D-VOLMET)。
飞行机组	在飞行任务期间被指派承担航空器运行所必需的职责并持有执照的机组成员。
飞行情报区	为其提供飞行情报服务和告警服务而划定范围的空域。
飞行文件	书写或打印的为飞行所用的气象情报的文件,包括各种图表。
高原机场	海拔高度大于 1500 m 的机场。
高高原机场	海拔高度大于 2438 m 的机场。
航路预报	在特定时间发布的,对某一时段某一航路预期气象情况的简要说明(ROFOR)。
航务飞行计划	航务部门为了飞行安全根据飞机性能、其他飞行限制和所飞航路上及有关机场的预期情况而制定的计划。
机场标高	着陆区域最高点的标高。
机场基准点	指定的机场地理位置。

机场气候表	某一机场观测的一个或几个气象要素的统计资料表。
机场气候概要	根据统计资料,对某一机场规定的气象要素的概述。
机场气候志	根据统计资料,对某一机场规定的气象要素的详细说明。
机场预报	在特定时间发布的,对机场特定时段预期气象情况的简要说明。
接地地带	飞机着陆时经过入口后首先接触的跑道部分。
空中报告	飞行中的航空器遵照位置报告、航务或气象报告的要求而作的报告。
例行观测	按指定的时间、次数、项目和固定时间间隔对各种气象要素进行的观测。
例行天气报告	按固定时间间隔在指定地点观测到的气象情况的报告。
跑道入口	可用于着陆的那部分跑道的起始处。
气象报告	对某一特定时间和地点观测到的气象情况的报告。
气象传真广播接收系统	对气象传真广播系统广播的飞行气象情报和航空气象资料进行接收的系统。
气象传真广播系统	通过地面网络、卫星网络或其他通信手段对飞行气象情报及航空气象资料进行传真广播的系统。
气象光学视程	是指色温为 2700 K 时白炽灯发出的平行光束被大气吸收和散射后,光束衰减到 5% 时所通过的距离。这个数值就是能见度的物理学的表达方式。
气象监视台	负责监视相应飞行情报区天气,并为在该飞行情报区的飞行提供有关气象情报的气象台。
气象情报	有关现在的或预期的气象情况的气象报告、分析预报和任何其他说明。
气象数据库系统	具有飞行气象情报及气象资料的交换、备供、存储等功能的系统。
气象要素	表征大气状态的基本物理量和基本天气现象。主要有气温、气压、湿度、风向和风速、能见度、云及基本天气现象等。
跑道视程	是指在跑道中心线上,航空器上的驾驶员能看到跑道上的标志或跑道边界灯或中线灯的距离。
轻雾	近地面空气层中水汽凝结或凝华而使能见度降低到 1000 m(含)至 10000 m 的物理现象。
趋势预报	附加在机场例行天气报告(METAR)或机场特殊天气报告(SPECI)之后,对机场未来 2 小时气象情况预计发生重大变化的简要说明。
散射仪	在大气中通过对粒子引起的光束散射通量的测量,并依此估算出消光系数的仪器。
沙暴	强风或强烈的扰动气流将地面大量沙粒猛烈地卷入空中而使能见度降低到 1000 m 以下的物理现象。
世界区域预报系统	各个世界区域预报中心使用统一标准的形式,提供航空气象航路预报的世界范围的系统。
世界区域预报中心	指定编制和发布全球的数字式重要天气预报和高空预报的机构,通过航空固定电信服务的适当手段将产品直接提供给各国。
事故观测	当本场或其附近区域发生飞行等级事故或意外事件后立即进行的观测。

视程	通常在水平方向上，对于一个给定的光源或目标物，在特定背景亮度条件下所能目视到的最大距离。
特殊观测	在两次例行观测时间之间，当云、垂直能见度、主导能见度、天气现象、跑道视程（RVR）、地面风向、地面风速、气温和气压达到规定的标准时而进行的观测。
特殊天气报告	在两次例行天气报告之间，当一种或多种气象要素达到规定标准时发布的报告。
天气现象	发生在大气中的降水现象、地面凝结（凝华）和冻结现象、视程障碍现象、大气光现象、大气电现象和大气中的其他物理现象的总称。
雾	近地面空气层中水汽凝结或凝华而使能见度降低到 1000 m 以下的物理现象。
修正海平面气压	将场面气压按国际标准大气条件修正到海平面的气压（QNH）。
预告图	在地图上用绘图方式表明特定时间或时段和特定的面或空域的特定部分的特定气象要素的预报。
云高	云底距机场标高的垂直距离。
整点观测	指在时钟整点时刻进行的例行观测。
重要气象情报	重要气象情报是国际气象监视台发布的可能影响航空器飞行安全的特定航路天气现象的出现或预期出现的情报。
主导能见度	观测到的达到或超过四周一半或机场地面一半的范围所具有的最大能见度的值。这些区域可以是连续的，也可以是不连续的。
自动气象观测系统	包括测量跑道视程、常规气象要素、云和天气现象等传感器以及相应的监控和远程显示的集成自动化系统。
自动气象站	能自动观测和传递气压、气温、相对湿度（或露点）、风向、风速和雨量等常规气象要素信息的观测装置。

附录 2:缩略语

缩略语	释义
ADS-B	Automatic Dependent Surveillance-Broadcast 广播式自动相关监视
AFTN	Aeronautical Fixed Telecommunication Network 航空固定电信网
AIRMET	Airman's Meteorological information 低空气象情报
AMDAR	Aircraft Meteorological Data Relay 航空器气象资料下传
ATC	Air Traffic Control 空中交通管制
ATFM	Air Traffic Flow Management 空中交通流量管理
ATIS	Automatic Terminal Information Service 航站自动情报服务
AWOS	Automatic Weather Observing System 气象自动观测系统
D-VOLMET	Volume Meteorological data link service 对空气象数据链服务
GAMET	General Aviation Meteorological information（forecasts） 通用航空气象情报（预报）
GTS	Global Telecommunications System 全球电信系统
ICAO	International Civil Aviation Organization 国际民航组织
ILS	Instrument Landing System 仪表着陆系统
INS	Inertial Navigation System 惯性导航系统
ISCS	International Satellite Communications System 国际卫星通信系统
LIDAR	Light Detection And Ranging 激光雷达
LLWAS	Low Level Windshear Alert System 低空风切变告警系统

METAR   Meteorological Aerodrome Report
电码格式的例行机场天气报告

MET REPORT   用于本机场内的简语格式的例行机场天气报告

MOR   Meteorological Optical Range
气象光学视程

MTBF   Mean Time Between Failure
平均无故障时间

NextGen   Next Generation Air Transportation System
美国下一代航空运输系统

PBN   Performance-based Navigation
基于性能导航

RASS   Radio Acoustic Sounding System
无线电声探测系统

RNAV   Area Navigation
区域导航

RNP   Required Navigation Performance
所需导航性能

ROFOR   Route Forecast
航路预报

RVR   Runway Visual Range
跑道视程

SADIS   Satellite Distribution System
卫星分发系统

SESAR   Single European Sky ATM Research
欧洲单一天空计划

SIGMET   Significant Meteorological information
重要气象情报

SPECI   Special Aerodrome Reports
电码格式的特殊天气报告

SPECIAL   Local Special Reports
用于本机场内的简语格式的特殊天气报告

TAF   Terminal Aerodrome Forecast
机场预报

TCAC   Tropical Cyclone Advisory Center
热带气旋咨询中心

TDWR   Terminal Doppler Weather Radar
终端多普勒天气雷达

VAAC   Volcanic Ash Advisory Center
火山灰咨询中心

VOLMET   Volume Meteorological broadcast
对空气象广播

WAFC   World Area Forecast Center

	世界区域预报中心
WAFS	World Area Forecast System
	世界区域预报系统
WEFAX	weather facsimile
	气象传真
WMO	World Meteorological Organization
	世界气象组织
WPR	Wind Profiler Radar
	风廓线雷达
WTWS	Wind shear and Turbulence Warning System
	风切变和湍流警报系统

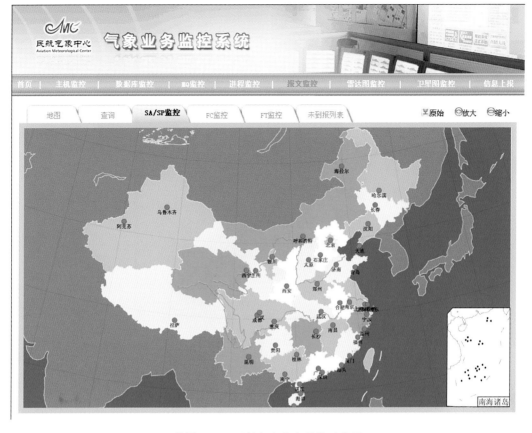

彩图 4.11　民航气象业务监控示意图

彩图 4.12　民航气象装备监控示意图

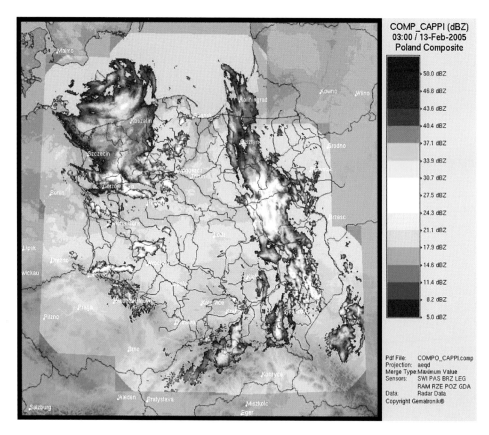

彩图 6.4 等高平面位置显示

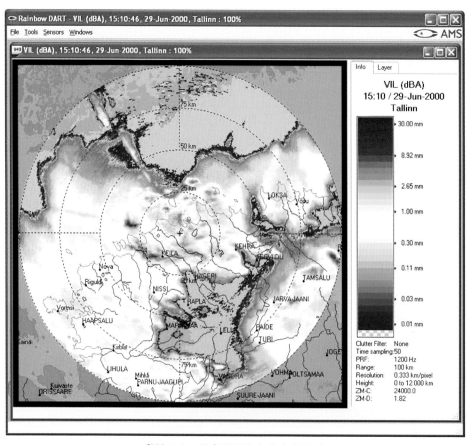

彩图 6.5 垂直累积液态含水量显示

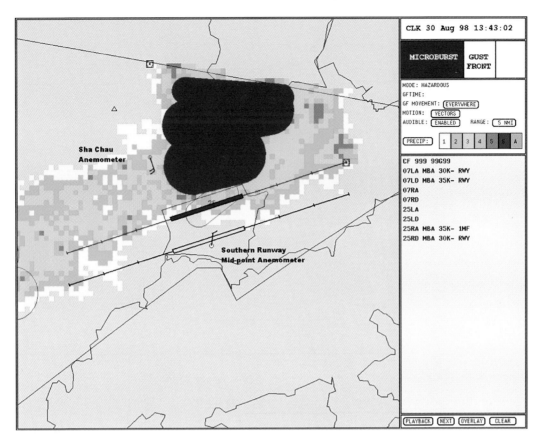

彩图 6.6 微下击暴流预警界面

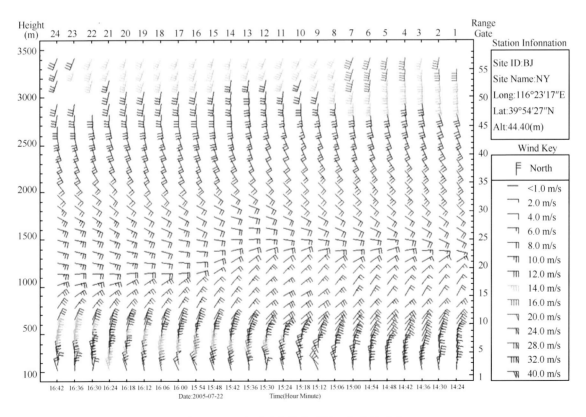

彩图 6.9 水平风廓线的时间—高度显示法

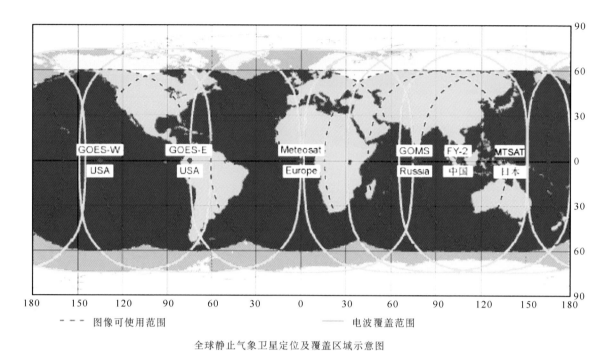

全球静止气象卫星定位及覆盖区域示意图

彩图 6.11　全球静止气象卫星定位及覆盖区域示意图

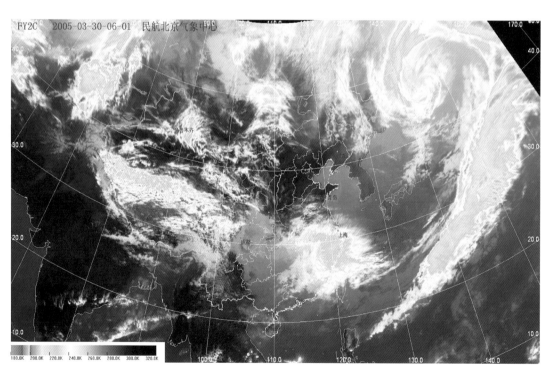

彩图 6.13　FY－2C 红外云图

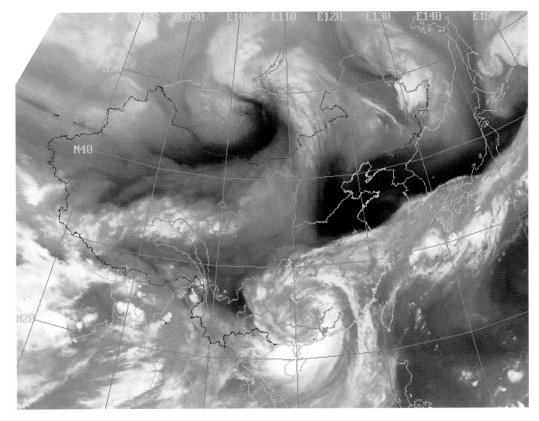

彩图 6.15　FY－2C水汽云图

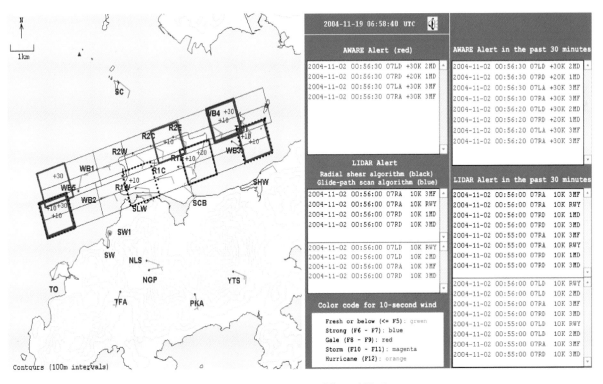

彩图 6.17　WTWS 系统显示界面

表 7.1　锋、槽线、切变线、赤道辐合带和飑线符号表

名称	标注方式	彩色符号
暖锋	红色实线	▬▬▬▬▬▬
冷锋	蓝色实线	▬▬▬▬▬▬
准静止锋	红蓝色双实线	▬▬▬▬▬▬
冷式、暖式及性质未定的锢囚锋	紫色实线	▬▬▬▬▬▬
槽线和切变线	棕色实线	▬▬▬▬▬▬
赤道辐合带	棕色双实线	▬▬▬▬▬▬
飑线	棕色间断线	-V-V-V-V-

准静止锋中,红色实线标在暖空气一侧,蓝色实线标在冷空气一侧。

准静止锋、赤道辐合带的线宽宜为 2 mm,其他线条的线宽宜为 1 mm。

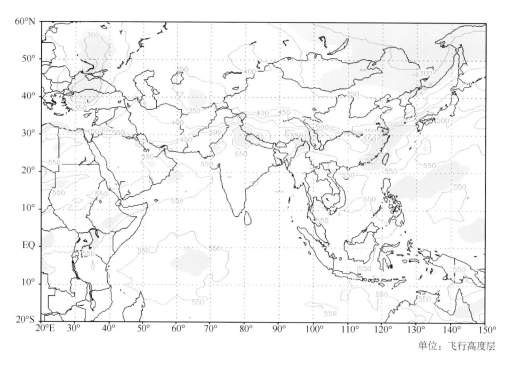

单位:飞行高度层

彩图 7.9　对流层顶高度图

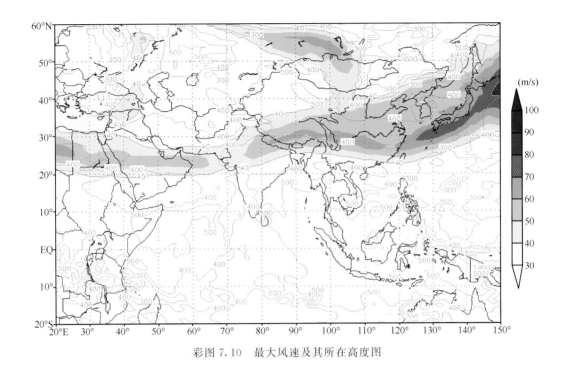

彩图 7.10　最大风速及其所在高度图

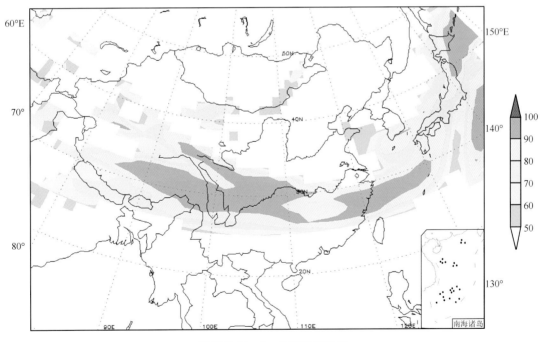

彩图 7.11　L－P 颠簸指数图

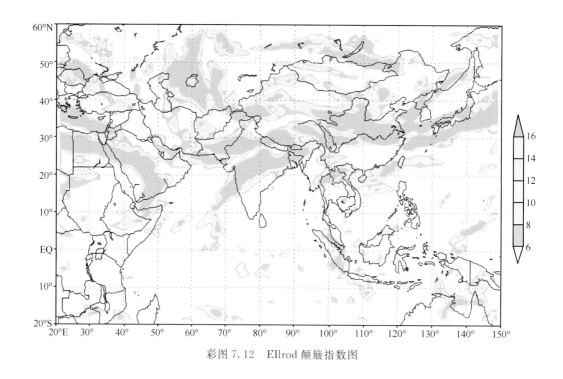

彩图 7.12　EIlrod 颠簸指数图

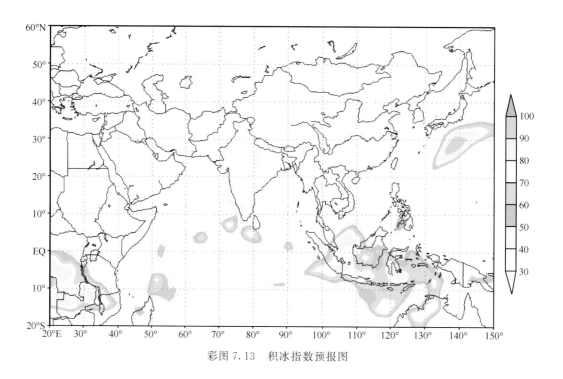

彩图 7.13　积冰指数预报图